The Urban Masterplanning Handbook

城市总体规划经典案例

HOTEL
HOTEL CLIMATISE
BOSS
SERGE BLANCO
DE FURSAC

卷首插图：法国巴黎歌剧院及其周边，19世纪城市改造的著名范例。
第6页：建外SOHO，北京CBD的一部分。

城市总体规划经典案例

【法】Eric Firley
【德】Katharina Gron 著
张 新 郑春伶 译

電子工業出版社
Publishing House of Electronics Industry
北京 • BEIJING

The Urban Masterplanning Handbook
978-0-470-97225-0
Eric Firley and Katharina Gron

版权贸易合同登记号 图字：01-2014-8182

图书在版编目（CIP）数据

城市总体规划经典案例 /（法）埃里克·法利（Eric Firley），（德）凯瑟琳·格伦（Katharina Gron）著；张新，郑春伶译. —北京：电子工业出版社,2016.7

书名原文: The Urban Masterplanning Handbook

ISBN 978-7-121-29304-7

Ⅰ.①城… Ⅱ.①埃… ②凯… ③张… ④郑… Ⅲ.①城市规划—总体规划—案例 Ⅳ.①TU984.11

中国版本图书馆CIP数据核字（2016）第153399号

策划编辑：胡先福
责任编辑：白俊红
印　　刷：北京世汉凌云印刷有限公司
装　　订：北京世汉凌云印刷有限公司
出版发行：电子工业出版社
　　　　　北京市海淀区万寿路173信箱　邮编 100036
开　　本：889×1194　1/16　印张：18　字数：518千字
版　　次：2016年7月第1版
印　　次：2016年7月第1次印刷
定　　价：138.00元

凡所购买电子工业出版社图书有缺损问题，请向购买书店调换。若书店售缺，请与本社发行部联系，联系及邮购电话：（010）88254888，88258888。

质量投诉请发邮件至zlts@phei.com.cn，盗版侵权举报请发邮件至dbqq@phei.com.cn。

本书咨询联系方式：电话（010）88254201；信箱hxf@phei.com.cn；QQ158850714；AA书友会QQ群118911708；微信号Architecture-Art

向路易致谢。

——埃里克•法利（Eric Firley）

向李和大卫致谢。

——凯瑟琳•格伦（Katharina Grön）

致　谢

我们要向我们的赞助人致谢，不仅要感谢他们对此书的慷慨解囊，而且要感谢他们持续不断地对此领域抱有兴趣：

多米尼克•伯赫及其EPADESA（拉德芳斯-塞纳下游公共建设管理局）团队

自设计伦敦的史蒂夫•汤姆林森和马克•布利尔雷

来自斯丹候普公共有限公司的查尔斯•沃尔福德和荣•日耳曼

来自瑟姆-蒙彼利埃的西尔利•拉盖特和朱莉•桑切斯

史蒂夫•汤姆林森值得特别感谢，他的支持包括为本书的架构提供相当多的资源，以及帮助选择规划案例并修改本书引言部分。

本书中不计其数的为特定目的而制作的规划和图表是本书的特点。凯塔琳娜•格伦对此进行了构思，我们也要对以下各位致以谢意，感谢他们为图表的制作贡献了自己的力量。他们是珍妮佛•玛金塔、阿克塞尔• 艾特尔及大卫•辛克。

在我们漫长的研究之旅中，我们接触了成百上千人。如果没有他们的帮助，我们就无法收集以下资料。由于篇幅有限，我们只能列举其中一些人（按字母顺序）：

Bill Addis (Buro Happold); Sharif Aggour (Pelli Clarke Pelli Architects); Thomas Albrecht (Hilmer & Sattler und Albrecht); Diego Ardiaca; Larry Beasley, Alain Beauregard (APUR); Professor Roberto Behar; Marie Beirne; Neil Bennett (Farrells); Peter Bishop; Barbara Bottet (Atelier Christian de Portzamparc); Reinhard Böwer (Böwer Eith Murken); Marlies Britz (City of Potsdam); Steve Brown (Buro Happold); Professor Ricky Burdett; Stefania Canta (Renzo Piano Building Workshop); Björn Cederquist (City of Stockholm); James KM Cheng; Emma Cobb (Pei Cobb Freed & Partners); Catherine Coquen-Creusot (SEMAPA); Alexander Cooper (Cooper, Robertson & Partners), Craig Copeland (Pelli Clarke Pelli Architects); Daniel Day (Metropolitan Life); Michel Dionne; Sir Philip Dowson; Professor François Dufaux; Mats Egelius (White Architects); Eveline van Engelen (OMA); William Fain (Johnson Fain); Mads Farsø; Kathryn Firth; Stellan Fryxell (Tengbom); Hiroaki Fuji (MEC); Alfredo Garay (CAPMSA); Stephanie Gelb (Battery Park City Authority); Fenella Gentleman (Grosvenor Estates); Mieke de Geyter (EMAAR); Caroline Giezeman (City of Rotterdam); Michael Gordon (City of Vancouver); Laure Gosselin (EPADESA); Nathalie Grand (SEMAPA); Len Grundlingh (DSA Architects); Professor Sharon Haar; Professor Christoph Hadrys; Meinhard Hansen (Hansen Architekten); Eric Heijselaar (City Archives Amsterdam); Philippe Honnorat (WSP); Nigel Hughes (Grosvenor Estates); Christine Huvé (BHVP), Susanne Klar (Freie Planungsgruppe Berlin GmbH); William Kelly; Christoph Kohl (Krier Kohl Architekten); Sven Kohlhoff; Adrián Kraisman (CAPMSA); Kengo Kuma; Thierry Laget (SERM Montpellier); Rob Latham (WSP); Pacal Le Barbu (TGT); François Leclerc (Agence François Leclerc); Anu Leinonen (OMA); Xie Li; Sir Stuart Lipton; Weiming Lu; Neill Maclaine (Broadgate Estates); Professor Lars Marcus; Erik Mattie; Yves Nurit (Montpellier Agglomération); Malin Olsson (City of Stockholm); Adrian Penfold (British Land); Professor Elizabeth Plater-Zyberk; Christian de Portzamparc; Wang Qingfeng (CBD Authority Beijing); Margit Rust (City of Berlin); Keiichiro Sako (SAKO Architects); Suzan Samaha (EMAAR); Russell Sharfman (DSA Architects); Brian Shea (Cooper, Robertson & Partners); Malcolm Smith (Arup Associates); Sebastian Springer (City of Freiburg); Gerhard Stanierowski (City of Berlin); Marinke Steenhuis (Steenhuismeurs bv); Hans Stimmann; Professor Vladimir Stissi; Isamu Sugeno (MEC); Yvonne Szeto (Pei Cobb Freed & Partners); Manuel Tardits (Mikan); Koji Terada (Mitsubishi Jisho Sekkei); Jérôme Treuttel (TGT); Peter Udzenija (Concord Pacific); Professor Arnold van der Valk; Professor Laura Vaughan; Roland Veith (City of Freiburg); Christophe Vénien (EPADESA); Serena Vergano (Taller de Arquitectura); Sharon Wade (Battery Park City Authority); David Wauthy (SAEM Euralille); Sarah M Whiting; Barry Winfield; Norio Yamato (Mori); Christina du Yulian (CBD Authority Beijing); Kentaro Yusa (MEC); Sérida Zaïd (APUR); Ruoli Zhou.

还要感谢迪美雅•霍普，在向出版社交稿前对本书的文字进行校对。

最后，我们要向约翰威立父子出版公司的海伦、克拉夫和米里亚姆表达谢意。

藏書館
9
SOHO

目　录

引　言

城市生活的蓝图

城市总体规划可以从哲学的早期历史追溯到乌托邦的幻境及理念，今天全世界公认城市规划是一种规划方法，这种方法深深扎根于政治、社会及经济架构之中。城市规划响应了建筑师、城市设计师和规划师、开发商及其他建筑专才们对投入到城市的总体扩张及重建项目中的需求，这些项目跨越了自身的界限并有望改变城市生活的质量。这样的创造行为涉及范围广大，需要广泛的准备性研究，从而发现该区域的有效研究方法。继威立出版社“城市手册系列”的前两本书——《城市住宅经典案例》(2009)及《城市高层建筑经典案例》(2011)——出版之后，这本《城市总体规划经典案例》着眼于让专业人士拥有专业的解决方法。

我们的目的不是检验或者讨论在规划领域的某一个假设，而在于使一种有组织的视觉比较方法成为可能。我们从世界范围内选取了20个总体规划案例，这些案例中有历史悠久的也有最近刚完成的，每一个案例都被依次分析。项目描述及关键数据都附有特别定制的图表，这些图表勾勒了每个总体规划案例的外形特点及发展过程。每项研究包括以下内容：对于当前地点的四幅分析图，着重描绘独立的绿地、道路网络、公共交通连接点以及建筑使用情况；其他四幅图则进一步描述了开发过程，特别强调地籍分区以及公共或者私人所有权区域。

巴黎歌剧院大道（上一页及本页左下图）及纽约市的史岱文森镇（下图）的图像和图形背景图。

本书的主要目的之一就是调查这些多样的城市人造格局是以哪种方式受到非正规参数的影响的。

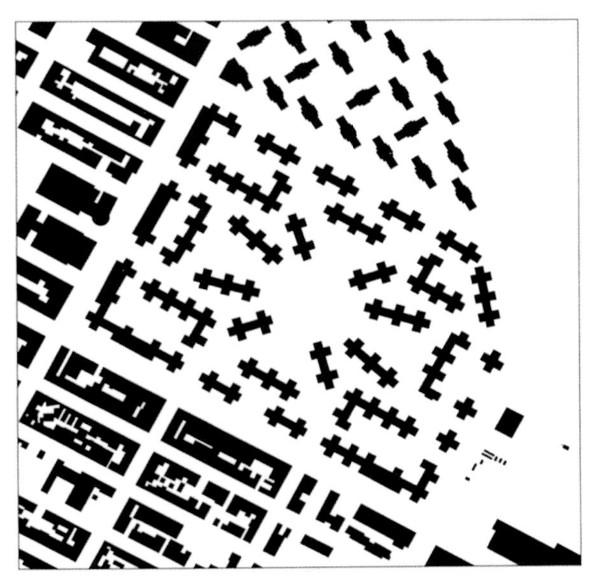

温哥华北福溪区（下图）及斯德哥尔摩哈玛比•建瓯斯塔德（右下图及下一页图）的图像和图形背景图。

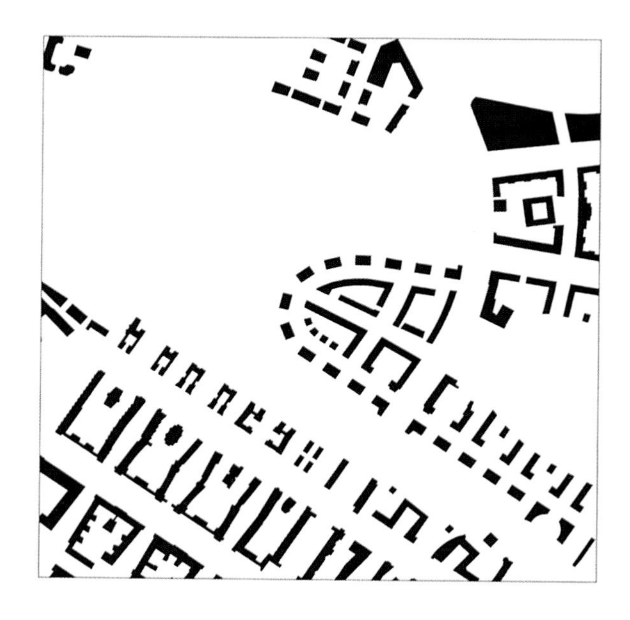

在大多数案例中，公共建筑用地以粉红色显示而私人建筑用地以蓝色显示，这解释了土地所有者在土地开发中的变更，也从概念上解读了总体规划对于街区和建筑实体产生所起的规划作用。因此从城市的角度看，柏林的波茨坦广场也是一个城市规划的范例，这个范例将重点放在清晰界定城市街区及街道空间之上；而纽约的史岱文森镇代表了与都市主义具有对比性的一种类型，在公园的高层建筑布局之中，其中在建筑本身、面积；及场地其他部分之间不存在中间规模。在本书末尾，附录中不仅提供了比较图表，而且提供了所有案例项目的完整周界规模比照图，还有所有项目的时间进度表，这可以促进读者了解每个项目的开发框架。最后，为了强化已建成项目的多样性，令读者印象深刻，我们收集了所有案例研究中很有特点的图形背景图解。通过强调建成与未建成空间之间的关系，我们力图揭示总体规划中所存在的广泛城市模式。

在进入案例分析之前，我会介绍一些有关城市总体规划作为一个概念演变的背景信息以及我们对此的诠释，这是十分有用的。这一导入性篇章为我们并未经手的项目做准备，并阐明了我们对于一些城市规划基本问题的看法。

城市总体规划的简要历史

从历史角度和象征意义上看，城市总体规划的概念首先更多地和政治、哲学或者宗教事务而非已建成环境相关联。为了表示一个设计图、长期战略或者神圣的计划，城市总体规划在希腊语中的同义词是logos（理念）、schema（计划）或者kosmos（宇宙），这些词汇能在约公元前4世纪哲学家柏拉图的认识论著作中找到。由于现实世界的不足以

左图：希腊哲学家柏拉图画像。

右图：托马斯•摩尔的《乌托邦》（1518年版）中，安布罗西奥斯•荷尔拜因所做的木版画。

及柏拉图自身的不完美，神圣计划的概念是普通人所不能解释的。当今与这个表达法最为普遍的用法相对应的是，它在当时指的是一些人类基本上无法控制的事物。

正是通过对理想社会的理论性描述，这些哲学理念才间接地在建筑领域得到应用。最早且最有影响力的哲学来源是柏拉图的《理想国》，这本书被作为人类灵魂内在运作的寓言。在1516年，英国文艺复兴时期人文学者托马斯•摩尔在其虚构的岛国乌托邦中采纳并详尽描述了这种理念。一个理想聚居区的概念以及从蓝图角度上讲的总体规划不断出现在建筑和城市规划的历史中。这种理念或显著或并不显著地导致了许多项目的修建和拆除，如法国哲学家查尔斯•傅立叶的“法兰斯泰尔”概念（Phalanstere），罗伯特•欧文于1814年在印第安纳州创建的“新和谐村”（New Harmony），以及埃比尼泽•霍华德于19世纪末20世纪初在英国建立的花园城市。乌托邦的现代版包括路德维希•卡尔• 海伯森默在1924年提出的“高层城市”（High-Rise City），1925年勒•柯布西耶的“市中心改造计划”（Plan Voisin），以及弗兰克•劳埃德•赖特的“广亩都会”（Broadacre City）。在这些项目的语境中，总体规划可以被理解为幸福的关键，有时是某种干预的形式，有时是一种抽象的模型。

如果这些远见卓识与“总体规划”的概念在最广泛的领域形成交集，我们可以将这个词在技术和文学方面的应用追溯到20世纪早期现代综合规划的开始时期。荷兰发挥了急先锋的作用：1902年，《荷兰住房法案》不仅为住房协会提供了新的建筑规则和指南，而且为拥有10000居民以上的市政当局制订了全面计划（见斯庞恩案例研究），而且重要的是，这个全面计划必须每十年进行回顾和修改。英国出台了类似的法案，即1909年和1919年的两个《城乡规划法案》。法国在1919年和1924年出台类似的法国。在美国，“美化城市运动”是通过建筑和城市化改革而实现的，以美学驱动的观点，具有社会凝聚

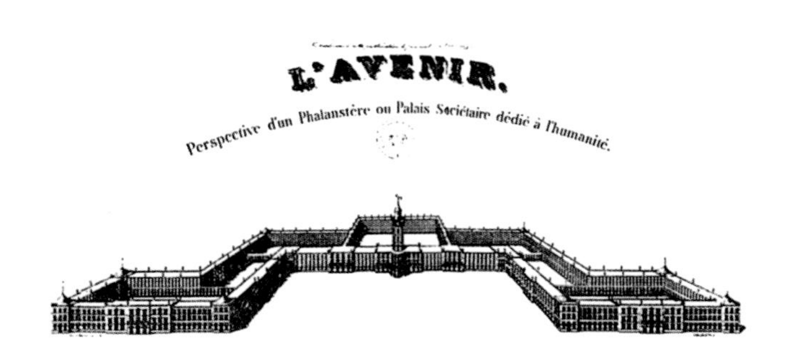

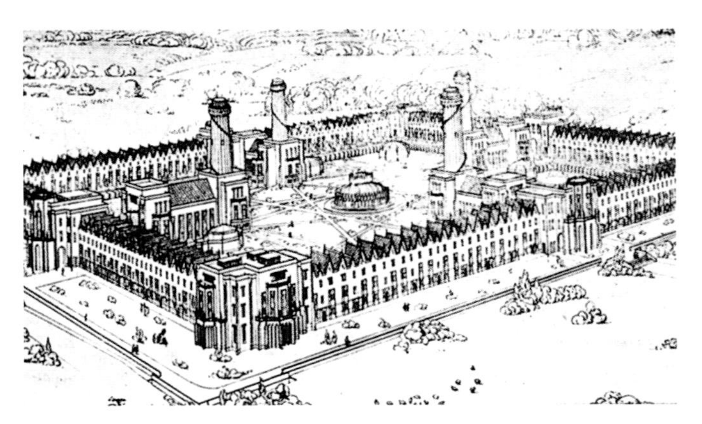

上图：查尔斯•傅立叶没有建成的“法兰斯泰尔”，是个构思于19世纪早期的理念。这个理念的革新性体现在其建筑结构和凡尔赛宫的相似性上，同时是完全不同的社会的象征。“法兰斯泰尔”是勒•柯布西耶设计的马赛公寓（1947—1952）的前身。

中图：建筑师托马斯•斯泰德曼•维特维尔为罗伯特•欧文在印第安纳州创建的“新和谐村”所绘插图（1825）。作为新型社区的幻境，这一理念明显追溯至参考了柏拉图和摩尔的乌托邦式作品。

下图：路德维希•卡尔•海伯森默在1924年提出的具有影响力的“高层城市”，其中可以居住100万居民。这个理念的虚构图和方案几乎与勒•柯布西耶的“当代城市”（1922）及巴黎“市中心改造计划”（1925）同时出现。

力。这个观点在19世纪90年代开始兴起，并为更广泛的规划架构发展铺平了道路。爱德华•M•巴塞特在1938年撰写了《总体规划》，该书谈到了城市总体规划的起源与20世纪20年代创立的美国规划委员会之间的关联，这也证明了他是一个关键人物。爱德华•M•巴塞特常被称为“区域划分之父”，他认为通过七种规划要素进行控制：街道、公园、公建场地、公共保留地、被划分的区域、通向公共设施的道路以及码头前端和堤岸线。

城市总体规划体现在行政管理方面概念中的主要一点就是要进行国家或者地方立法。这样使得我们将总体规划和19世纪分散的城市规划案例（如维也纳的环城大道，马德里的卡斯特罗规划，以及巴黎的拜伦•豪斯曼作品）区别开来（界线还是模糊的）。这些规划及其他作品当然也被理解为总体规划，豪斯曼的突破性规划图还出现在本书里（见巴黎的歌剧院大道案例研究）。然而，这些规划本质上是一次性的，而不是具有吸附性和可循环性规划文化的产物。弗雷德里克•劳•奥姆斯特德在美国的具有创意的作品就属于这种规划文化。他使用了大量的绿色基础设施组群，纽约的中央公园（19世纪50年代）以及波士顿的埃默拉尔德（19世纪60年代）的公园组群就是最典型的例子。这样的规划是为了保持卫星城的城市综合体得以长期发展。我们不能忘记的是，快速传播的疾病以及随后的政治动荡所带来的危害，推动了这些19世纪末和20世纪初期的规划的兴起。后工业化革命时代的城市大发展也在试图摆脱当局者的控制。

战后范例上的改变

为了在战后时期理解对总体规划的解读，即不断演变和碎片化的解读，意识到总体规划早期概念的内涵是十分必要的。科林•罗（Collin Rowe）及弗莱德•克特尔（Fred Koetter）所撰写的《拼贴城市》（1978）中，对乌托邦主义和总体规划之间的关系做出杰出的评论。书中引用的诸多内容来自英国哲学家卡尔• 波普尔（Karl Popper）所著的《开放社会及其敌人》（1945）。在该书中，他详细描述了乌托邦对理想社会的观点，以及集权政体之间既有一定的逻辑性也有不可避免性的关联。而波普尔的发现纯粹是政治性的，出现在纳粹主义和斯大林主义崛起的背景之下。建筑师科林•罗及弗莱德•克特尔将波普尔的发现应用到了现代主义之中，以及在建筑环境中往往教条式的表达中。

尽管没有被明确表达出来，“总体规划”成为了每个人必须遵循的蓝图。依据概念产生的理想不能加以调整，也不能成为协同合作设计活动的结果，这就导致了悲剧的且永无止境的“白板”（tabula-rasa）干预。摩尔的具有寓言性及讽刺性的乌托邦概念，傅立叶和欧文详尽的社会及政治计划，与此相对立的是海伯森默或者勒•柯布西耶的现代城市观点表达了广泛的定论，这种定论的产生基于形式信念而非科学发现。罗和克特尔在他们的书中探讨了城市巧匠的理念，他们的理论不仅基于已经存在的包括传统的东西，而且拒绝对于一种规则的科学论断，这种规则不能仅仅根据科学准则发挥作用。波普尔自己的哲学反对案与此相似，但是和城市巧匠的概念并不对等，其中包括了“零碎公共工程”。这个概念旨在连贯地并逐渐地消除缺陷，而不是临时创建一个理想的状态。

最终，20世纪初期人们全面陈述了对城市总体规划的理解，并相信有可能详细规划一个确定的且历时长久的未来，这不仅导致了城市规划术语的变化，而且改变了对城市规划作为一门学科的全面理解。彼得•霍尔在其著作《城市和区域规划》（1975）中提到，自从20世纪60年代以来，总体规划的概念被视为象征一个过时的静止的过程，这个过程涉及调查、分析和规划。一直以来，有人反对进行系统规划，其中对于系统灵活性的理解及经常性回顾，还有对于目标的调整，其目的都在于避免规划行为。这种规划行为的实施只能对整个系统具有局部或者潜在的破坏和影响。有趣的是，这种相当具有技术性和反复的观点被转化到了政治领域，等同于波普尔对于“零碎公共工程”的概念。

对于现代设计和规划原则的批评导致了总体规划这个术语界定领域的改变，却没有取消其使用。如果20世纪初在“规划”前加上“总体”二字，以地区分区规划的形式描述规划所应用的最大可能性范围，那么这种添加会越来越多地被应用在社区及建筑组群的调整之中。今天，总体规划越来越多地被应用在城市设计领域而不是规划领域之中，因此相比于公共设施网和土地使用之间的关系，它也更多地定义了已建成领域和公共区域之间的关系。

使用“总体”这个词，伴随着其精英背景，成了当代规划活动中一些问题的根源。其中关键之处并不在于最终作为产品的规划本身，而是规划引发的权威性和变化性（潜在缺乏的），这是高度秩序化的蓝图所引发的。因此，在英国，公共机构倾向于避免使用“总体规划”一词，而使用更柔和的术语，这既适用于当今的大规模规划文件《伦敦的规划——一个空间规划的策略》，也适用于小规模规划提案。当公共OPLC（奥林匹克公园遗产公司）成立时，负责推动2012年伦敦奥运会后奥运场所的发展，“遗产总体规划框架”又被重新打上了“遗产群体计划”的标签。在现今世界上的其他地方，“总体规划”这一术语继续自由地得以应用，例如“德里的总体规划2021”。这个术语的使用很大程度上取决于每个规划系统的文化背景，还可以被视为一种表征，即现代规划的思想及原则方面的起源与每个国家之间的关联。

谈到总体规划这个词的内涵时，或许并不令人奇怪的是，总体规划这个词在西方世界里越来越多地被用于私人开发。其中，人们认为控制的含义是可以进行市场推广的品质，而非对于民主决议的潜在挑战。这个词不仅表达了对在专业领域实施大规模投资的信心，而且在城市的美化传统中唤起了对于宏伟设计的回忆，以及借由宏伟设计创造更优美环境的乌托邦式承诺。公共主管部门越来越撤离城市规划活动，对此进行数据分析，结果表明总体规划往往界定了私人住宅区的规划。总体规划中的一个案例，即对于波茨坦科尔希斯特费尔德的个案研究，凸显了开发商被要求资助建设或者改造聚居区开发规划项目，如何削弱了德国的州政府对于规划的垄断，而这些聚居区开发规划项目隶属于开发商自己的项目。因此，私营企业发起了在区域分区级别上的多数规划活动。

科尔希斯特费尔德（波茨坦）、哈玛比•建瓯斯塔德（斯德哥尔摩）及欧洲里尔（里尔）规划建设前或建设中的场地。在每个案例中，所有制结构和类型都截然不同。

“总体规划”：我们自己的定义

因为我们已经构建了总体规划作为概念在历史中以及当代语境中的应用，这些应用有些模糊和不连贯，所以我们应该说明一下我们完全是出于直觉在本书及标题中使用这个词。这个词在本书中得以使用，是因为现今它在专业活动中应用广泛并得到理解，作为一个概念框架多多少少为特定开发领域提供了详细的设计指示。

总体规划作为一种过时的城市开发手段确实很容易被冷落，这就催生了针对广大区域、区域历史及其人口的复杂现状进行简单规划的理念。然而，如果这种对于总体规划的批评适用于若干案例（如战后的城市复兴计划，纽约史岱文森镇就是一个常被怀疑的案例），它却仍然没有回答以下问题：在亟需规划的区域，在没有已有的规划背景可以参照的区域，在没有任何中心整合协作的情况下，如何强劲地推动和实施可持续性变化？我们的选择强调了不同程度的规划控制，涉及以下问题：开发主动权、土地所有权、土地细分及设计管理。这些主要的组织管理问题之间的相互作用，因为建筑创作（可能也有城市创作）中的艺术规则而变得复杂化；如果某种意义上的规则被视为基本的艺术规则，那么确实必须将这种艺术规则转变为开发过程中的机制。即使零碎的施工也具有一些“总体规划意识”，但在这里体量和规模的问题成为主要决定因素：一些地区可能受到的规划影响最小。但我们对此的理解是，如果具有空间的个性感和地区感，那么这样的逻辑性就不能无限被重复。规划网的最优效率，最重要的是公共交通的最优效率，是另一个与完全自由规划这一单纯的观点相对立的观点。

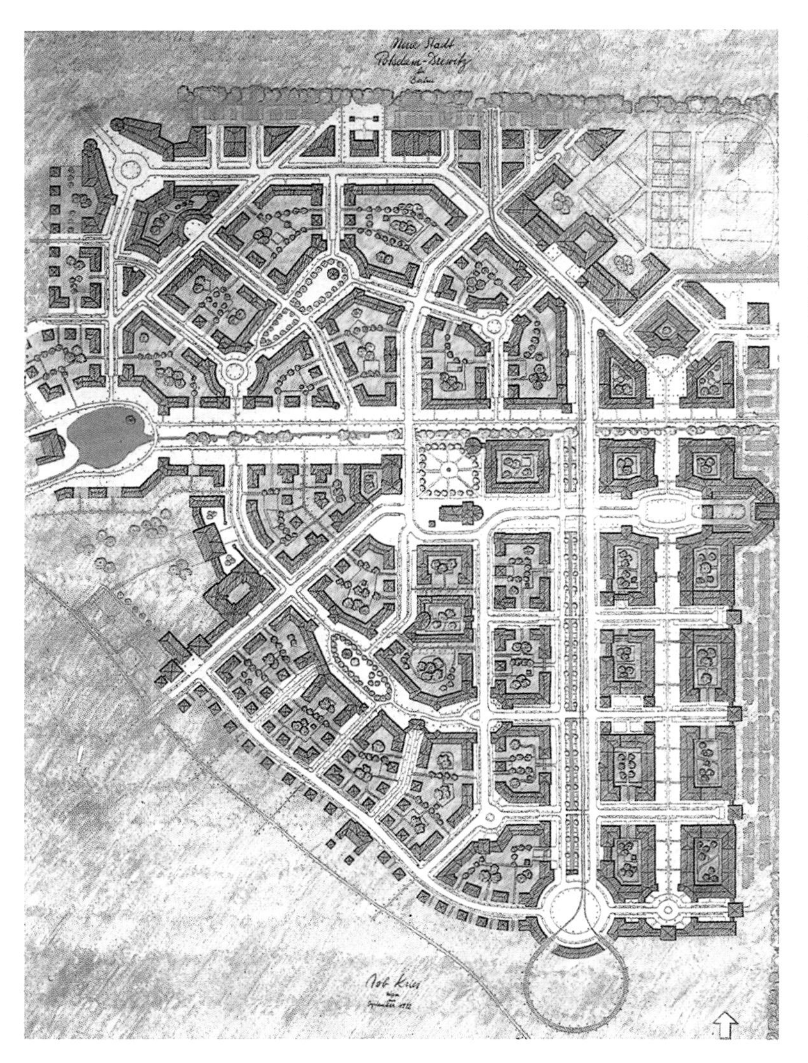

科尔希斯特费尔德的规划是传统意义上的总体规划案例，只有一个客户、一个设计师和协调者参与的项目。这个规划的区域面积是拉德芳斯区的10倍，情况更为复杂，可以被视为规划中的规划。

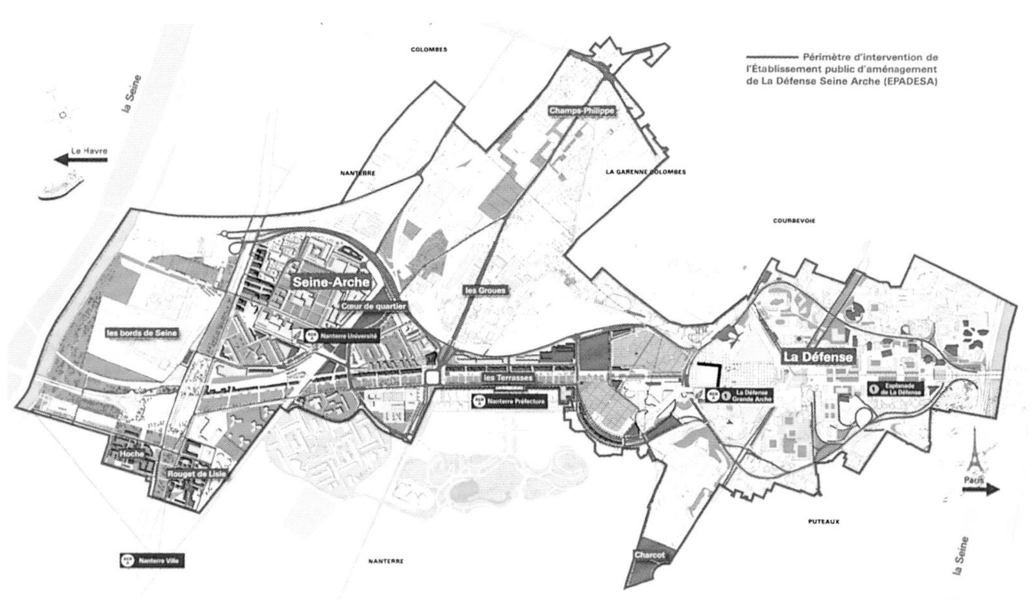

清晰地界定建筑和城市体量及其各自的组织机构是困难的，可以通过对“建筑师（architect）”这个词的词源学研究来说明这种困难。这个词的字面意义是“主要建设者”或者“主要的木匠”，它说明了建造建筑物主要是在个人监督之下的集体工作成果。因此规划是建筑的内在组成部分，也是城市设计的一部分。因而建筑师和规划师的任务之间的界限难以界定。“总体规划师”同样能够是“主要建筑师”吗？“总体规划师”可以被视为“主要建筑师”的上级吗？或者构筑城市需要不同的方法？这些问题可能没有答案，但是实际的尺寸和体量大小肯定发挥了重要作用。对于一栋单个建筑，一个人的设计权旨在保证一致性这一积极理念。对于一个建筑组群，为了避免一致性的千篇一律，设计规则需要被调整。

以上的考虑引发了这样的问题，即城市开发活动中需要多少控制，多少控制是有必要的？因为我们所选的案例研究要搞清楚这些问题，问题的答案因被研究项目的不同而不同，而且必须考虑不同项目各自的起点及其开发的背景文化。

案例研究：共性和个性

我们撰写这本书的核心目标之一是想了解总体规划项目中计划的改变会如何影响规划建成后的结果。本书的主题覆盖从一栋房子的开发到区域规划。在这样广阔的主题中，我们致力于选择这样的例子，既适合彼此进行比较，又提供有价值的跨区域方法和结果。因此，我们选择专注于研究中等规模的项目，如对已有的聚居区中心区域或者靠近中央区域的邻近社区进行修建或者改造。从区区11.7公顷（29英亩）的伦敦宽门区到564公顷（1394英亩）的巴黎拉德芳斯区，这些案例以土地面积顺序呈现。尽管这些项目在面积规模上差距很大，大部分项目的规划重点都在于建成形式上，都属于城市设计及规划范畴。而且大部分项目属于密集多用途开发，在旧房基址上或者未开发区域上扩展城市外延。这些项目或多或少都被公共、私人开发实体单位或者两者的混合体所严格控制着。

这些项目的时间跨度从19世纪早期（可能是现代规划活动的开始时期）一直到今天，还有一些项目仍然没有完成。它们的地理面积同样广阔，遍布整个欧洲、南北美洲及亚洲。这种国际性侧重点是个关键，因为它解释了每个案例的文化背景所揭示的不同区域开发传统中的异同。我们的目的不是为了探寻一般的开发模式而淡化了文化差异，而是通过比较分析的过程有助于我们识别并小 结规划中的主要问题。

在看待所选项目的多样性时，临时性城市、类型和组织方面的相似性特别令人着迷，其中包括：20世纪在全世界范围内公共住宅机构同时出现，混合开发公司作为单独的法人机构出现，以及温哥华最近输出带平台层的摩天大楼这样的城市构建主义。同样令人着迷的是查寻上述因素和以下参数，如土地所有者及规划团队规模之间的关系。当触及另一个经常讨论的主题，即公共主动权和私人主动权之间的交锋时，我们没有发现其中开发逻辑的基本不同之处。有趣之处在于分析自由开发模式和公共开发模式能够产生多么相似的结果。对斯庞恩项目、史岱文森镇项目甚至迪拜的中心城区的研究极能说明这一点。

我们对案例的选择不应被理解为最佳选择。所有的案例都出于我们的学术及常规兴趣，但这并不意味着这些案例就是未来城市开发的恰当模式。

设计者和设计过程：如何了解概况/进行综述？

对已有环境进行建设或者改造的过程中所涉及的复杂性不可避免地导致了高度专业专门化。除了规划者、建筑师、建设者、投资者、工程师和开发人员以外，还有各种各样的相关行业，其中包括房地产经销商、银行、建设调查人员、律师、设备经理、消防专员以及造价顾问和交通顾问，林林总总，还有一些其他从业人员。这一系列人员中甚至还没有包括终端用户，或者在多数西方国家中被选出的权威组织。这些机构和组织必须在一系列法规或者经年累月的公众咨询的基础上，以建筑许可的形式批准进行建设。在这种环境下，很难不失掉整个规划蓝图。未来的趋势是在开发过程中将基于图像的规划建设从业者和基于文本的建设从业者分离。这可能并不是一个问题，但是作者自己作为建筑设计师和规划师的从业经验表明，如果人们以一种基本的咨询角色分析开发过程和计划建成目标之间的关系的话，那么许多复杂情况及低效率的问题都可以被避免。

本书的目的不是用“启蒙的建筑师”来替代其他行业，而是以更加灵活的方式综述关键问题，这些问题可以与设计师在规模较小的项目里可能所扮演的角色进行比较。这种角色是否应该由训练有素的规划师、建筑师、开发者或者工程师所承担却是另外一个问题，这取决于每个开发项目的文化背景。无论是巴黎的乔治-欧仁•奥斯曼男爵（Baron Haussmann），柏林的杰姆斯•好波克（James Hobrecht），还是巴塞罗那的伊德丰•塞尔达（Ildefons Cerda）都不是经过特别培训的建筑师，但是他们都对自己想要在特定的社会经济与政治环境中所获得的成就有清晰的想法，而且这样的想法显然转变了投资目标。今天，在公共领域越来越缺乏规划的首创精神，公共部门没有任命主题规划者，这些并不一定就是缺点，但是上述特点似乎并没有取代其他权威机构组织对规划全局及其长期影响具有全面了解这一特点。我们认为，知识是改善这种状况的最佳途径。我们还希望将形式和有组织的领域结合在一起，这样的图解方法能够使最广泛的专业从业人员理解我们的发现。

可持续性和总体规划

全球变暖使可持续性成为一个更为迫切的问题，而且这个问题对于总体规划的紧迫性一点不少于其他领域。正如一些显著的案例研究表明：德国弗莱堡的弗班区以及斯德哥尔摩的哈姆滨湖城，这些首创性的规划提供了重新构建绿色城市的机会，也构建了环境友好型交通体系，还有低耗能和循环设施。然而，在我们的语境中，可持续性超越了对环境的考虑，包括一系列社会、技术、文化和经济因素，这些因素对于社区甚至整个城市持久的成功和发展都是必要的。所以，我们在这个主题上又添加了诸如通达性、无障碍环境，当然还有美学的考虑。

也许来自现实中的最大的挑战是，和建筑的有限规模形成对比的是城市主义，以及在一定程度上城市设计也是一个过程和管理驱动的活动，一个几乎不能指代一种制成品的活动。从一个规划理念的诞生到最后一个建设阶段的终结，许多项目的指标和参数都会改变。由于这样的时间因素，在大多数字面意义上可持续性是这个领域的自然组成部分。许多失败的例子是否认这种转变概念的结果。

问题在于怎样衡量以及依据什么标准来衡量一个项目的可持续性程度，并对可持续性程度进行排序？在这一点上，我们采用历史互相参照的方法，提出了一些具有启示意义的问题，但同时一定程度上使已经复杂的比较问题更加复杂化。成功只应该在现有的基础上被评价吗？在经济上有可能重复豪斯曼（Haussmann）的巴黎改建项目？如果可以的话，这些项目在政治角度上看可以实施吗？贝尔格维亚今天会排放多少二氧化碳，而要减少排放该怎么做？单纯的技术措施，如通过隔热及优化循环网络，能够实现减排吗？这样的改变是否会影响功能混合体、建筑围护、交通联络线及开放空间的外形？

比较和罗列这些各具特色的案例研究中的可持续性，很明显并非是个直截了当的工作。因此，我们决定在每一章中强调每个案例的可持续特点，而不是孤立地评价每个项目。然而，开发以数据为基础的复杂评价体系是个激动人心的工作，而且可以应用在这些案例研究中并进行验证。本书结尾部分的比较图表可以视为在这个方向迈出的第一步。

小 结

小 结我们的具有比较性的研究并不是一个简单的工作，设计一个通用的总体规划过程步骤指导方案也是愚蠢的。每个案例的独特性往往和政府对土地开发的垄断干预相关，这就不可避免地导致了非常地方性的开发动机，也催生了国际级人物，其中大部分是工程师、明星建筑师，但不是城市规划者。

然而，这确实意味着我们面临如何进行改变和改进的问题。由于各个项目在体量、规模、组织和文化背景上差距较大，所以很难甚至不可能科学地辨别因果关系。结果是，我们认为让专业人士辨别因果关系的最佳途径是提供并搞清楚先前各种计划的相关信息，这样在相同环境下不同方法的结果可以得到评估。我们希望这本书能够比较规划作品，拥有较强的视觉表现，并为新的建筑和项目提供有用的素材，为该规划领域更为详细的作品做铺垫。

从不太实用的角度讲，规划种类、城市形式、所有权及政治结构之间的有趣关联可以说是我们研究的潜在动机。正如罗和克特尔在《拼贴城市》中所谈到的："科学的城市规划前景在现实中应该被视为等同于科学的政治前景。"因此，有关城市构建的活动本身是一种政治道德。城市构建活动和乌托邦主义的潜在危险之间的关系是一个被广泛讨论的主题，我们在本书里只能谈及一二。谁能决定我们建成环境的未来，而现状能多大程度上反映我们的民主原则呢？

案例研究

宽门区

地点：英国伦敦
年代：1985—1991（除了主教门区 201 号和宽门塔）
面积：11.7 公顷（29 英亩）

宽门区坐落在伦敦市边缘，这片区域的开发将以前的火车站及相邻的控制中心变成了一个全新的重要金融区域。

Broadgate
Hyde Park
City of London
Thames

容积率：3.61
居住人口：0
混合用途：98%的办公室，2%的零售店和宾馆

和许多其他首都城市一样，伦敦市中心坐落着一系列火车站点。这些站点将周边环境和国家轨道系统相连。在历史上，这些车站由私人运营商修建。于1837年开放的尤斯顿车站是第一个开放投入使用的车站。因为上述运营商之间的竞争以及轨道和房地产的独立使用，许多车站紧邻地产修建，其中一些极端的例子就是国王十字火车站、圣潘克拉斯火车站及尤斯顿火车站，这些车站之间的距离都在步行范围之内。在1947年颁布《交通法令》后，轨道运营被收归国有。持续增加的经济压力再加上20世纪下半叶交通模式的改变，转变了轨道服务模式，也使车站关闭。在20世纪90年代，私人企业重新获得轨道运营权，而公共部门，如轨道网公司，仍拥有轨道和车站管理权。

1865年始建于伦敦城东北角的宽街车站是客运和货运车站，也是伦敦北部轨道网的终点。这个车站经过最初的成功运营和数次扩建后，在20世纪初经历了使用低迷期，这主要是因为公交、有轨电车和地铁网的发展。在第二次世界大战时车站遭到破坏，这并没有改善车站低迷的状态。到了1985年，即车站最终关闭前一年，每周只有6000名乘客使用宽街车站。而和宽街车站紧邻的利物浦车站的情况却截然相反。利物浦车站在1875年对公众开放，是大东部轨道的终点，它也取代了主教门车站。其运营由不同系列的目的地驱动，地方公共交通网的发展对其不构成多大挑战。尽管自从20世纪70年代以来这座车站迫切需要更新和重新规划管理，但车站的客流量还是有稳定的增加。今天，利物浦车站仍然是地铁、公交及火车的换乘枢纽，是继滑铁卢车站及维多利亚车站之后，首都伦敦第三大繁忙的火车站。

宽门（Broadgate）项目有几个发展阶段，但是从建筑和个人的首创性看，

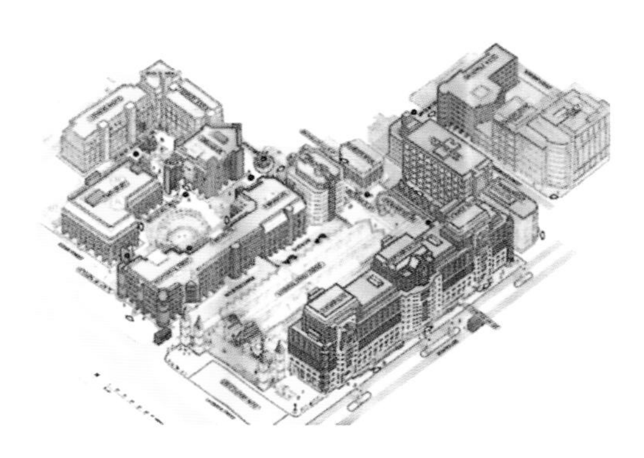

上图：宽门总体规划的轴测图，不包括最近正在进行的重新开发项目。

下图：开发前宽街和利物浦街车站的鸟瞰图。

建设芬斯伯里大道虽然是一个财务独立的项目，但可以被视为宽门项目的开端。开发商罗斯修•格雷寇特（Rosehaugh Greycoat）地产于1983—1985年间在宽街车站的前货场和邻近建筑场地上进行项目建设，由英国奥雅纳工程顾问协会（Arup Associates）的彼得•福格（Peter Foggo）主持设计。该项目以优雅的、极为成功的低层办公楼为主，其外观正是市场所需要的。该项目的设计由于其大面积楼板以及宽阔的内部中庭而备受赞誉。鉴于项目位于世界上最富有的金融区域之一的边缘地带，而周边破败的社区对这一被忽视的地带产生了质疑，所以该项目恰如其分地对这种质疑做出了城市规划方面的回应。尽管该项目仅位于传统的伦敦金融城外围，但是其建筑能够满足金融服务商们的需

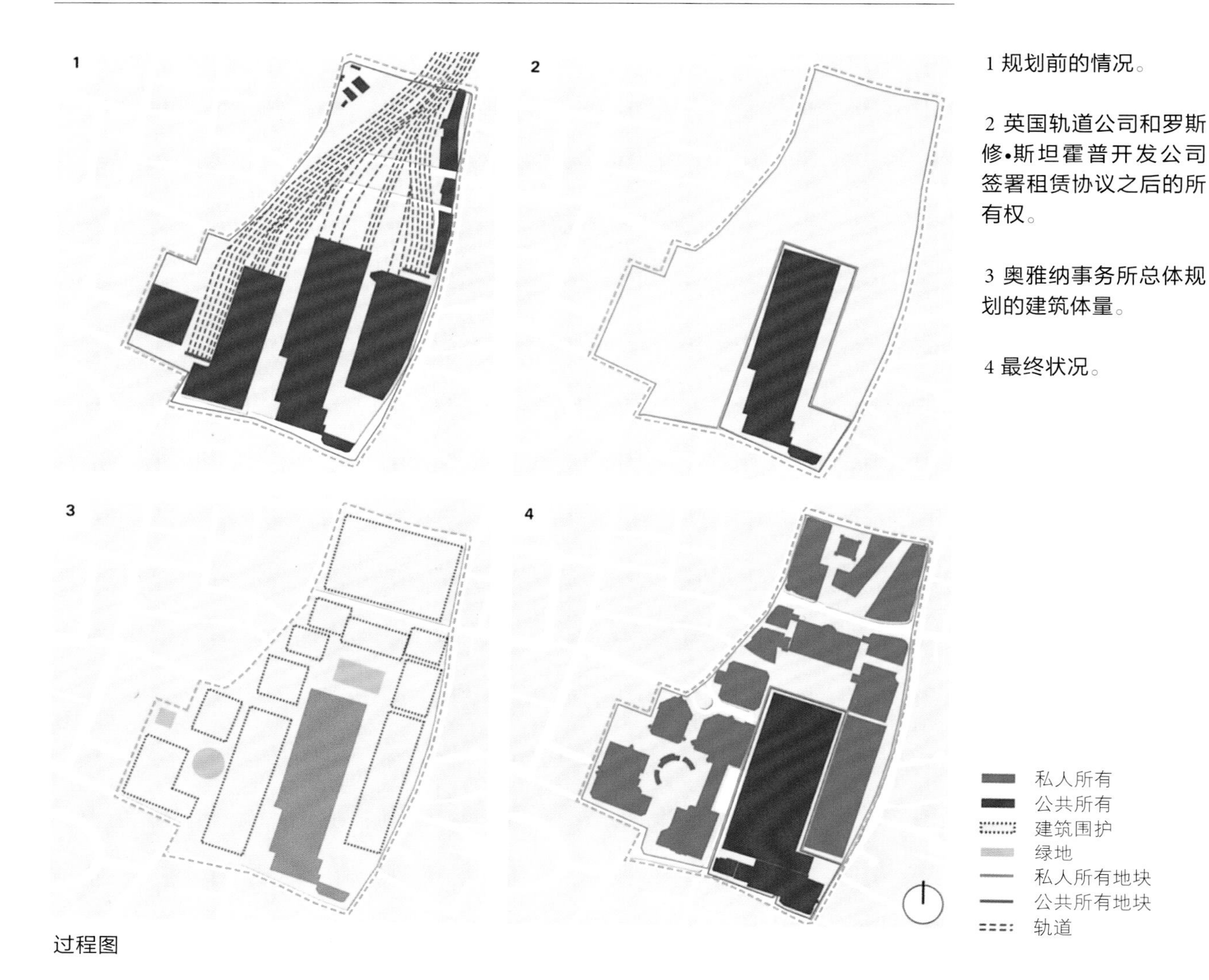

1 规划前的情况。

2 英国轨道公司和罗斯修•斯坦霍普开发公司签署租赁协议之后的所有权。

3 奥雅纳事务所总体规划的建筑体量。

4 最终状况。

过程图

要。由于金融市场放松管制而带来的“大爆炸”，他们的业务需要做出改变。

项目组织/团队结构

在1975年，英国轨道公司委任菲茨罗伊•洛宾森建筑师联盟（Fitzroy Robinson & Partner）一项既定的建筑活动，即对宽街和利物浦车站的主要开发进行调研。调研结果要求拆除所有该地区的历史性建筑，这很快导致了来自政治家们和历史保护主义者们的反对。随即进行的公共调查催生了利物浦大街站的部分区域建筑二级保护名单。在1983年，一项国会法案命令对利物浦车站进行重新改造。英国轨道公司宣布由泰勒•伍德罗地产公司（Taylor Woodrow Property Company）和温佩地产公司（Wimpey Property Holdings）作为该地区的联合开发商。然而，奋争仍在继续，争议集中于提案的可行性上，因为大部分区域仍被人们视为偏僻地区。英国轨道公司不得不重新开始，起草了一个包括八家开发商的简短名单，以便重起炉灶。罗斯修•斯坦霍普开发公司（Rosehaugh Stanhope Developments）及其设计师奥雅纳事务所因对芬斯伯里大街1号成功的开发设计，而在1985年获得了开发委任。这两家公司极富有盈利前景的提案将先前的偏僻之地变为了一个具有非凡地产价值的一

上图：俯视利物浦街，左侧为火车站入口。

下图：从右侧的利物浦街车站向北的视角。图片背景中可见新落成的宽门大厦。

流地区。这使得英国轨道公司的地产董事会保留了一部分老车站的历史建筑结构，并根据来自奥雅纳事务所的彼得•福格的建筑理念，融合了一些令人惊叹的现代元素。

公共轨道公司和私人开发商之间的财务协议在本书中是一个特殊的内容，但是对于和公共设施相关的项目就不具特殊性了。除了一次性支付，罗斯修•斯坦霍普的开发利润中有33.3% ~ 50%的持续经济贡献，所以该协议稳定了英国轨道公司。根据典型的英国开发传统（贝尔格雷维亚的案例研究中有更为详细的解释），开发者并不获得无限的土地所有权，只获得一定时间段内的使用权，即租赁权。该时间段后所有土地，包括地面上的已建成房屋，都回归永久土地所有者。然而，在这个特定的例子里，获得999年的租期使自由使用和有限租期之间在付出成本方面无甚差别。和往往不到100年的租期相比，这个项目的租期时间段很长（见北京中央商务区的案例研究，可作为比较）。

宽门的建筑群分三个阶段建成，不同建设时间均有记录。最早由奥雅纳事务所修建的建筑（包括芬斯伯里大街一号以及同一条大街上两座后期建筑），然后在原宽街车

鸟瞰图1：10000

站上的溜冰场周边的建筑（也是奥雅纳事务所设计修建的），最后是在利物浦街车站周边的建筑（SOM事务所设计）。和后来的建设不同的是奥雅纳事务所的建筑构建在坚固的地面上，因此有着传统常见的地基。此类开发模式的标准是，每座建筑都被单独的法律体系所控制，这种法律体系由罗斯修•斯坦霍普开发公司所有，但是这些建筑可能会被卖给不同的所有者。更为不寻常的是，所有外部广场同样以单独的法律实体被维护，因为恰当的司法机制能够通过紧邻建筑的支持，来持续稳定整个宽门地区的建筑维护。一个专注于该项目的公司，创建于项目之初的宽门地产公司（Broadgate Estates），其目的是保证这些外部空间、每个建筑的外表面以及多住户建筑内部在需要时得以维护。

和书中其他有特色的欧洲项目相比，在修建宽街区域中公共权威机构的作用相当小。自从1986年玛格丽特•撒切尔政府取消了大伦敦议会，伦敦的规划权都归自治市所有。在宽门区的案例中，伦敦市的规划权本质上局限于批准或者否决每个开发阶段的建筑许可证。总体规划从其初期阶段即已存在了，但是作为长期规划的框架，它没有任何法律上的效力。下面是若干例子中的一个：希尔马和萨特勒（Hilmer& Sattler）对柏林的波茨坦广场

城市规划1：5000

进行的总体规划方针，被城市权威机构转换成一个具有官方约束力的文件（见个案研究）。伦敦金融城政府（City of London Corporation）的一个案例在规划背景和权威性方面具有一些独特之处。金融城公司及哈克尼自治区是负责开发宽门区的规划机构。这片区域起源于中世纪，地位介于私立“大地产公司”（详见贝尔格雷维亚案例研究）及伦敦其他城区（如威斯敏斯特区、卡姆登区、肯辛顿区、切尔西区及哈克尼区）之间。和这些一般自治区相比，宽门区域最大的不同不是规划步骤的特别之处，而是其人口极少，只有1万常住民。因此，开发公司的主要任务是将金融城打造成欧洲的主要金融中心，而且可以理解的是，其主要任务不是捍卫几个选民及居民对于建成环境的偏爱，而是显然包括并影响了对建筑活动的管理。而且可以推断的是主要任务有助于调和土地所有者、开发者和当地规划机构的兴趣，当地开发机构可以在6年中开发交付12栋建筑物。

城市形态/连通性

理解城市规划品质的关键是其总体性，包括三栋芬斯伯里大街建筑，坐落在一片大众以前不能进入的土地上，这片土地主要为数条客运和货运轨道线用地。历史地图显示，在17世纪和18世纪该地区小

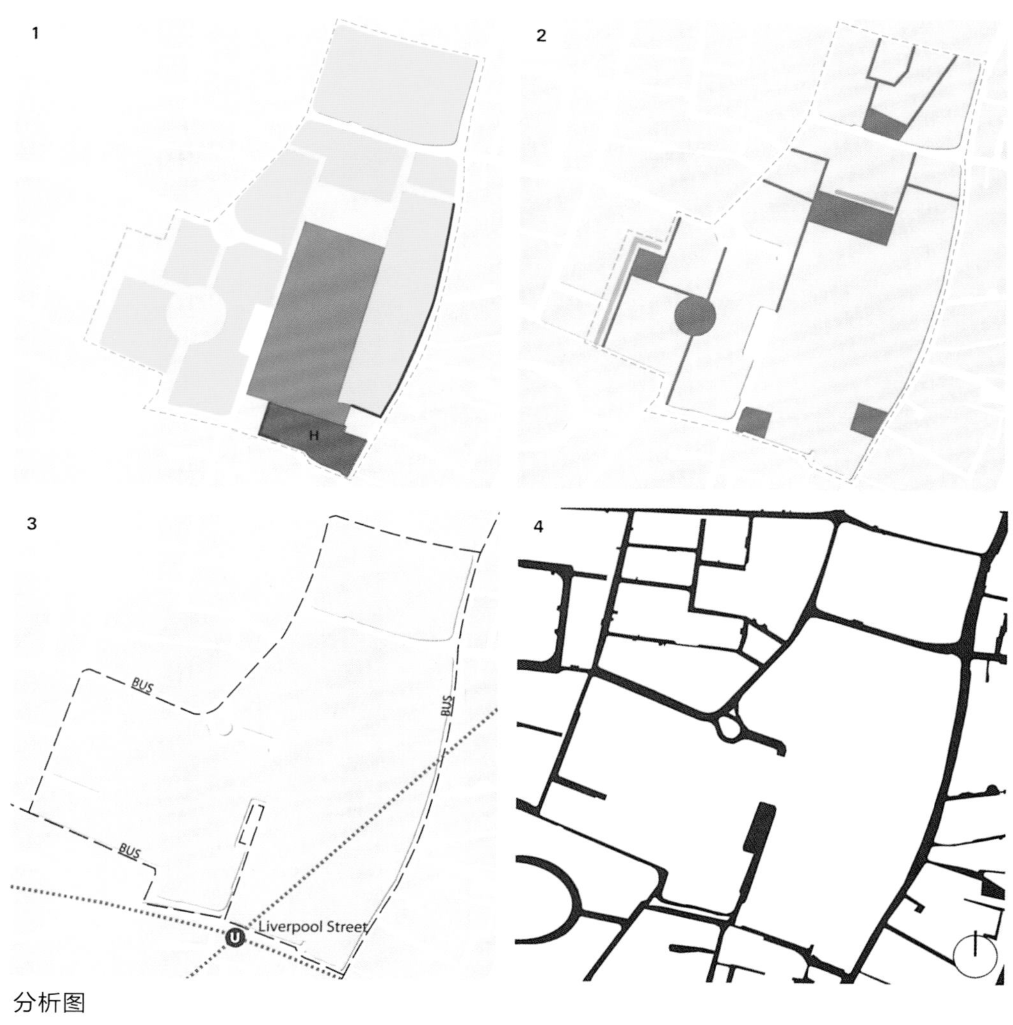

分析图

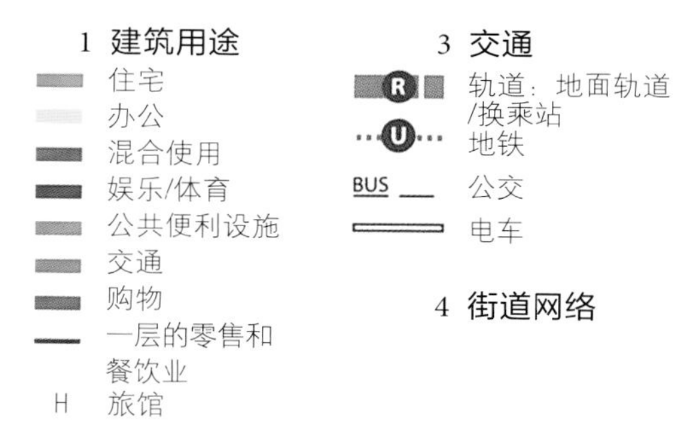

巷、球场和庭院密布。

奥雅纳工程顾问协会很明智地构想了该地区的总体规划，将以前的轨道区域设计为大众可以进入的区域，并且是伦敦市未来的一部分，建在坚固的土地（terra firma）以及翻修过的利物浦大街车站的轨道上。这个项目不仅是令人欢迎的工程，而且还有设计良好且可以深入的外部空间，一层因为有零售店、餐饮店和休闲娱乐设施而使项目显得生机勃勃。这一规划策略为伦敦金融城创造了一个全新区域，并向北扩展了金融城。这使得在开发的更边远区域也产生了更高的房地产价值，这也是以前的提案没有实现的成果。这片区域的特定局限性尽可能地被忽略了，人行道需求线附近安排了建筑主楼（building footprints）。这一技术被多次应用，最著名的案例是伦敦大学学院（UCL）进行的“空间句法”分区项目。这个策略得以成形并不容易，因为宽门的北部区域在开发时期还是哈克尼区较为贫穷的区域的一部分，没有租户热衷于强调这片区域的地址。直到1994年人们才意识到其为开发区域的首要地址，当时具有完整性的宽门区被并入了著名的伦敦金融城的政治区划。因为地产市场的周期性特点以及所有权的变更，开发区域的最北侧，位于沃史普大街南侧（包括SOM建筑事务所设计的宽街大厦，即伦敦第三高的高层建筑），直到2008年才完工。该工程结构复杂，地基耗资昂贵，必须打在地下的铁轨之间。

在功能整合方面，宽门的边缘位置并没有决定这个项目不能包括任何住宅，而事实是伦敦金融城的区域不允许在这片特定区域修建住宅。真实情况如下，尽管伦敦东部住宅持续高档化，包括直接相邻的斯毕塔菲尔德市场深刻地改变了这片广阔区域的特点，使得住宅用地的潜在供应比20世纪80年代中期呈现出更为吸引人的态势。在广场和步道周边有各种各样的零售和娱乐活动，这迎合了附近工作人员而不

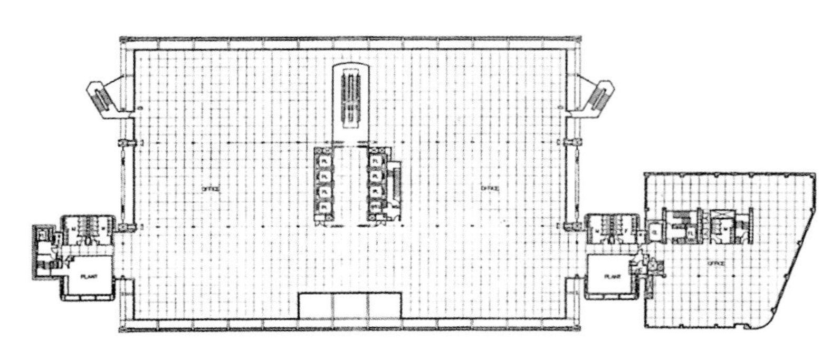

上图：SOM事务所设计的交易大楼二层平面图，该大厅位于开发项目的西北部，在轨道上方。这座建筑从结构角度看是一个桥梁。

下图：从交易广场看向SOM的交易大楼。

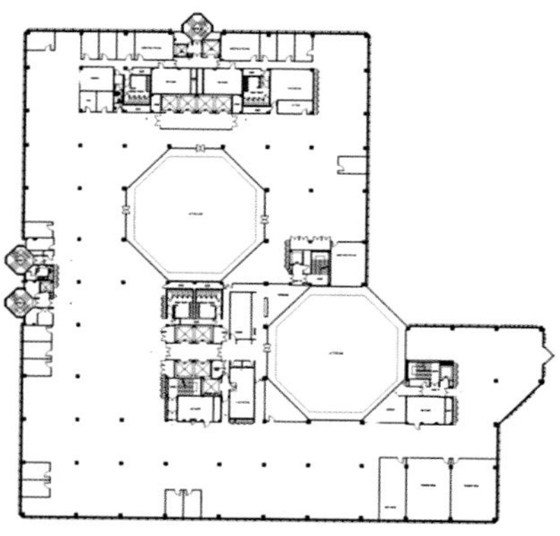

右上图：宽街1-2号的建筑平面图，由英国奥雅纳公司设计。其独特之处不仅在于内部的天井以及更大规模的楼面板，还有其建设目的明显是通过建筑的"L形"限定外部广场面积。

左图：英国奥雅纳公司规划的芬斯伯里大街建筑，这是宽门区建筑的鼻祖。

右下图：东部大酒店及主教门大厦。

是住户和游客的口味。值得一提的是，在现今这种高密度的环境下，为车站和办公楼提供24小时服务确实会使创建理想的居住环境这一过程变得复杂化。

然而，对于一个建筑集合体选址来说，一个带有四条地铁线和许多公交线路的主要交通枢纽的旁侧位置并非值得关注之处，而值得关注的是这个项目的内在优势。在2010年，项目附近的伦敦东部线路向着达尔斯顿扩展，其中一部分是轨道的扩展，这部分轨道先前的终点在宽街车站。这样就进一步改善了该地区的连通性，也增加了伦敦东部和哈克尼区的吸引力。横贯轨道计划是横贯伦敦东西部新的地下连接线，是一个价值数十亿英镑的项目，其中包括将利物浦街车站作为伦敦中部六座车站中的一座。

建筑类型

从作者的角度讲，总体规划的设计阶段和下列办公楼的建筑设计之间没有任何正式的区别。双方都是奥雅纳公司承接的项目，彼得•福格是总规划师。当时，办公区不愿意过快扩张，这就是为什么奥雅纳公司没有设计第三阶段的建筑，即沿着主教门、阿波德大街和普里姆罗斯大街修建车站的东部和北部区域。美国SOM建筑设计事务所承接这项工作，反映了该公司拥有规划成百上千个同等规模项目的业绩。

宽门的标志性建筑总体规划包括奥雅纳公司设计的芬斯伯里大街建筑群以及SOM公司设计的证券交易所。证券交易所具有建筑桥的结构，楼层由一个框架结构（frame）悬挂，这个结构跨越整个利物浦大街车站后的轨道宽度，大约78米（256英尺）。其他建筑物虽然具有卓越的建筑品质，却隐没在它们所界定的外部空间的卓越景观之中。奥雅纳公司的创意起始于芬斯伯里大街一号项目，是和DEGW空间开发商合作完成的。其创意主要在于提供了一种大面积和高效的楼面板（floor plates），这是欧洲市场的新趋势，并反映了20世纪80年代后期金融行业工作技术的剧烈变化。这也是为什么宽门区规划即使在房地产业萧条期间也能立即取得成功的原因。

小　结

宽门区规划被认为开启了公司建筑（corporate architecture）和城市设计的革命。在城中旧房被清除后可盖新房的区域进行重新开发并加大规划密度，宽门规划在这方面是个极致的例子。该规划展示了在极高的土地价值背景下，即使没有公共补贴也能获得哪些收益。该区域和火车站错综复杂的联系虽然有近乎诗意的维度，但象征着城市情况的多重悖论，以及寂静和喧哗之间、动态和惰性之间以及偏远和集市之间的不断争斗。将这片区域的开发逻辑和其他以运输为基础的项目，如歌剧院大道（见个案研究）、欧洲里尔或者香港最近的车站区域开发（见《城市高层建筑经典案例》，第188 ~ 195页）进行比较，是有趣的一件事。

宽门区规划显示，为了提升而不是降低土地价值，私人总体规划方案如何将开放性空间和办公区域整合在一起。具有极高知名度的公共艺术中一个野心勃勃的项目将这种主动性深刻地阐述为一种有意识的决定，一种很明显从乔治王时代的伦敦中获得的灵感，并被反复诠释成一种现代乡土景观。这是20世纪80年代早期一种不寻常的概念，当时开发者唯恐对公用空间承担责任。这种安排的成功是否和以下事实有关：所有这些广场和步道都含有私人所有成分在内，都被私人公司保有和监管，并非公共街道网络的一部分（见巴特利•帕克的城市案例研究，可以进行比较），这是值得深思的。为了保留这些区域的私人成分，英国法律要求土地所有者每一年中至少关闭该区域一天。在宽门区这个案例中，每年圣诞节这些私人区域都会被关闭。

从埃尔登大街看向宽门广场，右侧是理查德•塞拉的雕塑“The Fulcrum”（1987）。

上一页图：SOM建筑设计事务所的宽门塔，于2008年竣工。

上图：利物浦街车站下沉式中央大厅。

下图：奥雅纳公司设计规划的利物浦大街100号，右侧为火车站入口。

马森纳·诺德区（巴黎塞纳河左岸）

地点： 法国巴黎 13 区
年代： 1995—2012
面积： 12.6 公顷（31 英亩）

容积率：2.69
居住人口：2430
混合用途：34%办公楼，31%教育类建筑，20%住宅楼，10%工厂和零售业，5%其他

这是法国首都最大的开发区域中的一部分，马森纳·诺德区的城市规划代表了克里斯蒂安·德·波特赞姆巴克（Christian de Portzamparc）的开放岛（ilot ouvert）图景，是当代版的欧洲街坊式建筑（perimeter block）。

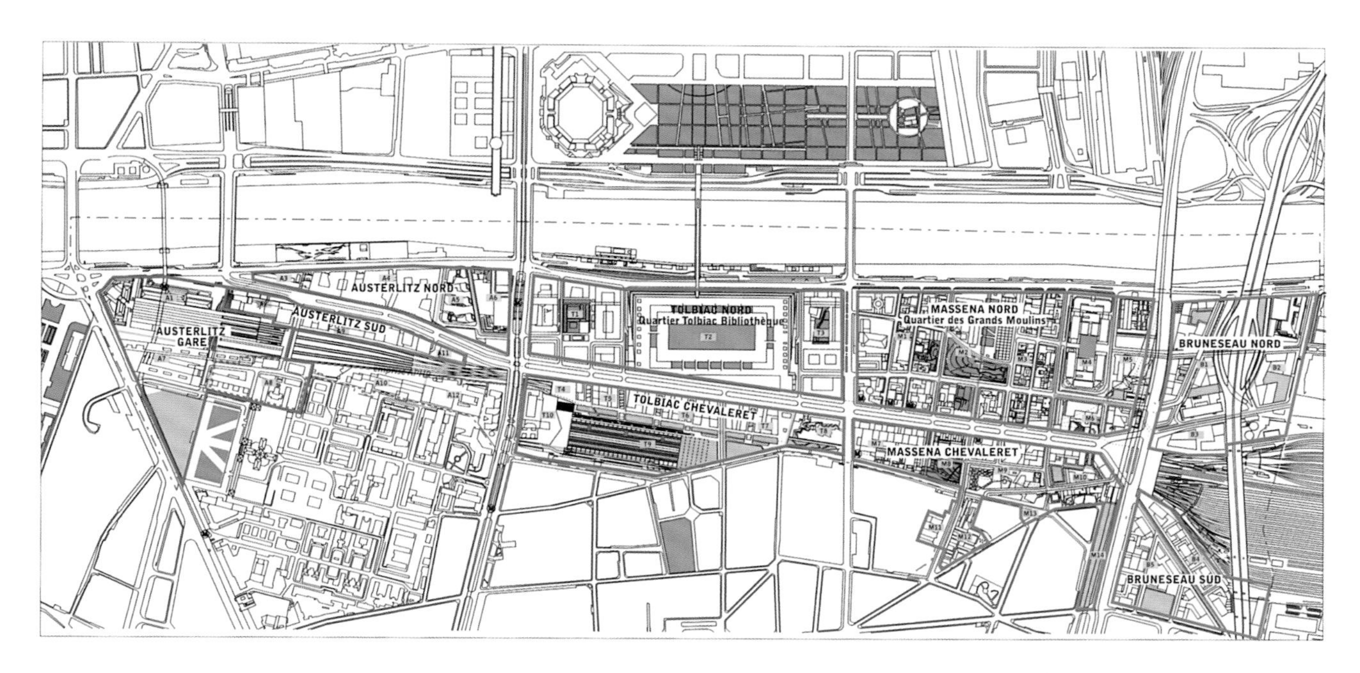

马森纳•诺德区（Massena Nord）项目可以被视为归属于巴黎塞纳河左岸的开发区域。这片区域从奥斯特里兹车站沿着塞纳河南岸一直到外环公路（巴黎的主要环线公路和行政区划），延展，2.5千米（1.5英里）。马森纳•诺德区面积不到13公顷（31英亩），是这片面积为130公顷（321英亩）的9个深棕色次级区域中的一个。自从1840年奥斯特里兹车站建成以来，这片广大区域的主要拥有者是国家轨道公司SNCF，一直被用于铁轨（大约30公顷）、仓库、面粉厂和相关工业。在大巴黎规划范畴中，该项目应该是一个更大的地区规划中的一部分。该规划地区是塞纳河东南部地区，包括邻近的贝尔西地区，位于塞纳河北岸。在20世纪80年代早期，有一些研究探索将这片可以开发的滨水区域整合为一个奥运会和世博会的全面规划项目。然而，这个计划及其接下来的规划提案很快就被放弃了。

自从富有争议的20世纪六七十年代意大利广场13区高层开发项目以及塞纳河沿岸高层建筑项目开发（见《城市高层建筑经典案例》第136页）以来，巴黎塞纳河左岸项目迄今为止是法国首都最大的也是最重要的城市项目。和当时一些相似的开发项目一样，这个项目的特点也在于战后英雄式的先锋派主义，以及对于生活空间、现代化和环境卫生的急切需要。巴黎塞纳河左岸的开发项目的初始阶段并不太引人注目，却是20世纪晚期繁荣的西方世界城市开发项目中的一个很好的学习案例。因为公众对法国规划体系以及政治上独立的城市内核（所谓的“巴黎内城计划”，面积：只有100多平方千米）严格控制，在社会福利欠佳的巴黎城东部，对尚未被充分

上图：巴黎塞纳河左岸开发区域的9个次级区域。马森纳•诺德区项目坐落于托勒别克•诺德（Tolbiac Nord）区右侧，新的国家图书馆处于托勒别克•诺德区的中心位置。

下图：20世纪80年代该区域的鸟瞰图。

利用的这片待开发区域进行开发就只是时间问题了。起初，在20世纪90年代初，再开发项目的设计是为了阻止劳动人群从巴黎市中心大批迁徙到市郊。结果这片区域一直被视为一种混合使用的开发，其中的办公楼区域远多于住宅区域。由于20世纪90年代初期和中期的房地产危机，以及随着时代变迁带来的观念的改变，开发比例略有调整，更倾向于公寓、商用建筑和公共便利设施的建设。

这片区域通过建设标志性建筑——国家图书馆新馆及其四栋有玻璃幕墙的塔楼——而获得了国内和国际媒体关注。该图书馆属于弗朗索瓦•密特朗总统的“宏伟项目”中的最后一个，包括卢浮宫扩建，以及巴士底歌剧院和拉德芳斯新凯旋门建设（这些项目都完成于1989年）。新国家图书馆由多米尼克•佩罗（Dominique Perrault）设计，坐落于托勒别克•诺德区，就在马塞德•诺德区的北侧，是该地区第一个对公众开放的建筑。当这座建筑在1996年揭幕时，是该地区荒芜的建筑工地上的一座完整的独立式建筑。

项目组织/团队结构

巴黎塞纳河左岸的项目是由SEMAPA（巴黎经济和管理协会）管理和开发的。这个半公共性的公司由第13区的区长监管并包括以下股东：巴黎市政当局（57%的股份）、国家轨道公司SNCF（20%）、巴黎建设局RIVP（10%）、法国政府（5%）以及大巴黎区（5%）。只有剩下的3%向私人投资者开放。在这个背景下，有必要提到以下一点：“半公共”机构SEM（混合式经济公司）的合法地位，直到最近在许多方面都对几乎所有的公众自发的法国城市开发

皮埃尔神父大花园，2009年由Ah-Ah Paysagistes建成，当时的面粉厂被改建成了大学建筑。

项目负责，最初不是为了向私人自发开发过程开放而产生的，而是被设计成允许这些法律机构应用私法中更为自由的条款。和公法的完整性相比，这些条款在更为柔和的过程中包含了较少的官僚主义。这种状况最近通过欧洲立法的改变而受到了挑战，由于私人持股者的存在，半公共性的公司不得不投身于竞争之中。自从2006年以来，法国法律允许使用新法令，即SPLA（《社会公共区域管理法案》）。这样，通过回归为单一的共有股权，该法令回避了上述责任。

1991年，巴黎市政委员会批准了塞纳河左岸地区的第一版开发计划（PAZ）。该地区获得了ZAC（完整的开发区域）这项特别的法案，因此不受规划限制的约束。规划限制包括建筑高度和土地使用的限制，这些限制适用于首都巴黎其他地区。然而，自从2000年以来，该法案有所改变，ZAC法令不再允许任何偏离全市通用法案的上述开发自由。作为ZAC的规划文件，PAZ的内容因此被包括在《巴黎城市区域规划法案》之中，否则它就会失去有效性。ZAC法令本身可以追溯到1967年，当时取代了ZUPs（《优先开发区域法案》），该法令曾经为大规模开发提供了法律框架。当时，ZUP曾经被认为单一功能的公共住宅项目大发展的原因之一。而单一功

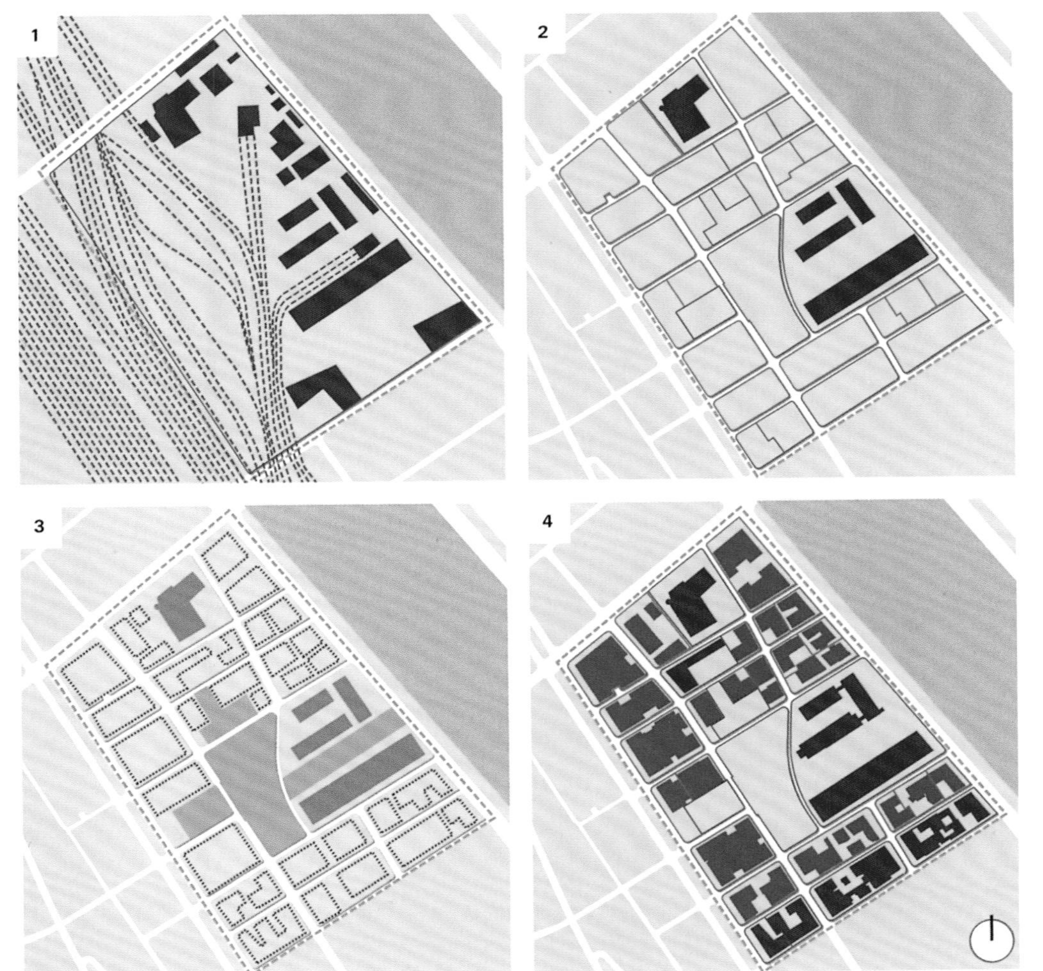

1 干预之前的状况。

2 再开发之后的土地细分和所有权状况。

3 建筑用地的总体规划。

4 最终状态。

过程图

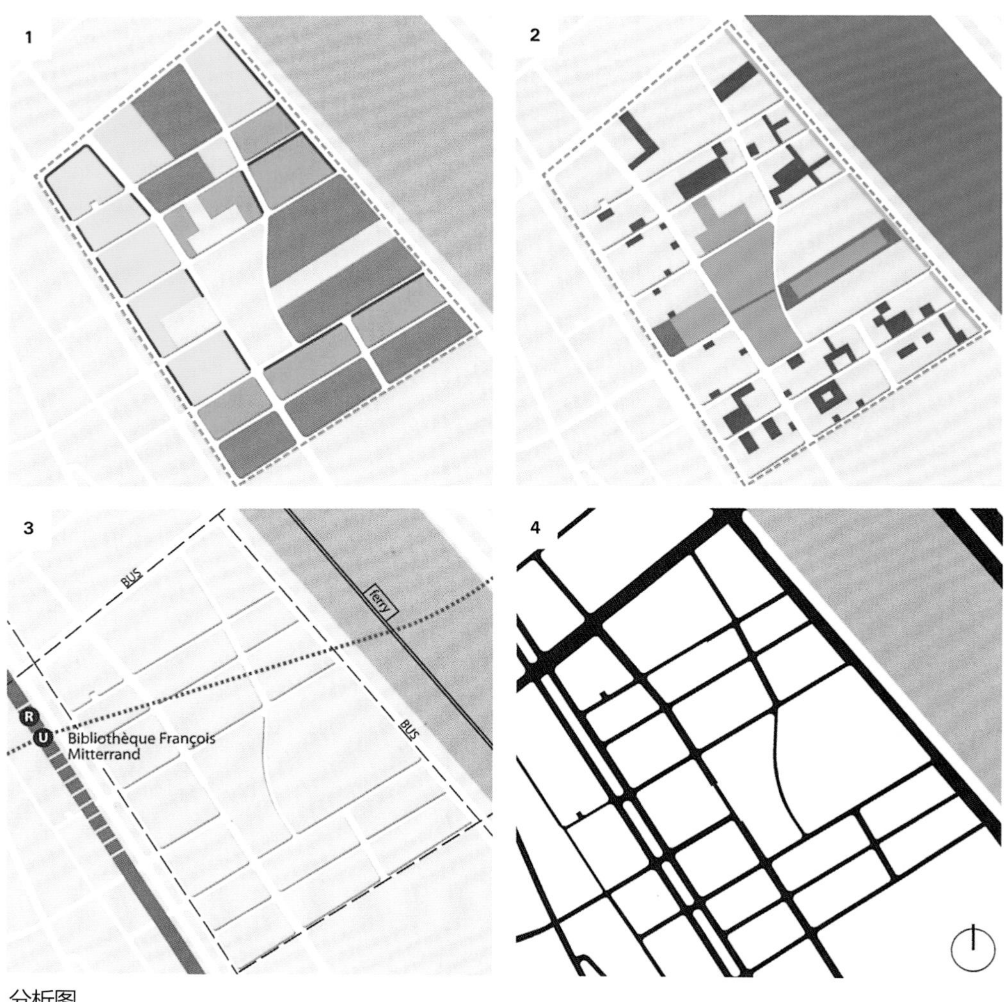

分析图

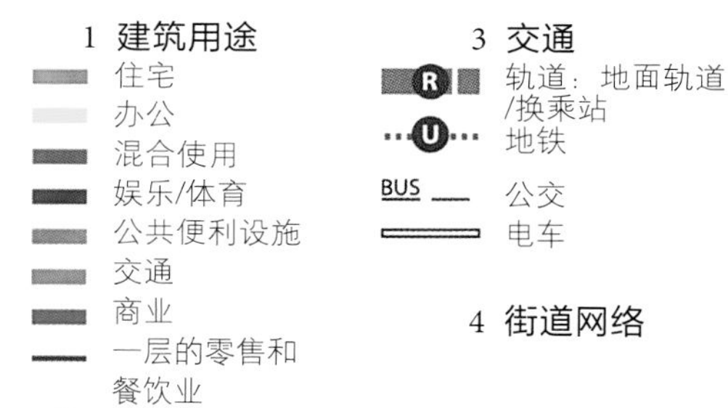

2 绿地
绿地：公共/集体/私人
路边植被/绿色小径
步道
公共广场

能的公共住宅项目不断演变成了社会紧张不安的焦点。ZAC法令的目的在于培育更多具有多样性的开发项目，这些项目是功能和社会阶层的混合体。更重要的是，该项目的设计也促进了私人资本投入公共控制的开发项目中。今天半公共的开发公司，诸如SEMAPA，只注资于基础设施和公共便利设施的建设。大部分的现有建筑是由私人投资者开发的。开发程序中的复杂细节随着时间推移已经有所改变，并适用于每个项目的特定环境。在巴黎塞纳河左岸的这个案例中，一个有趣的例子是SEMAPA只在很短时间内合法拥有这片区域，实际上它发挥介于轨道公司SNCF（该公司拥有大片该地块）和对此项目感兴趣

下一页：沿着塞纳河的步行道看向新区的景观。

SUSHI SASHIMI
SUSHI MASSENA
Tél. :

的外围投资者之间的中间人作用。该区域的基础设施建设通过两派之间不同的项目获得方式和销售价格而得到注资。轨道公司的公共法令促进了上述过程，而这一过程和文中提到过的塞纳河沿岸高层建筑项目形成鲜明的对照。因为当地的半公共开发公司必须在项目初始就获得所有土地，因此在很长时间内项目资金处于非流动状态。这种状态一直持续到20年后该项目的开发权被卖掉（更多细节见《城市高层建筑经典案例》，第136 ~ 141页）。

城市的形态/连通性

在设计领域，不是所有的巴黎塞纳河左岸的次级区域都进行了同样的规划并遵循同样的过程。自从20世纪80年代早期巴黎都市生活工作室（APUR）就对整个概念精心策划了许多细节步骤。为了不断提升自己的视野，该工作室而承接了一系列外部设计咨询的工作。一项经过大量思考的规划最终在1991年被通过并完成。有趣的是，被通过的这项规划中并没有衔接奥斯特里兹车站的轨道，也没有为13区的东西部区域提供任何外部的物理衔接手段。这种方法也许是整个规划行业背后的驱动力，并随着时间的推移而缓慢发展。最为激进的中级规划来源于一个由私人资助的相反的提案，即为了再次全面开发已清空区域而将车站移到巴黎城的区域。由于SNCF过于担忧一个使用量很大的车站迁址所带来的方方面面的问题，这项提案最终被放弃了。

在相当大的时间压力下，总体规划项目在1991年获批，对于该项目的详细研究开始了。两位建筑师保罗•安德鲁（Paul Andreu）和罗兰德•施威泽（Roland Schweitzer）被直接任命担纲规划，他们将规划区域划分成单独的区域。安德鲁负责规划法兰西大街，而施威泽对托勒别克的主要住宅区进行了主体规划。这是第一个开发区域，其水平容积直接架构了新国家图书馆的四座高楼。为了尽快出成绩并正式交付一个设计典范，SEMAPA不仅组织了城市研究，还进行了下述具有一定法律约束力的建筑竞技。即使建筑物还未建成，但开发权获得者必须接受竞技的设计规定，这和一般规划程序截然相反。

为了确保这片区域的可持续开发，改善现有的公共交通体系是头等大事。地铁14号线开通后这片区域的交通状况得以改善，该线路又名为“流星”，从1998年以来连接了国家图书馆和巴黎西北部的拉扎尔车站。新修的车站取代了大区特快C线（RER C）以前的车站，并从那时起，成为了巴黎东部重要的交通枢纽。除了这些车站和几条公交线路，从2008年起，巴黎的

新建的步行桥上的景观，波伏瓦步行桥延伸至新建国家图书馆的两栋南侧大楼。图中左侧的远方是马森纳•诺德区的起点。

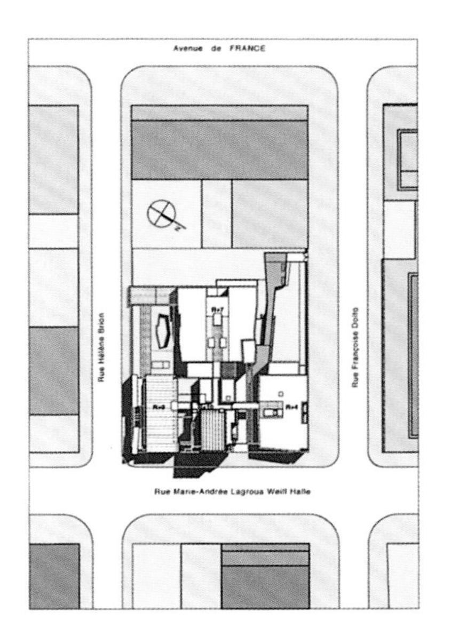

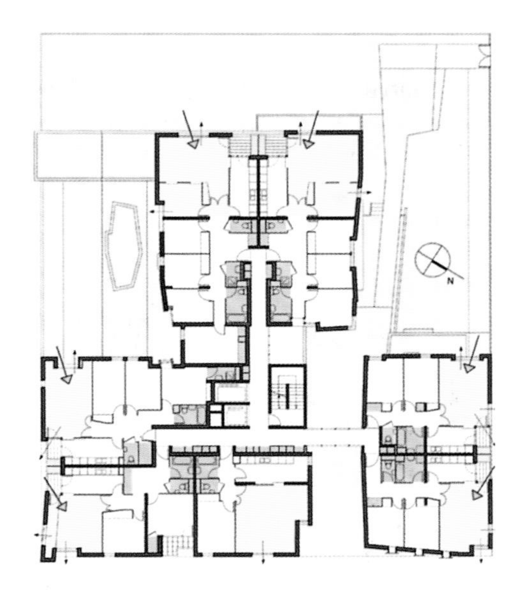

佛雷德里克•波莱尔拍摄的公寓建筑地点和第四层布局（2009）。SIEMP项目是为巴黎城的混合开发公司构建，包括一层的零售商铺、地下停车场和47套价格实惠的住宅公寓。该建筑位于皮埃尔神父大花园西南角的对面。

鸟瞰图1：10000

水上巴士一直提供15分钟渡船服务。

建筑类型

在1995年，克里斯蒂安•德•波特赞姆巴克（Christian de Portzamparc）的工作室因马森纳•诺德区的设计规划而获得国际设计大奖。这些设计提议是基于他的开放式街区的理念，该理念经过数年发展只有在马森纳•诺德区第一次得到大范围的应用。开放式街区概念的本质是传统的城市形态集合体，包括周边封闭式开发和更多具有现代风格的通风良好的独立式小高层建筑。因此波特赞姆巴克集合了清晰界定的街道空间，这也是巴黎城市的总体特质，即建筑规划松散的自由度和更多公共绿地，以及开放式空间。

庭院和街道空间划清界限与上述理念是大相径庭的，前者存在于20世纪末巴黎公寓式建筑的传统形式中。波特赞姆巴克首先定义了街道网络和较小型街区，并用很长的时间分析未来的建筑体量以怎样的方式保持最佳的亮度和空气流通度。为了让每个地块私人雇用的建筑师有足够的空间发挥个人创造力，该总体规划中规定的建筑围护结构大于每个案例中允许的建筑表面。每个地块的竞标者都获得了经许可的建筑体量以及开发规则的小册子。在这个体系中，城市主义和建筑之间的关系变

城市规划图1：5000

得异常复杂。尽管有一系列明文规定，但这样的安排允许比其他以街区为基础的规划概念更高的可变性。在以街区为基础的规划概念中，建筑师往往被认为不过是建筑外立面设计者。

建筑的最高高度从河岸向法兰西大道增高，是整个巴黎塞纳河左岸开发区域的特点。这种规则的总体原因是，人们努力避免新建街道之间连接线的标高差异（level difference），这些连接线高于铁轨和周围环境的地面标高，这在巴黎规划史上是史无前例的。因此，马森纳•诺德区的建筑都坐落在人造斜坡上，缓慢抬升至法兰西大道。设计者优化地面连接线，并避免非连续性低矮建筑开发的质朴式城市主义（unsustainable tabula-rasa urbanism of podium development），如塞纳河沿岸开发区，意大利13区，或者蒙巴纳斯区（可能延展了面向塞纳河的高度），这些意愿驱动着马森纳•诺德区花费不菲的开发活动。沿着法兰西大道的建筑高度进一步被增加，因为这些区块恰恰位于轨道之上。这些商业开发项目更高的回报价值与其为轨道网所覆盖的实质价值有直接关联。为了避免该地区同样的建筑斜坡高度，波特赞姆巴克成功地改变了城市规划规则，并根据一些建筑的位置及其在总体规划中的重要性，来强化这些建筑的高度（更多细节见

左图：佛朗索瓦街区。

右图：弗里葛街景观。

下图：纵览法兰西大街，其修筑于导向奥斯特里兹车站的轨道上。位于国家图书馆四栋塔楼之一前面的白色建筑，由威尔莫特（Wilmotte）及SA协会设计。

法兰西大道上典型的办公楼一层设计图，由福斯特（Foster）及罗丽奈特联合会（Rolinet & Associes）的合作伙伴设计并于2004年完成。这是雅高酒店集团（Accor hotel group）的总部。

《城市高层建筑经典案例》，第80～85页）。

小 结

如果分析开发结构及其产生的城市形态之间的关系是本书的研究方法之一，那么法国规划系统高度复杂性与波特赞姆巴克开放式街区概念的高度复杂性之间的关系就是一个关键所在。在较少的公共控制和一种完全自由的规划文化中，这两个相同的规划体系可能有所演变吗？空间的变化、空间交接处及界限间的微妙之处同书中其他案例相比，也和巴黎塞纳河左岸开发区的城市街区进行了比较，其中有一种外科手术般的介入感。这种模式具有高度灵活性，尽管本质上并不适用于每一个规划项目，它却对当代城市主义贡献良多。如果过去的30年目睹了许多现代主义者最为激进的城市规则被否定的过程，那么如何选择的问题仍然十分尖锐。最初对于"传统街区"的重新定位比人们预想的更为问题重重。最近几年，单一性街区提议得到了强调，一部分原因在于人们避免公园建立围墙，并建立单一业主的大街区，这不符合传统城市的实际开发逻辑。在巴黎这个案例中，19世纪五六十年代由豪斯曼男爵主持的工程为人所津津乐道，这其实是街区城市主义的复杂案例，其中的缘由是他最为著名和成功的介入干预，如巴黎瑞弗里大道或者歌剧院大道，是贯穿19世纪前期的建筑构造。如果不是随机的时代层级结果，就是一种极为复杂的时代层级结果。它们并非比较当今总体规划项目的恰当基础，这些项目往往是在城中旧房被清除后可盖新房的区域上进行的。以下的19世纪晚期外围周边开发，如17区的蒙梭地块，主要是在空白的地块上构建起来

爱泼斯坦和克雷曼（Epstein & Glaiman）设计的公寓建筑。

下一页：法兰西大道北端的办公楼，是具有历史意义的北部街区的一部分。

的。这样的构建过程依据了形式规则，在理论上类似豪斯曼的早期介入手法。这是具有信服力的先例，但是它们最初也招致了和今天最新的开发项目一样的批评。这个项目常常被斥责为过于整齐划一，缺乏变化性和生命力。项目本身涉及的时间问题及复杂性是极为重要的方面。波特赞姆巴克的设计提案，以及他对各种介入方的协调，似乎能够代表一个缺乏耐心的市场虚幻老化过程中的复杂性。

Paris Rive Gauche

史岱文森镇

地点： 美国纽约曼哈顿
年代： 1943—1949
面积： 24.7 公顷（61 英亩）

容积率：2.86
居住人口：18000
混合用途：几乎全部是住宅，有一小部分是零售业和餐饮业

史岱文森镇（Stuyvesant Town）的城市形态很容易被误认为勒·柯布西耶（Le Corbusier）1925年的瓦赞规划（Plan Voisin），它留下了相当复杂和模糊的遗产。一方面，史岱文森镇代表了质朴的城市主义中一个激进的案例；另一方面，在和下东区（纽约市曼哈顿区沿河南端一带，犹太移民聚居地）周边区域的狭窄拥挤状况进行比较时，史岱文森镇明显强调了公园中的城镇模式。

中产阶级从市中心向市郊迁徙开始于世纪之交并在一战后快速发展，已成为主要的社会和经济问题。这个现象从欧洲开始，伦敦是最早且最显著的，之后迅速扩展到新大陆。随着新的轨道干线和高速公路建设紧锣密鼓地展开，这一趋势加剧了。随着人口数量的下降，主要城市的税收收入在20世纪三四十年代急剧下降，危及城市实体的存在，但在经济上是进步的诞生地。在内城衰落的大背景下，城市更新计划以及清除贫民窟对于城市管理人员尤为重要。纽约城长期人口过剩，社会压力巨大，是一个极为有趣的案例。自从20世纪20年代以来，罗伯特•摩西（Robert Moses）通过建设规模史无前例的桥梁和高速路改变了纽约的地貌，这也是这个野心勃勃的项目背后的驱动力。摩西从来没有主持过选举出来的组织机构，却成为纽约的政坛枭雄，是多个公共机构和委员会的主任，并主持超过几十亿美元预算的不透明网络。1948—1960年，摩西也是贫民窟清除委员会的主席，人们常把他和巴黎

1951年后期史岱文森镇（左）和彼得•库珀聚居区（Peter Cooper Village）建成不久后的鸟瞰图。

的豪斯曼男爵关联在一起，这也是可以理解的。

史岱文森镇是新一代大规模开发和公共私人住宅相伴开发的第一个案例。它也意欲成为以下模式的证明和范例，即大规模住宅需要通过私营成分获得满足。不同于早期方案，如帕克切斯特甚至建在城市外围的高档的佛罗斯特•希尔花园（Forest Hill Gardens），史岱文森镇必须显示出私人资助的大型住宅开发项目也可以在非常复杂以及人口密度大的环境中完成。纽约州的援助在1943年4月资助了史岱文森镇项目（见以下细节）。该项目应该是在有争议的讨论背景下被考虑，这些有争议的讨论发生在联邦政府层面，其时正值城市再规划和公共住房建设时期。

这片选定的区域覆盖所谓的煤气厂区域的18个街区，因生活环境肮脏，犯罪率高发，移民高贫穷率而知名。贫民窟的人口在19世纪末达到了27000人。尽管自那时起，那里的人口有明显减少，但剩下的11000人必须在1945年的区域清理整顿中离开这片区域。因为大都会人寿保险公司所提出的计划中所包括的规划人口是24000人，这已经接近历史数据水平，所以人口密度仍然是讨论的焦点。结果人们野心勃勃地实现了这个目标，建筑密度只有25%，从原煤气厂区域的70%下降到这个密度，有35栋12层、13层楼的建筑。人们认为这个项目给中产阶级提供了买得起的房屋，其中的人口规模只包括原贫民窟居民中的3%，剩下的原住民不得不搬到邻近区域，生活条件不会改善多少。只有1/5的原住民符合条件，申请居住在现代可支付住宅街区中。这个危险数据反映了整个城市复兴计划中存在的社会性挑战。人们认为，这样大范围的建筑活动刺激了经济，大量住宅单元的供应显然比改善当地居民生活水平更为重要。

项目组织/团队结构

在这个特别的案例中，项目的法律框架比规划方法更为有趣。作为战后典型的大型住宅项目，该项目在城市、景观和建

左上图：从A大街面向史岱文森镇在东14街的入口处的景观。

左下图：由于树木茂密，史岱文森镇激进的城市主义在冬季才容易被感知。

上图：中央区域的椭圆形喷泉。这是小区居民很喜欢的场所。

右上图：东14街的人行道，除了一些零售业建筑，史岱文森镇背向外部。为了容纳地下停车场，该项目的大部分区域实际上被抬高了。左侧也是承重墙。

右下图：为了有更多的功能混合，椭圆形喷水池旁建筑物的地面一层最近被改建成了社交空间，其中包括学习室、咖啡屋和育婴室。

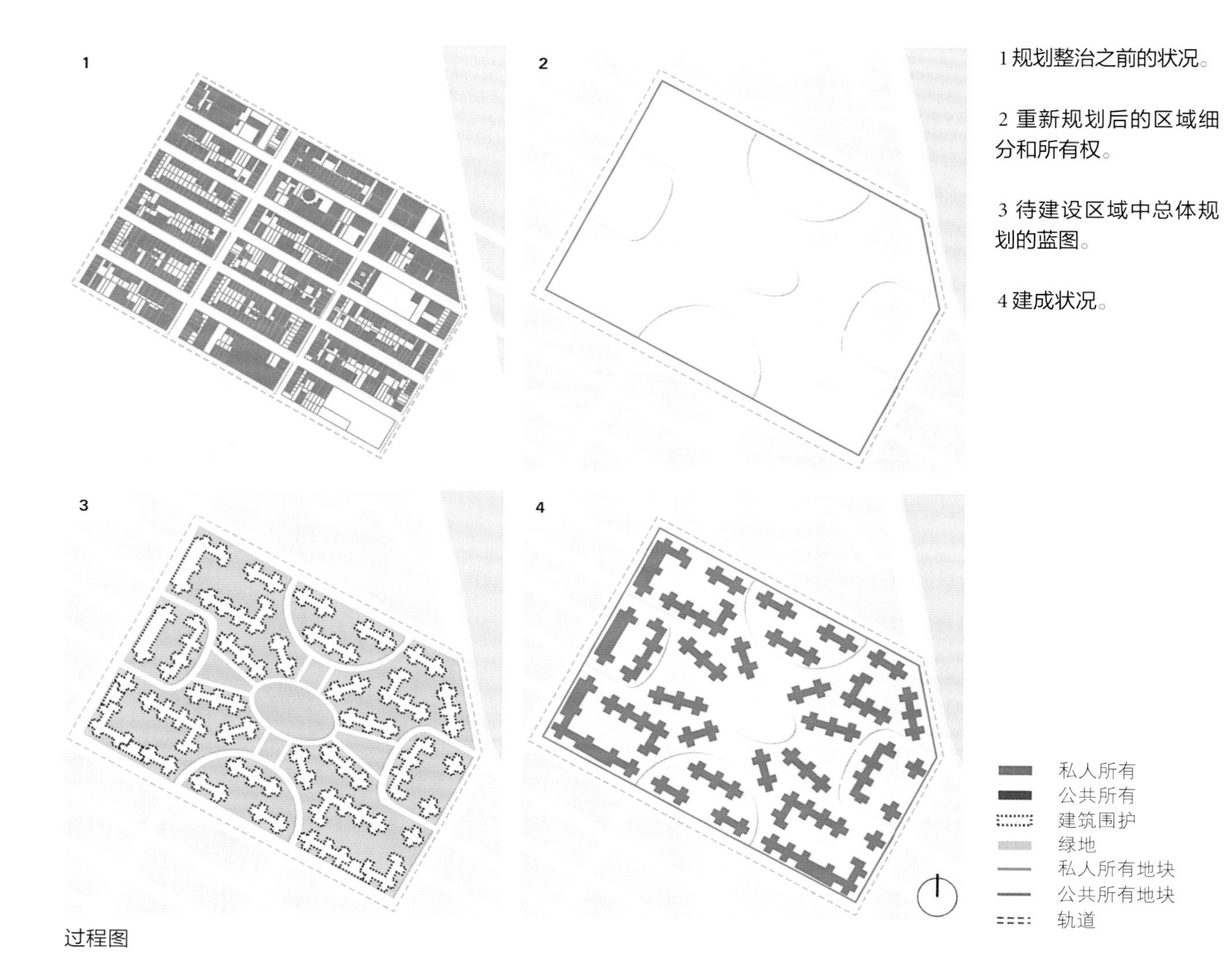

1 规划整治之前的状况。

2 重新规划后的区域细分和所有权。

3 待建设区域中总体规划的蓝图。

4 建成状况。

过程图

筑设计上似乎没有组织上的区分。从这点来讲，作为本书中20个极富特色的案例之一，它使读者鉴赏到有组织性布局安排中的简约与所谓的已建成结果的简约（并非统一性）之间的关联。作为一个相当少见的例子，个体私人所有者能够在短期开发大片区域并且没有任何地籍（标示土地范围、价值和所有者）限制。在欧洲，这种架构往往为公共部门所采用，他们是社会住房项目的直接客户。史岱文森镇被称为公共福利的典范，住房短缺以及大批退伍人群的回归导致了其经济上的成功。由于美国大都会人寿保险公司和纽约市有减免租金协议，未出租公寓的风险和经济损失实际上可以被排除在外。因为市场上没有更好的供应，这个项目宣布开工后，数千个租赁申请便涌入开发办公室。

1943年的汉普顿-米歇尔再开发公司法案创造了极为有利的开发环境，并且通过保险公司（非官方消息称是美国大都会人寿保险公司，当时世界上最大的私人公司）承接城市的再开发项目，这也根据史岱文森镇的需求进行了量身定做。新法令对《1942年城市再开发法令》（该法令没能吸引足够的私人投资）做了总体修改，并使得纽约市以土地征用后的价格销售这块土地，并免税25年，其定价基础是这片区域再开发之前的地产价格。在同样的时

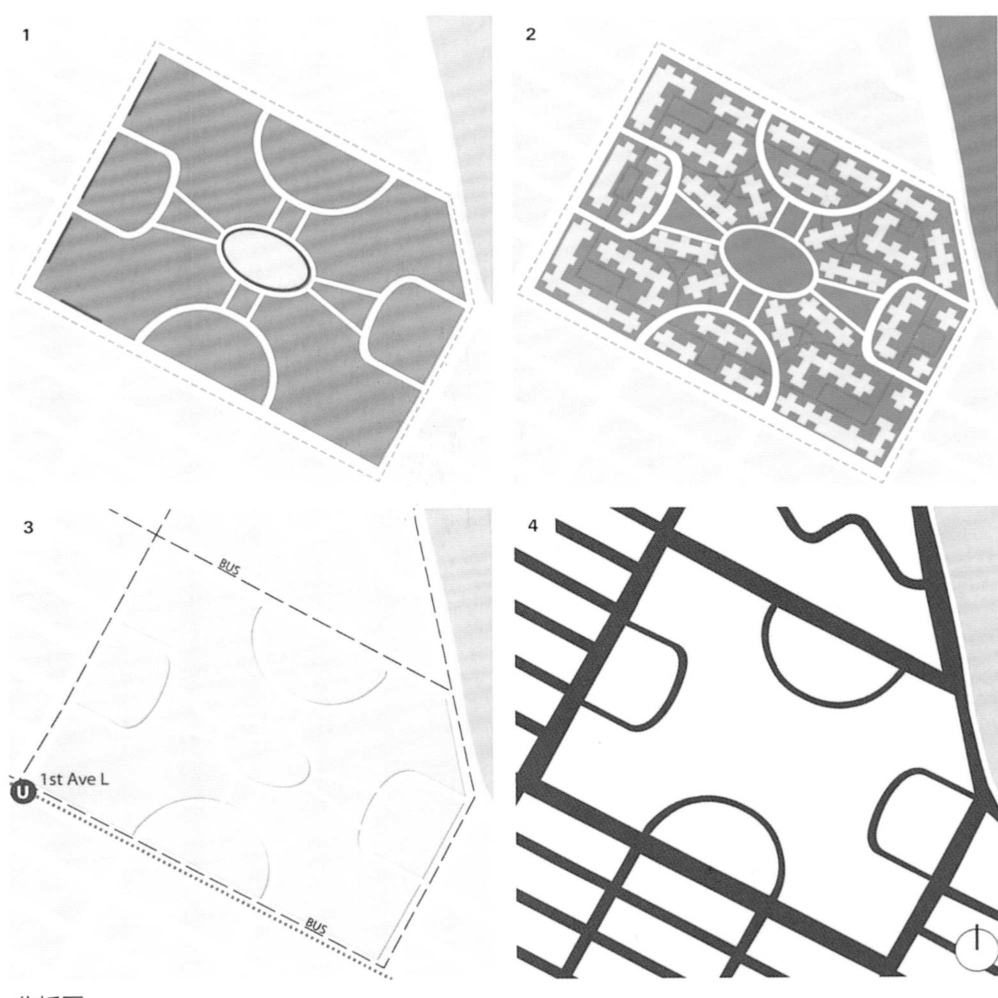

分析图

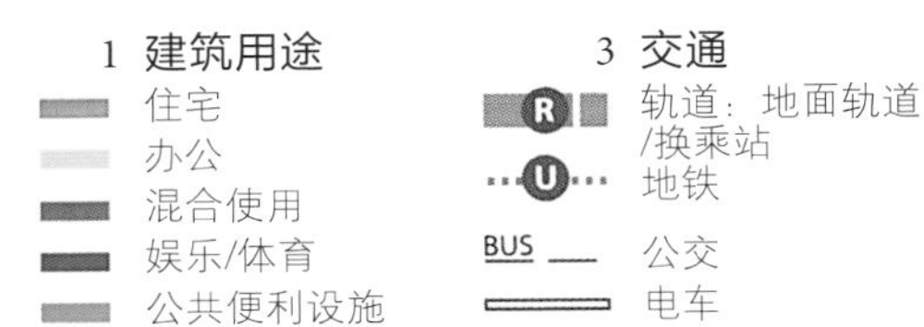

1 建筑用途
- 住宅
- 办公
- 混合使用
- 娱乐/体育
- 公共便利设施
- 交通
- 购物
- 一层的零售和餐饮业
- H 旅馆

2 绿地
- 绿地：公共/集体/私人
- 路边植被/绿色小径
- 步道
- 公共广场

3 交通
- 轨道：地面轨道/换乘站
- 地铁
- BUS 公交
- 电车

4 街道网络

间内，作为对这些优惠条件的交换，纽约市要求将保险公司的资本投资收益限制为6%。对于第一批入住的租户，租金从已宣布的每个房间14美元上涨到17美元，其中原因据说是由于建筑材料出人意料地上涨。所以6%收益的限制是一个灵活的标准，也可以被视为6%的收益保证。大都会人寿保险公司也顺势获得了6.5公顷（16英亩）的公共用地，曾经是煤气厂街道所在地。

城市形态/连通性

当人们注视史岱文森镇的鸟瞰图时，很难不想起勒•柯布西耶的1925年瓦赞计划，即以朴素的方式重新开发巴黎中部。在二者的比较中，建筑的高度（13层和60层建

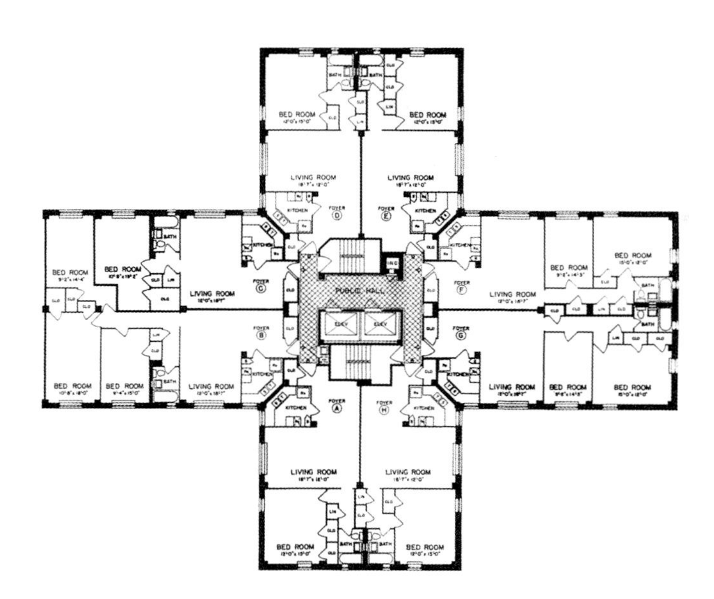

史岱文森镇的建筑平面图。公寓的布局极为简单和重复，变化性体现在卧室数量上。

筑比较）及其使用（住宅和办公楼比较）事实上并不一致，但一部分过于拥挤的住宅楼换成具有严格重复性，与公园一般的十字形规划单元楼这一总体城市策略确有相似之处。这种比较的重要之处是这两种提案的高密度性，密度和瓦赞规划相当，人口规模甚至超过了以前的案例。在其他方面，美国私人模式的建造事实最终产生了一种封闭的环境，这是纯粹的法国理论性提案所从来不能解决的。美国大都会人寿保险公司大厦的设计本质上被市场推广为绿色安全的“城市中的郊区”，并通过半闭合以及面向第一大道和第十四大道的清晰分界（此处空白的墙壁、抬高的建筑首层、壁阶及布局错误的商业设施都被认为城市生活的障碍，而非纾解或强化城市生活的方式）来强调这种状况。该项目以“有墙的城市”而闻名，项目每边只有一个入口可以进入这个24.7公顷（61英亩）的区域内部，因此它最初对于居民是个限制。该项目明显缺乏公共便利设施以及贯通的交通设施。人们确实经历了这片区域完整的曼哈顿空间哲学的逆转，这种逆转也是令人愉悦的。大片绿植致力于使建筑严肃的特性活泼起来。椭圆形的中央空间强调了这片新区域的群体社区诉求，另一方面也强调了其在城市实用的网格状街道布局中的显著地位。有批评家认为，集中而通透的建筑布局就像一个城市圆形监狱，并指出这种布局使得从中心椭圆区域的一个观察点就可以监控到史岱文森镇的大部分区域。

该项目坐落于曼哈顿岛并直接比邻“L”形地铁线路第一大道站，其中的连贯性并非该项目的主要方面。该项目和其他强烈崇尚朴素的项目相似，如巴黎塞纳河左岸带裙房的塔楼项目（1967—1990，见《城市高层建筑经典案例》，第136 ~ 141页），或者伦敦的巴比肯区域（1963—1976）。史岱文森镇的相对成功极大程度上依赖其区域的潜在优势，而不是其城市和建筑优势，这种观点具有一定的争议性。该项目包括四个地下停车场，但是很多车辆也沿着内部街道及外围停车场停靠。

建筑类型

建筑领域和城市领域是很难被分割的，这是现代城市主义的核心内容：（大多具有重复性的）建筑作为总体规划的组成部分，同一个作者往往将建筑作为总体规

上一页：扩展的绿地景观和规划中建筑的严肃性形成了对应和平衡。

鸟瞰图1：10000

划本身进行设计。很难想象如果不根本改变城市规划的逻辑，史岱文森镇的实际建筑会被设计得怎样不同。这个规划案例和19世纪晚期的多数开发和规划活动（见巴黎歌剧院大道及撒法提公园的案例研究）有重要区别，也和最近的项目（见马森纳•诺德区项目及科尔希斯特费尔德项目的案例研究）不同。尽管金融类建筑范围不断扩大，该规划却致力于促进建筑的多样性。在史岱文森镇案例中，由多名建筑师组成设计董事会，并由帝国大厦的设计师之一里奇曼•什里夫（Richmond Shreve，来自Shreve，Lamb & Harmon）及其首席建筑师欧文•克拉万（Irwin Clavan）领导。欧文•克拉万曾经被大都会人寿保险公司（Metlife）委任来构思设计高效现代化的中产阶级住房。一个有着相同构成的团队已经为大都会人寿保险公司工作，为帕克切斯特（Parkchester）进行早期开发。结果是一个模块化方式，即十字形的规划单元，每层八个单元，可以被铺排在不同长度和形状的混凝土厚板上。楼面图的布局相当符合惯例，大部分单元只有一两个卧室，并沿着一个外立面排列成直线。只有大公寓拥有3 ~ 5个卧室，都是双向通风，保证空气对流。为了拥有更多的私密

城市规划图1：5000

感，所有建筑的第一层都略有抬升。偶然的是，有人居住的单元以太阳定向，这带来了十字形模块单元以及就地对建筑进行改造，通过这一事实城市规划的实用主义转述成了建筑术语。显然规划者认为公园中的小镇这样的布局在空间上的宽绰，能带来充裕的卫生条件。他们倾向于避免城市规划中排屋格局（Zeilenbau）逻辑的朴素清苦，即完全东西向规则排列，是一种集中式的规划。这一决定被视为和曼哈顿城市历史一致，因为在完全正南正北的公寓的不平衡中，可见地区棋盘式的街道布局及其三角形的小片土地。为了使采光高效，整个街道布局应该被翻转90度。

小　结

史岱文森镇是其所在时代中最大规模的内城改造项目。它不仅因为其质朴的方法以及位于曼哈顿下东区（纽约市曼哈顿区沿东河南端一带，犹太移民聚居地）的显著位置而声名鹊起，而且主要在于开发者有差别的租赁活动。大都会保险公司的总裁佛雷德里克•H•艾克在记者发布会上发表了如下观点：黑人不被允许申请公寓，因为黑人和白人不能混居在一起，于是上述诸多问题产生了。若干年后，在遭遇许多诉讼和法律方面的挫折后，这段相当黑暗的开发历史被视为废除种族歧视性住房而进行抗争活动中的一个转折点。起初，

左图：第一大道沿线的开发景观。图片背景中可见彼得•库伯镇（Peter Cooper Village）略微不同的外形。

下一页：在第一大道和东20街的彼得•库伯镇西南角景观。这片区域在史岱文森镇之后被开发，目标客户较为富有。开发商还是大都会保险公司。

法律上的争议不在于种族歧视，而在于建设史岱文森镇是大规模的公共援助项目，并不能被视为一个完全私人的投资。结果，该项目所有者以及公共资金的获得者应该被禁止排除同为纳税人的黑人房客。随着时间的推移，围绕史岱文森镇及类似的开发活动的司法争议会导致私人或者公共住宅领域废除歧视。单纯的禁止不能解决始终存在且具有高度复杂性的种族隔离这一社会问题。

刘易斯•芒福德（Lewis Mumford）及简•雅各布斯（Jane Jacobs）等作家对美国的城市复兴计划多有批评，有关这一项目的另一个政治特点和这些批评有关。在《美国大城市的死与生》（1961）这本书的引言中，雅各布斯暗示这一事实，即诉求自由主义和个人主义这样的美国道德的公务员同时组织和捍卫了公共资助的大规模城市干预计划，其中已有的社区被毁掉，而纳税人的钱由于这种低效率而被浪费掉了。这一讨论指出以下事实，即城市政策往往被视为推进政治原则的工具，而不是将这些政策应用在实际生活中。能够补充相当国内生产总值的建设活动只是一种去往终结的方法。而在方法和终端之间的关系在什么程度会失去连贯性呢？在建设高速公路这种情况下，从当地土地拥有者手中征地并破坏当地的聚居区会被视为是正当的。这是为了在全国或者区域范围内保证汽车拥有者的自由，这也使个人的牺牲是否值得存在争议。清除贫民窟这件事至少在数据上更不好把握，因为新的开发项目把附加值和人口流失定性为1 ： 1的关系。在这样的背景下，如果不从道德角度考量，刺激建设活动就不是一个主要的讨论内容。

我们可以从不同的角度比较勒•柯布西耶的瓦赞规划和德国20世纪20年代的Zeilenbau城市主义，这凸显了早期现代主义者所持有的思维意识和乌托邦理念，在世界范围内如何被调整、修改、篡改，甚至有时被滥用于满足战后时期人们迫切的需要，这样的满足也许并不合理。

下一页：史岱文森镇东部边缘的滨江大道，可以一览东河壮美的景观。

巴特利公园城

地点：美国纽约曼哈顿
年代：1979—2012
面积：37.6 公顷（93 英亩）

容积率：5.17
居住人口：13314
混合用途：47%办公，46%住宅，4%酒店，3%其他

作为整个下曼哈顿区综合规划的证明，巴特利公园城成为了当今城市自相矛盾的一个特例。虽然这片区域建设在改造过的土地上，但其象征了20世纪80年代对现代主义规划的抛弃以及对情境城市主义的回归。

曼哈顿岛西南部巴特利公园城的开发，可以被视为在大量雄心勃勃的重建活动的背景下进行的开发。这些具有首创精神的重建活动，是为了避免城市因为商业建设活动迁出市中心而进一步衰败。金融家大卫•洛克菲勒在1958年创建了下曼哈顿的商业核心区协会（DLMA），他也同样负责构建大通银行搬离华尔街的新总部，那是一栋由SOM建筑设计事务所设计的60层塔楼。1958年，大卫•洛克菲勒的兄弟尼尔森•洛克菲勒当选纽约州州长。尼尔森个人参与提出了诸多新提议，包括1966年巴特利公园城的规划。该规划由洛克菲勒家族房屋的建筑师以及当时美国最著名的设计公司哈里森•亚伯拉莫维兹（Harrison & Abramovitz）设计。同年，纽约市出版了《市中心远景规划》，其中沃利斯、麦克•哈格、罗伯特和托德及威特利斯、考克林及罗森详细描述了整个地区而非巴特利公园城的规划。这些提议展望了在市中心开发大规模住宅区域，加强了金融中心及新的市政中心地位。由于纽约市改变水运模式，也改变了港口集装箱中转站的建设，曼哈顿码头沿线的巨大桥墩变得陈旧过时。在该地区增建新建筑似乎是适宜的解决方法，以促进利用曼哈顿岛南部新型的

混合功能。巴特利公园城作为已实施项目存在，至关重要的是，1966年以来陆地上不断建设像世贸中心这样巨大的综合体。事实证明，巴特利公园城的土地填充物使用了挖掘出的沙土是一种高效的安排，而且相当省钱。下曼哈顿地区的综合规划从来没有被实施，主要是因为20世纪70年代房地产业的衰退以及环境方面的考虑，项目本身显然也不能激励入住人口以及进行社区开发。巴特利公园城占地只有37.6公顷（93英亩），可以被视为这些规划中幸存下来的部分。一个更为小型的住宅项目水边广场，于1974年在曼哈顿岛的东岸待开发土地上进行。这片区域靠近史岱文森镇（见上一个案例分析），超过了1966年下曼哈顿规划的北部边界。

在填充式开发完成后若干年的1976年，人们对巴特利公园城的空地缺乏开发兴趣。这不仅因为房地产市场的状况，也因为1969年的官方总体规划不太切合实际。由洛克菲勒建筑师哈里森•亚伯拉莫维兹以及纽约市深受喜爱的设计师康克林•罗森特（Conklin & Rossant）组成的团队，在菲利浦•约翰逊（Philip Johnson）的带领下进行了一次被视为未来主义平台基座式城市主义（podium-and spine-based urbanism）的规划行动。细分项目的难度阻碍了开发者，他们也不知道如何面对分阶段实施的建设活动，这些活动或许能够控制金融风险。库铂及埃克斯塔设计事务所（Cooper，Eckstut Associates）直接承担了这项任命，这是在1979年重新开始的任务。他们的计划一直指导开发活动，直到今天都没有修改多少。

左下图：库铂及埃克斯塔设计事务所从1979年开始进行的总体规划。该规划在之后若干年中进行了修改，但是该规划中的城市原则得以实施。

右下图：世界金融中心是开发的商业中心。该建筑直到2001年的“911”袭击之前一直和西广场对面的世界贸易中心以人行天桥相连。这也解释了为什么这个建筑的主要流通系统在一层。

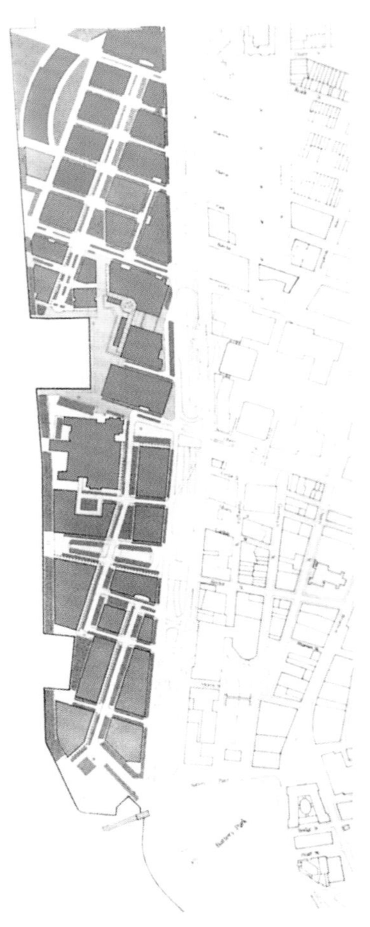

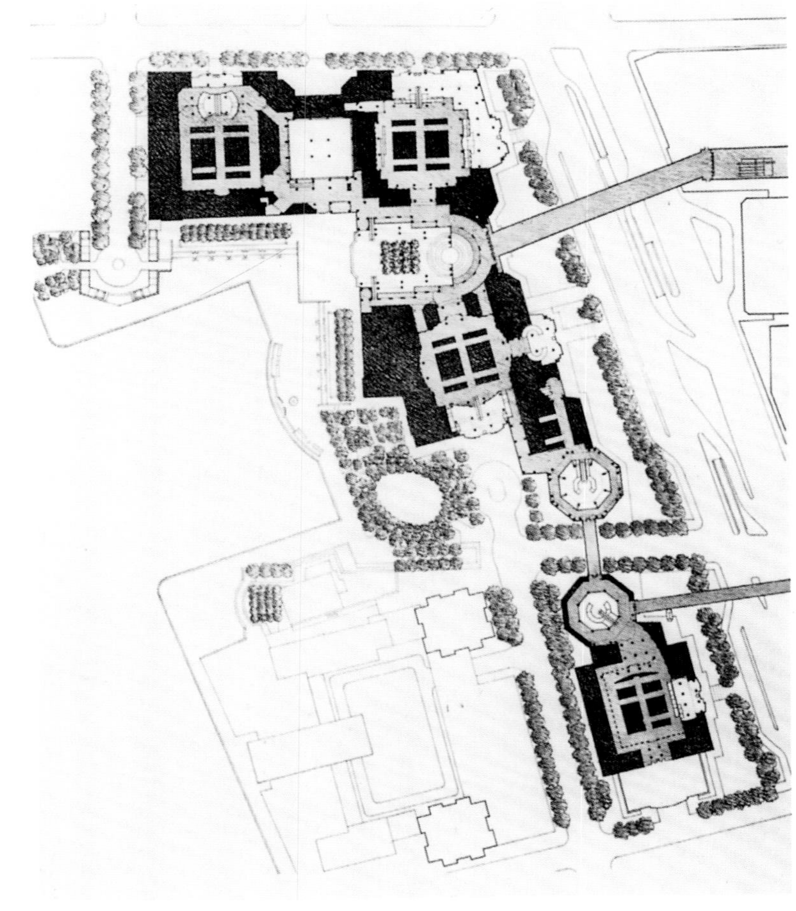

项目组织/团队结构

1968年纽约州创立了休•L•凯里巴特利公园城（Hugh L Carey Battery Park City）开发机构。作为司法独立的个体，该开发机构自己拥有财权，并不在纽约州预算之内。因为该局拥有土地所以保持独立，直到土地所有权交还给市政府，1972年还拥有2亿美元债券的支持（并非由州政府担保）。这笔钱被投入第一批基础建设的填充和建设中。最近，这个项目通过向私人开发者销售土地的租金以及向建筑和公寓拥有者进行试点收费而实现收支相抵。一个恪尽职守的机构负责维修保养公园和街道，该机构从当地用户处收取费用。州政府通过征求建议书（RFPs）选择区域开发人员，而最终决定权基于该项目的公共利益及财力。美国的开发传统一般是地块销售，不是永久产权。相反，他们构建了租赁权，一直到2069年有效，但并不能保证其后继续有效。然而，按照惯例英国土地出租体系（见贝尔格莱维亚案例研究）有一个著名的案例，即租赁合约有可能在协商缴纳一定金额后延期。巴特利公园城开发机构的年收益被上交给纽约市，该收益被用来资助可支付住房的建设。尽管有公共团体控制整个运作过程，然而巴特利公园城本身不太适合作为低端市场的住房项目。在收益欠佳区域进行后期再投资，使整个运营过程的效益最大化，这样是更为高效的。

在艰难的经济环境下，对于项目成败至关重要的是加拿大开发商奥林匹亚和约克（Olympia & York）在1980年提出购买待开发的中心地块，即世贸大厦西侧，用以建设世界金融中心。四栋塔楼相连的提议回应了最初仅有一个次级地点的正式征求建议书，不仅保证了塔楼落成后十年间相关机构的总体收入，而且人们迫切需要这笔收入偿还债券债务，还包括一个一级

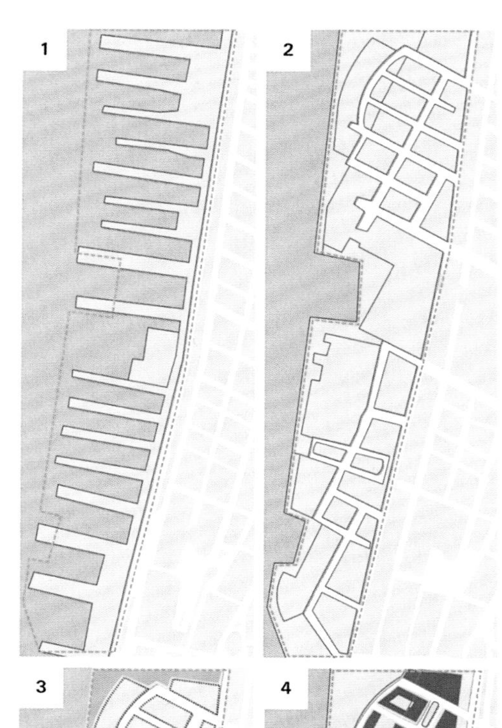

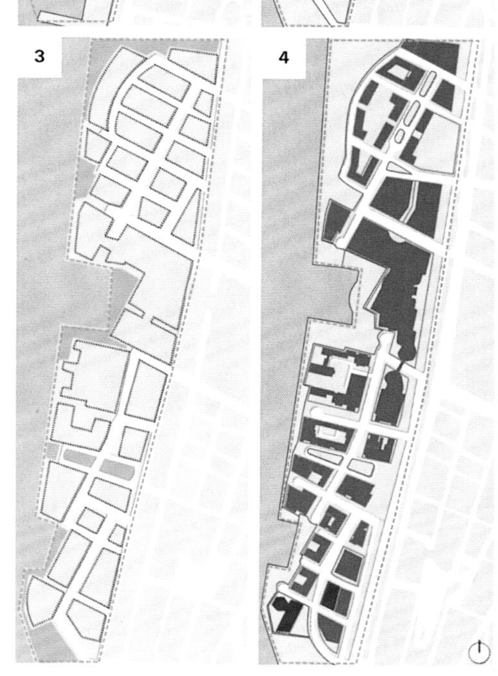

过程图

1 规划前的状况。

2 地块细分及填充后公众不动产所有权。

3 建筑外围的总体规划。

4 最终状况。

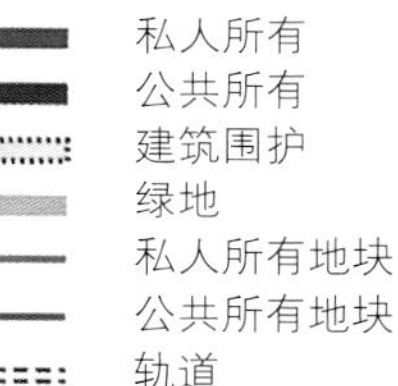

下图：在第三街区高处看向西街的景观。为了将曼哈顿岛主要的交通纽带之一改造成令人赏心悦目的环境，人们进行了诸多努力。垂直交叉连接的总体规划策略取决于上述措施的成功。

右图：人行道连接线沟通了巴特利公园城北部边界的西街，该地区交通繁忙。这是去往钱伯斯地铁站（Chambers Street）最近的连接线。

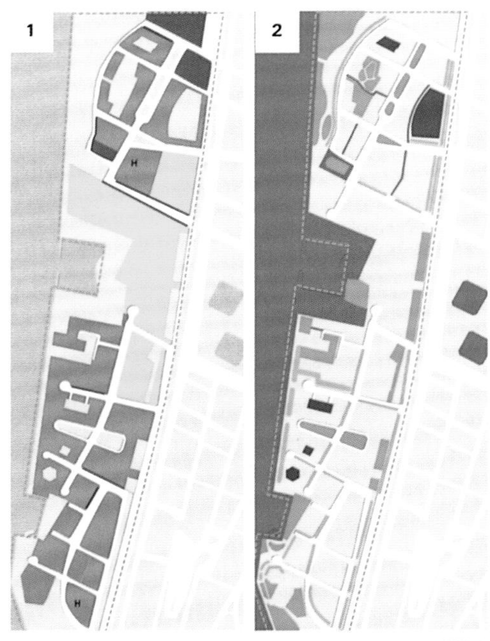

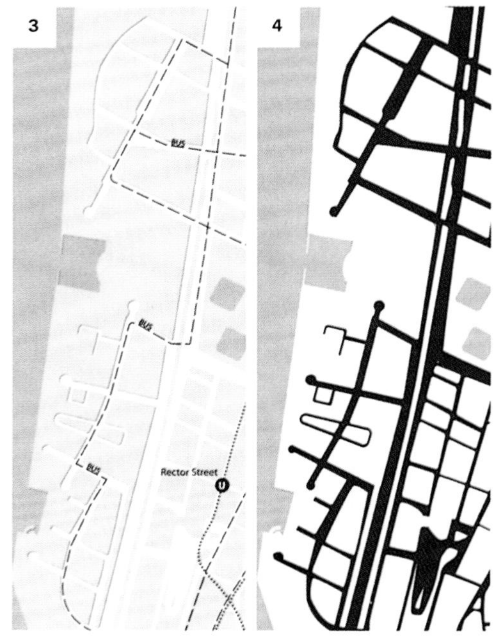

分析图

1 建筑用途
- 住宅
- 办公
- 混合使用
- 娱乐/体育
- 公共便利设施
- 交通
- 购物
- 一层的零售和餐饮业
- H 旅馆

2 绿地
- 绿地：公共/集体/私人
- 路边植被/绿色小径
- 步道
- 公共广场

3 交通
- 轨道：地面轨道/换乘站
- 地铁
- 公交
- 电车

4 街道网络

办公地点的大胆图景，以符合管理者自己的愿望。巴特利公园城曾经是国际地产市场中的焦点，并获得了项目最大参与者之一的信任。这个参与者同时参与了伦敦船坞区金丝雀金融中心的开发（问题多多）。

在设计过程方面，州和城市之间的合作具有优势，即开发机构有相当严格的策略准则，其中若干因素被融入纽约市的区域划分计划中，即建筑物的使用、楼层区域比例及概念图的诠释。因此，开发者仍旧为每栋建筑的使用向纽约市的建筑部门申请，但是这个过程比以前简单许多。获得了开发机构支持的项目最有可能获得市政服务的认可。在对总体规划的描述中高层建筑的比例（FARs）符合开发者的要求，并且避免了最大化使用曼哈顿每平方厘米土地而产生的冗长谈判及司法争议。相反，在对其他邻近街区的大规模投资中，申请增加开发权作为对提供公共用地的回报是一个普遍的活动，这也是ULURP（统一使用土地审核程序）中一个持续很久的法规。

下一页：世界金融中心四栋塔楼中的三座（1981—1985）。作为该区域公司建筑的亮点，该建筑是由加拿大奥林匹亚和约克公司开发并由西撒•佩里（Cecar Pelli）设计的。这个团队同样是伦敦金融中心金丝雀码头的开发者。

城市形态/连通性

和他们的前辈相比，库铂及埃克斯塔设计事务所在1979年总体规划中做出的主要改变，是将该项目的商业核心区域迁移到了中心的南端。该决定的好处就是分期能够在线性地产的中段开始。在这里，邻近的码头是个引人注目的焦点，这样会避免因为向北部的空间填充而进行过长地块开发，从而可能使人们丧失兴趣。世界金融中心在1981年开始建设，1985年竣工，其后是向南延伸至雷克特区域（Rector Place）的住宅区开发，然后向北到达北部大道。在巴特利残留的历史城墙的东部，即该区域最南端的部分刚刚被开发出来并仍在建设之中。

总体规划的基本设计规则明显延伸已有街道网，并尊崇当地自有的城市建筑特色。这样的规则从今天的角度看显而易见，但是与裙房提案及20世纪六七十年代晚期的大多数城市形态形成鲜明对照。为了避免在西街（曼哈顿岛的主要交通动脉）的嘈杂中进行填充带来的隔离，开发机构决定将下曼哈顿相邻区中的网格结构向西延伸。尽管西街的噪声问题多多，但城市规划仍清楚地显示了上述策略的成功，也反映了为了纪念这座城市而打下的新地基这一事实。该市另一个重要方面是土地供应十分充沛：总共14公顷（35英亩），包括15%的街道，在填充部分北侧有数个广场和公园。这些区域伴随着壮丽的设计完善的滨水步道，能够平衡和缓解已建区域的高密度。

上一页：在巴特利公园城北部的一个风景壮美的庭院内部。

下图：雷克特区域的一栋建筑的正面，显然受到纽约住宅街区传统的启发。

鸟瞰图1：10000

有了毫无瑕疵的公共交通连接线以及相当充足的停车场，人们容易低估规划者所提供的优势。不到10%的已建成空间用于停车，可能在美国其他城市，如休斯顿和洛杉矶的停车空间是这一数据的4倍以上。尽管这一区域属于填充建设，但一些空间常常被置于地下。许多居民能够步行前往工作地点，这是1966年下曼哈顿规划的显著目标。其他人能够利用地铁或者在建的帕斯城铁车站，该车站是世贸中心再规划的一部分。在小船坞北侧的渡口终点为行人提供了前往新泽西还有曼哈顿岛附近停靠点的另外一个连接点。

建筑类型

库铂及埃克斯塔设计事务所为巴特利公园城进行的主体规划，往往被作为新城市主义的早期案例而谈及。新城市主义是具有影响力的美国城市设计运动，致力于构建对行人友好的空间。从规划角度讲，通过构建相当严格的设计和编码（coding）方针表达这种城市主义，这也意味着促进了一个具有美学连贯性的环境的产生。这种理念是将总体规划者的设计工作和每个地块各自的设计师的设计工作分割开，同时避免完全不协调的设计。除了土地使用方案，人们还有一整套清晰的规则，可以界定每个建筑元素的高度和

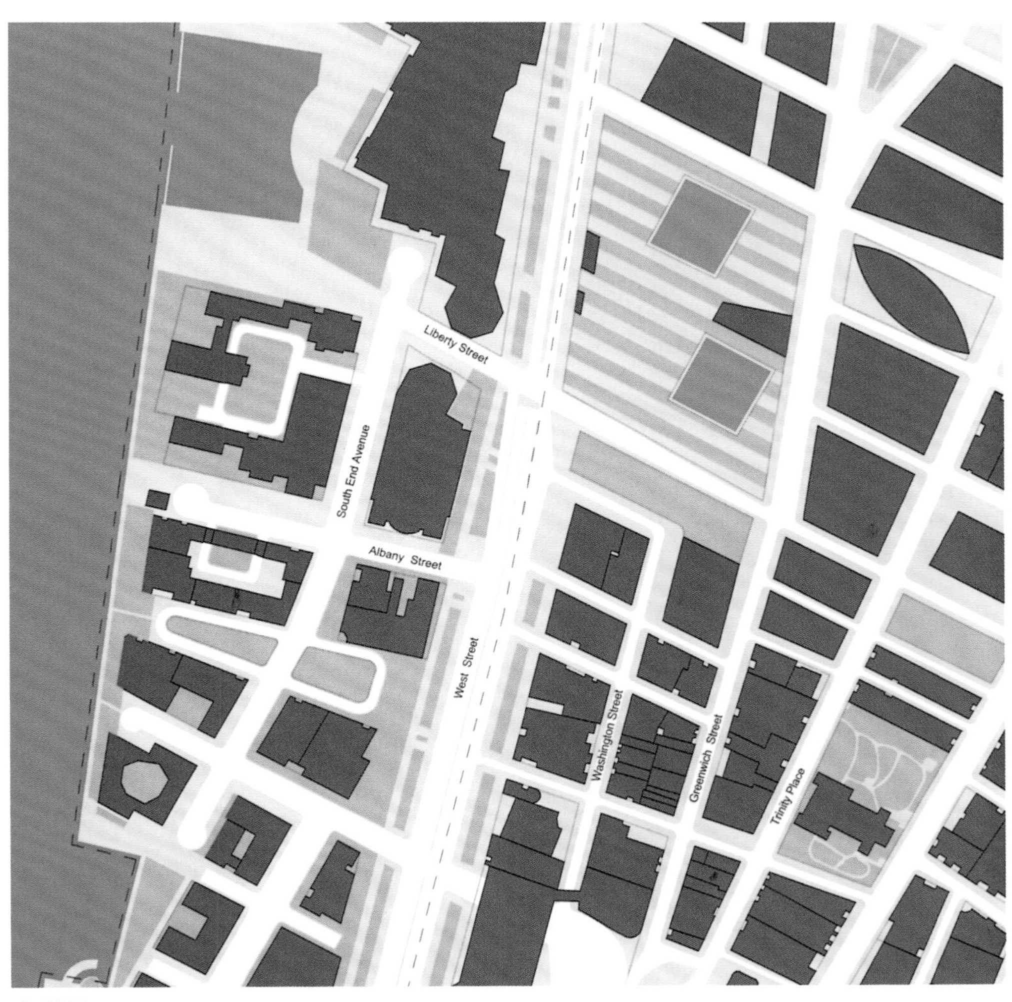

鸟瞰图1：5000

足迹，并给予外观、材料和颜色的指示。库铂及埃克斯塔设计事务所的显著目标就是设想纽约公寓建筑的变化性，将当地的传统特色及氛围与住宅的舒适性结合在一起。对于开放空间的处理在这个规划策略中至关重要，并在规划中以平衡元素的形式出现。在巴特利公园城规划委员会组织的征求建议过程中，这些景观方案被选中。

1979年规划中的一个特例是加入了捷威大楼（Gateway Building），这也是1969年规划遗留的建筑，也是当地建造的第一栋建筑。这栋建筑也许是该区域最不受人欢迎的建筑，与其邻居世界金融中心形成鲜明的对比。优雅的世界金融中心由西撒•佩里所设计，也是纽约市最成功的公司建筑。

小　结

巴特利公园城有趣的一点是，它不仅有相当卓越的地点，而且还有一个重要事实，即其状态和结构不符合美国传统，可以说是一种超自由主义的开发模式。该项目在本质上遵循着不同的建筑理念，与巴黎的马森纳•诺德新区有相同的开发步骤。

我们可以和本书中其他美国案例（史岱文森镇）相关联，来解释这种和美国规划标准背道而驰的规划理念。这两个项目都表明，在密度高的大型城市单元比在密

左图：北端大道街景。

度较低的城市单元中更难避免公众介入城市规划事务。数量庞大的区域利益相关者为平衡私人和公共利益可能促成了上述现象，也因为担忧大规模内城环境改造所带来的支出，史岱文森镇属于后者。为了引导私人公司能够参与贫民窟清理项目，纽约市政府提供大规模公众补贴以及良好地段的使用权。在巴特利公园城这个项目中，由于填充建设的独特性以及缺乏拥有权或者地籍限制，公共介入促进了问题多多的金融启动活动。该项目的开发周期过长，已经超过了许多私人开发商的中期开发范畴。

土地再利用的活动在纽约历史上并不独特，和另一个显著案例相似，即在香港岛和九龙之间的维多利亚港创建一个滨海新区（见《城市高层建筑经典案例》，第188 ~ 195页）。在这个案例里，设计和规划理念之间存在明显分歧，彰显了这一事实，即改进交通连接线及其对土地价值

下图：穿过南端大街望向雷克特地区的东半部分。除了捷威大厦是1969年总体规划的遗留作品，这片区域是巴特利公园城第一个居住开发区。

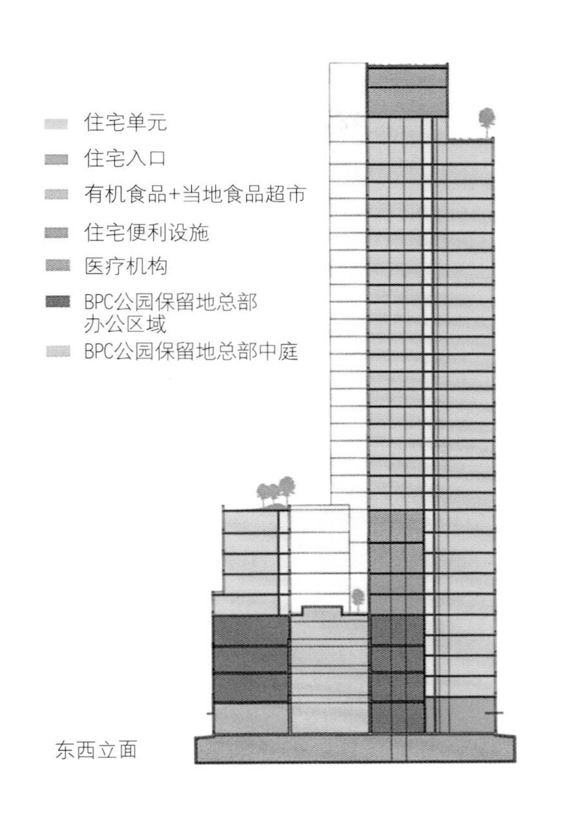

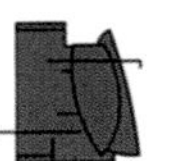

远景高层公寓东西立面。

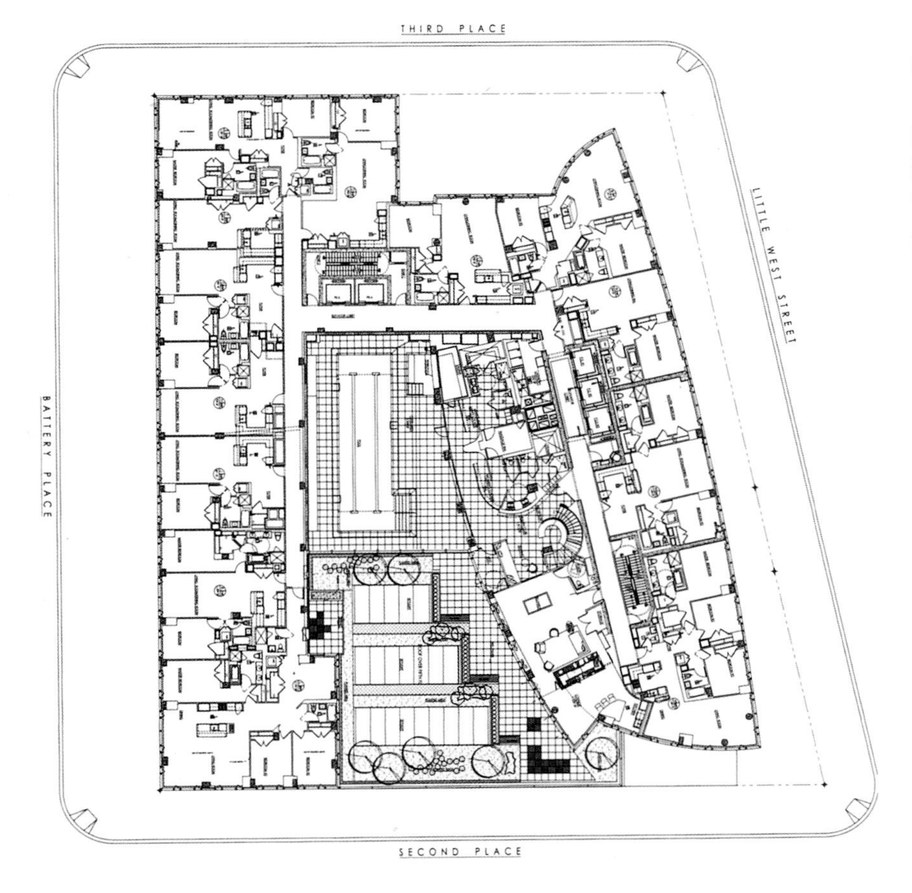

远景高层公寓的六层平面图（2008），住宅区自成一个单元。这栋建筑由佩利•克拉克•佩利建筑事务所纽约分部设计，是该区域南端最晚开发的区域。

下图：从开发区域的西北角高空俯视极为成功的河边漫步道。

的附带影响是香港规划的重中之重。大规模商业开发和车站建设私有化之后进行的第二步是真正的总体规划。九龙站（2010年）或者国际金融中心（2005）是这种开发模式的两个最大案例。正如1969年的巴特利公园城的总体规划，当今中国的开发都是以裙房驱动的超级建筑群，强调了上述建设情况的出现与土地开发利用、大规模土地所有权和地籍自治之间的关联。

上图：世界金融中心前面的散步道街景。背景中的大厦位于哈德逊河对岸的新泽西州。

巴黎歌剧院大道

地点：法国巴黎第九区
年代：1854—1879
面积：40 公顷（99 英亩）

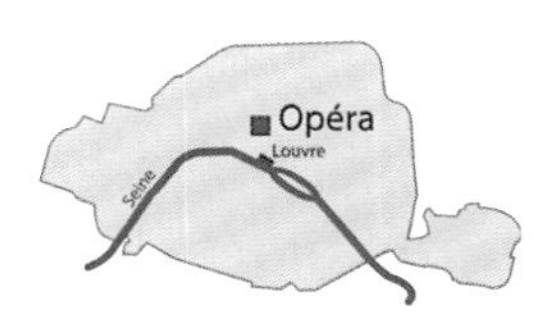

查尔斯 · 加尼叶（Charles Garnier）设计的巴黎歌剧院附近区域的巨大转型是第二帝国时期巴黎城市开发逻辑的典型案例。该项目也许通过过于同质化的街景彰显其美学特质，其现代化过程中的实际动机也是复杂而有长远意义的。

容积率：3.04
居住人口：3480
混合用途：高层大部分是公寓，而低层是零售店和餐馆

到19世纪中叶，法国首都很明显需要总体的修复工程。巴黎和战前许多美国城市的状况一样，城市核心区域居住人口锐减。上层和中上层社会人群搬迁到了一些新的时尚郊区，如纳伊区、帕西区和巴蒂尼奥勒区。中心区街道十分狭窄，交通流量受到限制，犯罪率上升。这种情况在20世纪也时有发生，有些情况可能被人为夸大了，也可能作为反城市主义的宣传材料而被忽略。无论如何，事实仍然是：为新兴资产阶级提供的大量房地产都建在中心区域以外，私人开发商可以在中心区域利用便宜的空地。

令人惊讶的是，鉴于法国国家控制系统的名声，重建城市中的公共干预和可控开发有一定的历史局限性。尽管国家主导建设了一些著名广场，如皇家广场或者旺多姆广场，还有一些分散的线性干预，如多菲娜大街及杜鲁莱街，却没能再完成更有雄心的工程项目。为了减少花费，19世纪初巴黎城的规划策略聚焦于应用建筑规则来实现渐进式变化，而不是直接进行干预。自从1807年以来，一项精准定位法令要求所有行政区拟定综合规划，拓宽现有街道。实际上，因为市政当局负担不起大规模地使用著名地段，必要的补偿太高了，因此重新开发的过程比预期缓慢许多。理论上，有更多成本收益的选择是通过已有土地所有者进行零碎的逐个开发。

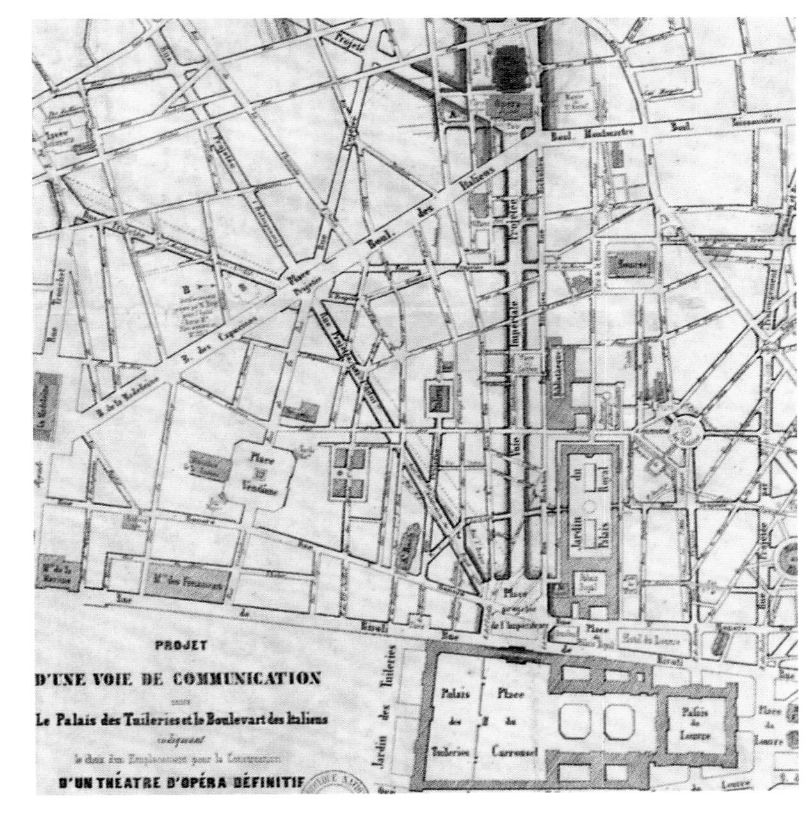

下图：建筑师伊波利特•巴恩欧特（Hippolyte Barnnout）在1856年提出对新剧院和杜伊勒里宫及意大利大道连接线不进行改造的备选方案。歌剧院大道规划可能位于与大皇宫及黎希留大街平行处。

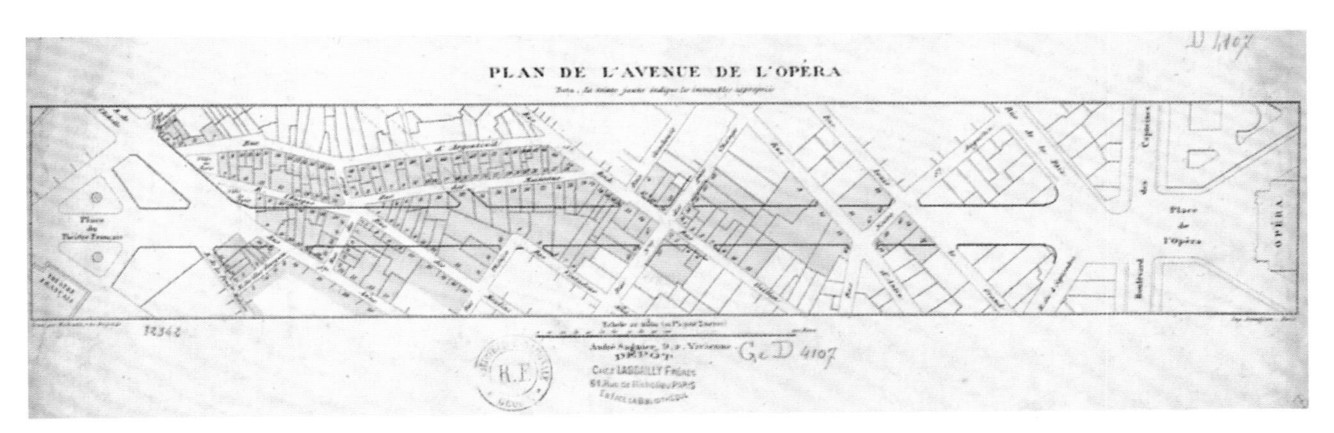

底图：为大力改造歌剧院大道进行的许多征地计划中的一个。

左图：19世纪70年代早期建设中的照片，在今歌剧院大道和圣奥古斯丁大街的角落

下图：阿多菲•阿尔方德（Adophe Alphand）所画地图显示依据规划完工时间在第二帝国时期进行的干预。尽管该规划始于1889年，但该图仅仅显示了1854—1871年间的完成情况。歌剧院大道在图中以虚线表示。

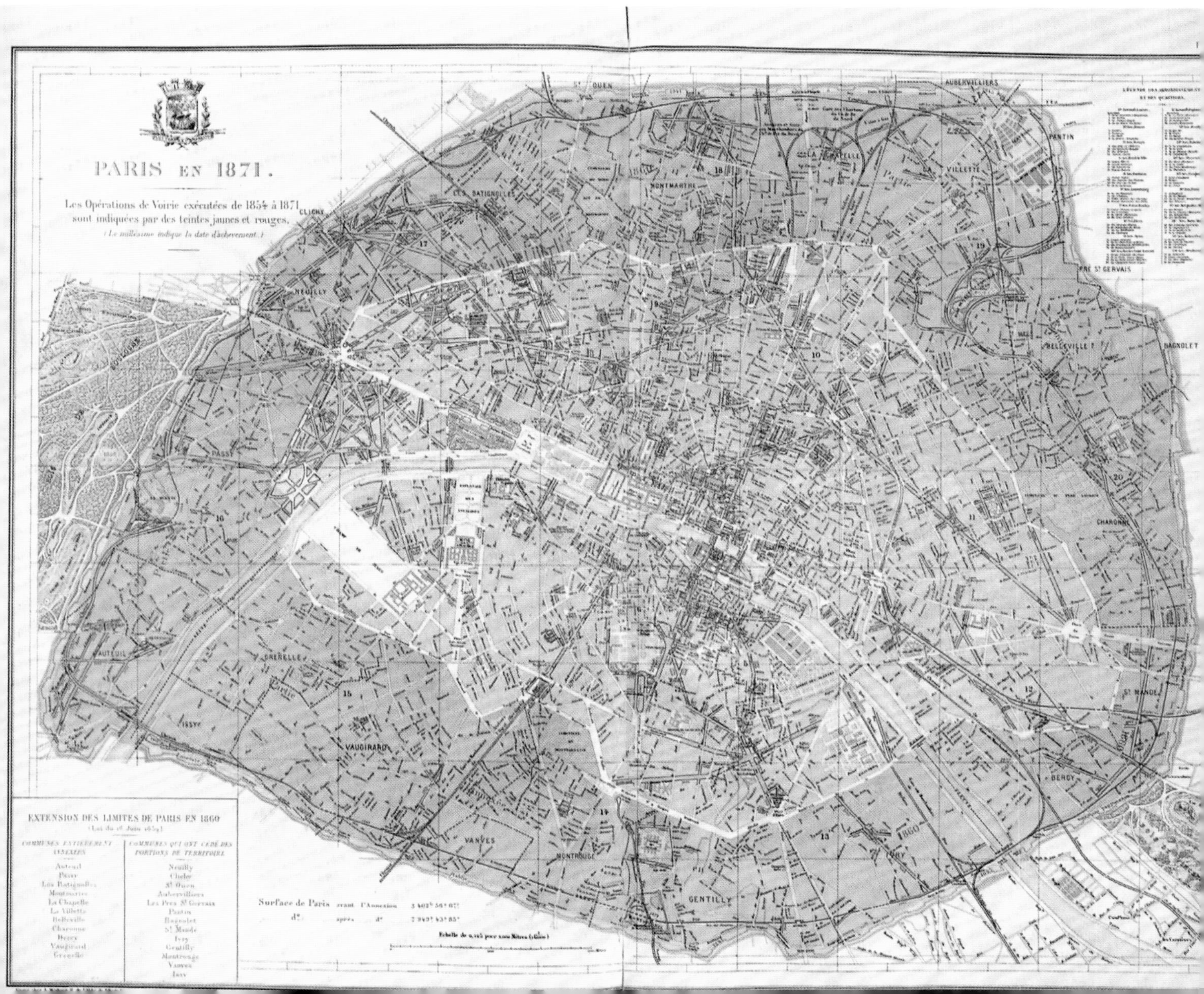

在土地所有者的地产前拓宽公共街道导致了高涨的地产价格预期，这注定会激励土地所有者。尽管这一理念从根本上讲是合理的，却高估了干预后的收益，也低估了逐个开发过程中遇到的艰难险阻。根据1783年的法律，对更为高大古老的建筑进行再开发应被限制不能高于已有建筑的高度，因此这些老建筑的法律和经济状况更为复杂。

正是这种“柔性”总体规划设计的尝试，为巴黎城进行激进、前卫的再设计铺平了道路，而这种再设计最终包括的远远不止拓宽街道。由于公共干预不可避免，综合征地不仅可以用来拓宽已有街道，还可以建设新的街道。

项目组织/团队结构

1853—1870年担任塞纳省长官的豪斯曼男爵在拿破仑三世（1848—1852年法兰西第二共和国总统，1852—1870年法国皇帝）的指示下进行了这些工程，产生了一些新的开端和许多其他进展。工程有一部分前人的准备，其执行过程可以说运用了豪斯曼的聪明才智以及他的冷酷无情，同时是举世闻名的。里沃利街和郎比托街、学院街及斯特拉斯堡大街这些年代较近的本地例子，以及约翰•纳什对伦敦摄政大街的大胆计划，激发了拿破仑三世。他当然不会发明一种在已有城市结构中开拓新街道的技术。然而，他以前所未闻的规模应用了这种技术，并最终改变了整个城市的外观。

从法律的立场看，1852年巴黎市征地权力的扩大促进了新的交通动脉网络、广场和纪念碑的建设。尽管巴黎城旨在温和的改变，却直接并快速地控制了所有土地，有些是具有突破性的规划地点或者附近的土地。规划中包括已缩小地块以及相邻地块上外形不佳的残余建筑物，这是

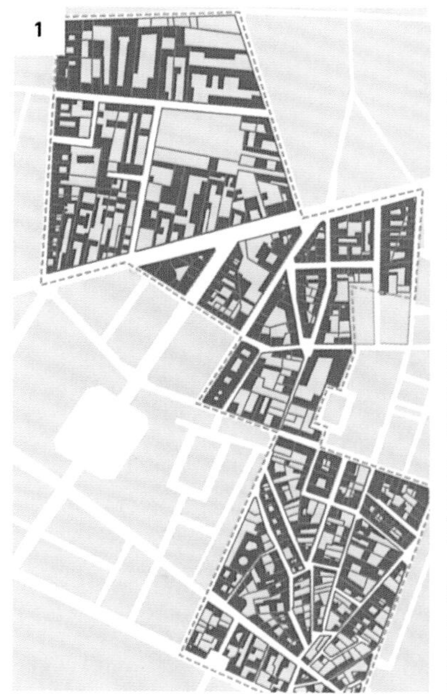

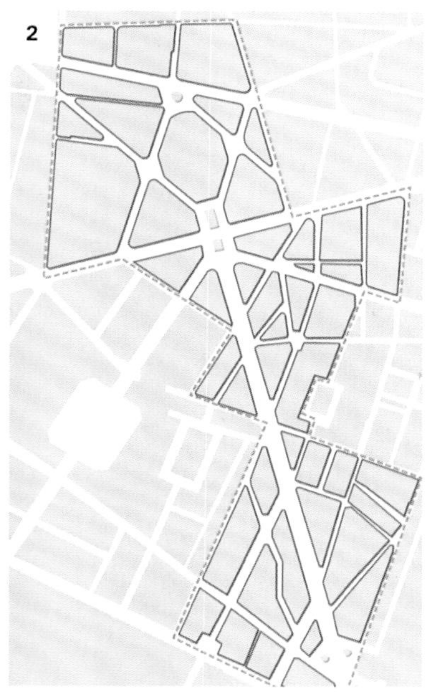

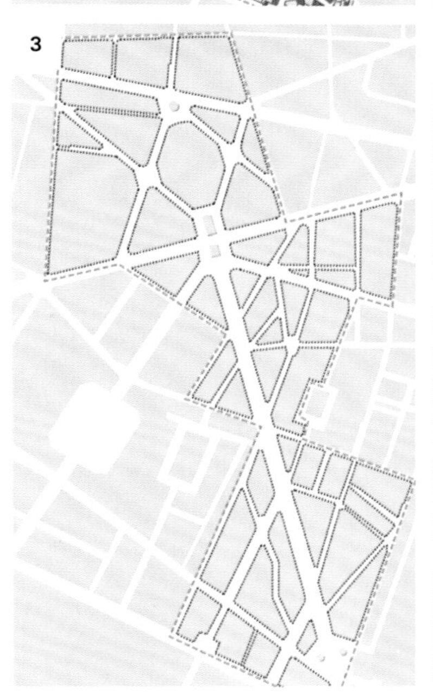

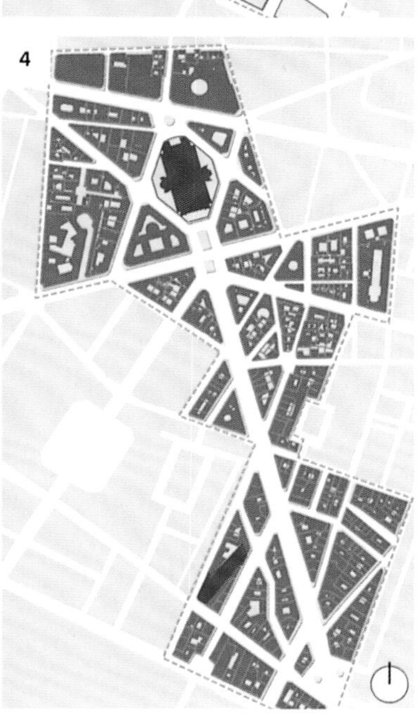

过程图

私人所有
公共所有
建筑围护
绿地
私人所有地块
公共所有地块
轨道

1 规划前的状况。

2 征地后并在向私人投资者拍卖土地之前的地块细分及公共所有权状况。

3 关于建设新的街坊建筑的城市规划方案。

4 最终状态。

为了利用这些残余建筑物关闭新建城市街区。尽管这些措施也许价格不菲，却使城市在房地产市场上处于积极主动的地位，并从投机生意中获利。豪斯曼的机构尽可能在早期通过特许权（以补贴的形式）努力引进私人开发公司。但是直到空地通过拍卖的形式被售出前，征地、拆迁和公共基础设施工程的大量开销确实需要强有力的公共投资。歌剧院大道也属于这种情况，获取168栋建筑并进行征地和拆除就耗资6600万法郎。只有245万法郎能通过向36个个人和开发公司销售地皮来补充以上资金。剩下的土地必须预留给以前建筑的所有者。由于媒体不断抨击规划局，所以规划局辩称其巨大的债务就是整个国家的经济推手，这显然受到圣西蒙的"生产性支出"理论的影响。

歌剧院区这个规划案例相当复杂，因为这个案例融合了两个起初各自独立的干预计划：一方面将卢浮宫和里沃利街与圣拉扎尔车站周边区域相连，另一方面修建新的歌剧院，所以整个修建过程耗时25年。从严格意义上说，歌剧院区的规划并非豪斯曼男爵的作品，因为规划中的工程都完工于男爵1870年退休之后。这项工程没有排在规划局的日程安排首位，是因为该项目异常复杂，以及不可能创建到圣拉扎尔车站更为直接的连接线。

城市形态/连通性

豪斯曼最重要的突破，包括歌剧院大道在内，是他理解城市装饰具有副作用而不是驱动力。承接"法老的伟大工程"之首要原因就是改善连接线和提高交通流量。因为火车成为最高效的交通手段，巴黎市主要车站之间的连接线已经取代了先前的"核心门"（core-gate）关系，成为了空间组织的决定力量。圣拉扎尔车站在1837年建成使用，蒙巴纳斯车站和奥斯特里兹车站在1840年建成使用，巴黎北站和东站在1849年建成使用。除了其他交叉点和辐射式连接线，似乎以更佳的方式链接这些现代开发伟业是合理的。巴黎作为政治、经济和文化中心无可争议，这些连接

左上图：从道鲁街看向歌剧院大道。背景中的建筑及正右侧建筑的时代早于豪斯曼的作品，其他建筑则是歌剧院大道建成后的产物。

上图：歌剧院大道东侧正立面景观，有典型的公寓式建筑包围了和以前街道网连接的角落。

下一页：歌剧院大道和昂坦路的交会点。为了节省成本，也为了避免破坏加布里耶酒店（一家著名银行的所在地），新大街上的这栋建筑在剩余的空间里采用了尖角型构造，而不是沿着街角建设。

PIETONS
ATTENTION
EN 2 TEMPS

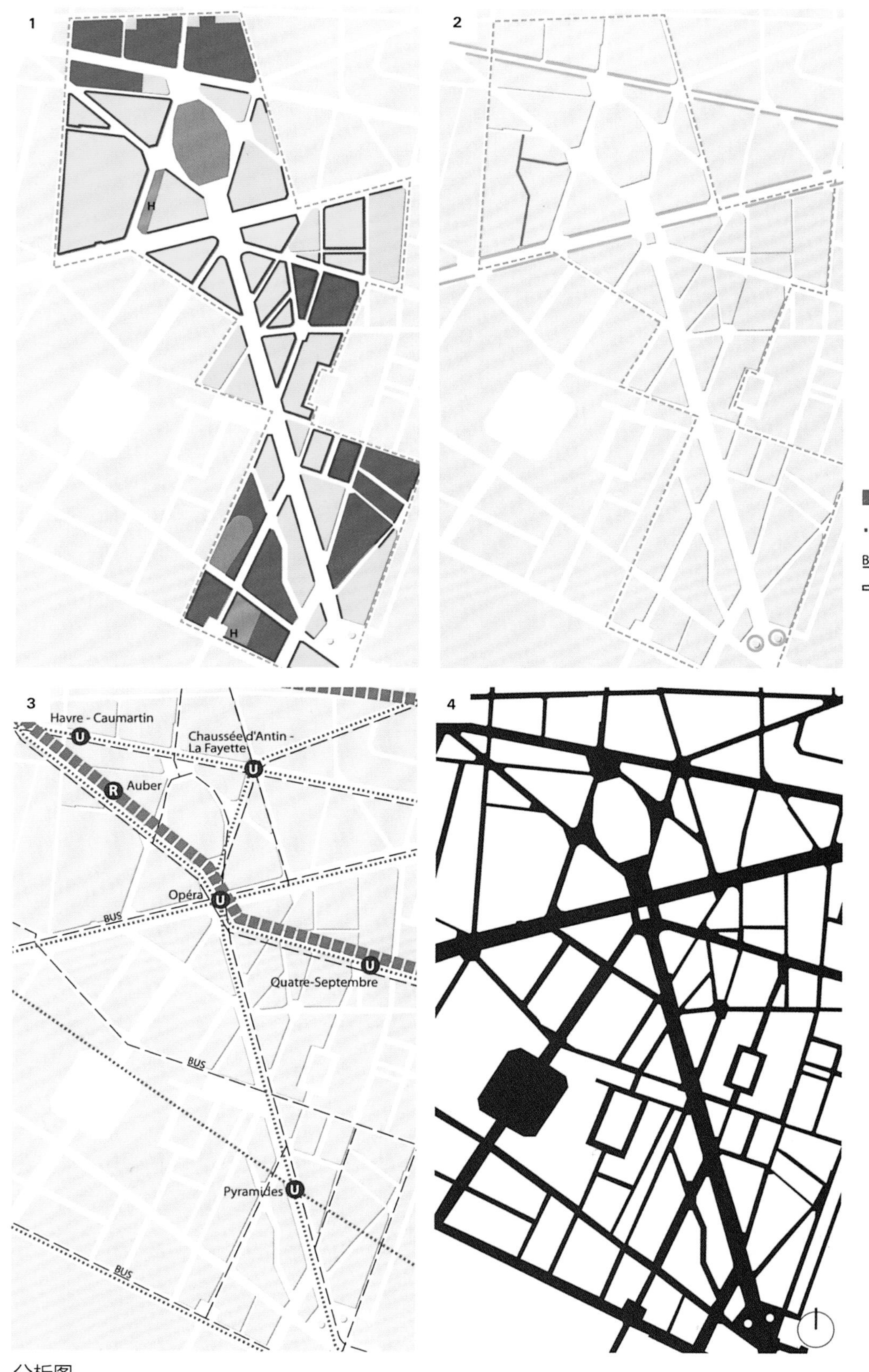

1 建筑用途

- 居住
- 办公
- 混合使用
- 娱乐/体育
- 公共便利设施
- 交通
- 购物
- 一层的零售和餐饮业
- H 旅馆

2 绿地

- 绿地：公共/集体/私人
- 路边植被/绿色小径
- 步道
- 公共广场

3 交通

- R 轨道：地面轨道/换乘站
- U 地铁
- BUS 公交
- 电车

4 街道网络

分析图

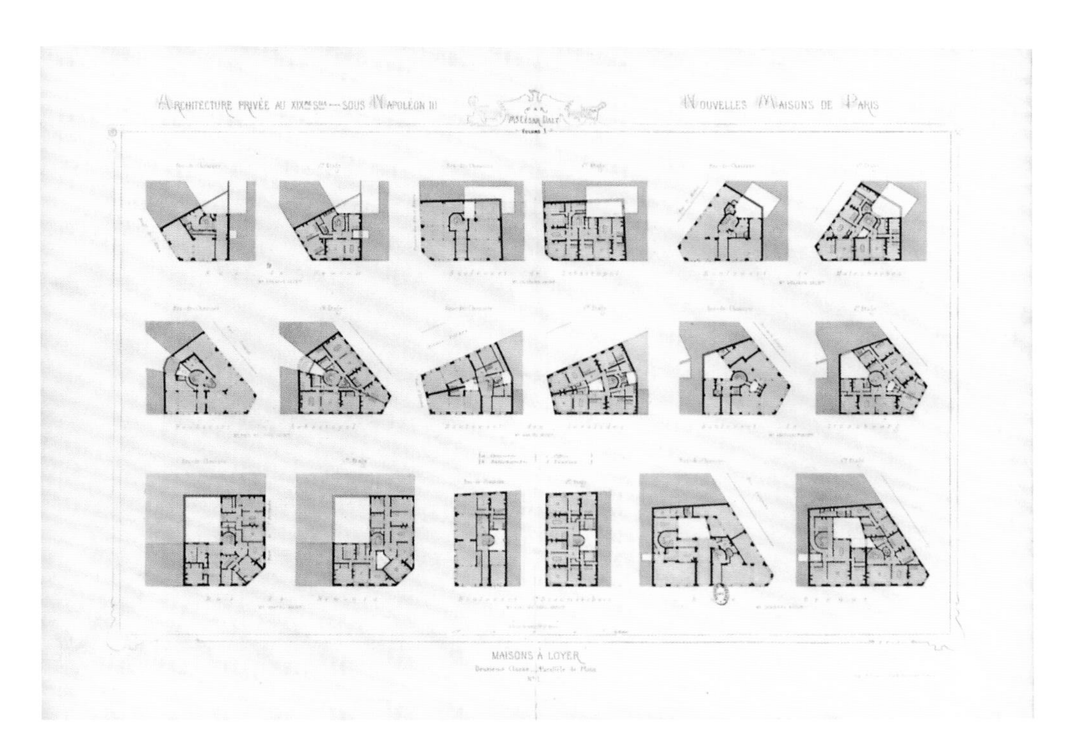

赛泽尔•达利的《19世纪拿破仑三世时代的国内建筑》一书中的插图，出版于1864年。其中对公寓建筑进行了小结，公寓式大楼产生于豪斯曼具有开拓创意性的工作。书中的案例早于歌剧院大道19世纪70年代的修建时间。

线强化了这种地位，也象征了法国各个省份政治上的团结。这些城市规划原则中实用主义最典型的方面就是路线平面图。豪斯曼最重要的合作伙伴尤金•德尚精心制作了路线平面图，却没有构建任何几何顺序或者城市对称性。他的目的是延伸、拓宽和连接一些新的开发地，特别是戴高乐广场和国家广场（这两个广场起源于17世纪，和巴洛克式宏伟的城市形态美学有关）附近的一些区域。这些非比寻常的设计观点产生了查尔斯•加尼叶的歌剧院周围三角形或者半对称的开发模式，而为了反映新建筑的富丽堂皇，人们也构建了特别的设计指导方针。建筑师夏尔•雷诺•德•弗罗莱（Charles Rohault de Fleury）在1860年设计了最初的歌剧院框架作为上交的提案。他的提案遭到了公开反对，之后成了加尼叶在1861年赢得竞标的陪衬。由于地基是沼泽地的复杂性，还有当时普法战争爆发，加尼叶的这一杰作推迟了若干年，于1875年建成。

虽然豪斯曼的城市改造计划重视交通流量，但是并没有忽略其他的积极尝试，其中包括在没有相关设施的区域提供现代化的居所，高效的排水系统，以及具有快速行动力的军队。歌剧院大道最初被规划为拿破仑大道，其不仅改善了圣-拉萨勒车站的连接线，而且提供了摧毁大面积贫民窟的便利。正如上文提到的，巴黎城有意将较为富裕的阶层人群吸引到市中心，而将工薪阶层和中下层民众赶到城市外围。这是19世纪中期城市规划中传统住宅区贵族化的范例。1876年推翻最初规划的决定（在人行道上植树）强化了新大道所拥有的较高的社会地位，以及新建面向歌剧院的对称结构。这样一来，从一个新的开阔之处可以获得一个宏伟的、毫无遮拦的朝向新建筑的视野景观，这样独一无二的机会不容错过。歌剧院大道上最后的建筑于1879年完成。

建筑类型

以上所描述的“不符合艺术原则的城市规划”涉及了卡米洛•西特对19世纪晚期

鸟瞰图1：10000

城市的技术实用主义所抱有的批评态度，这对于处在中间位置的建筑元素有相当直接明了的结果。19世纪最为著名和有影响力的住宅类型之一，豪斯曼的公寓建筑中的自相矛盾之处在于，其理论上并不重复前人，也不墨守陈规。豪斯曼公寓诞生之初时是空间的填充物，其必须尽可能适应突破性技术遗留下来的小块建筑区域所存在的随意形状。对建筑外立面的严格规定保证了新建的开阔之处保持城市外观的连贯性。然而，这样的连贯性可能没必要和这种概念类型相矛盾，而且观察这些建筑设计师如何尽力为了新兴的中产阶级使正规的空间方案适应已有的土地少、类型多的事实，这确实让人着迷。

这种正规的空间方案中最为死板的元素是：沿着街道正面的会客室成行排列，使临街建筑必须约为15米（49英尺）。追本溯源到亚里士多德的概念，这样的方案从18世纪末就成为针对上层和中层社会规划中的必备要素。公寓中的其他元素，如卧室、浴室和佣人房，都可以根据建筑用地的实际情况自由铺排，并往往被安排在内院天井周围。除了大规模和深度的地籍细分以外，这些天井本质上成为了良好的通风和采光通道，并不再成为仆人的居所或者置放马车之处。现在仆人住在阁楼里，通过仆人专用楼梯直达主厨房。

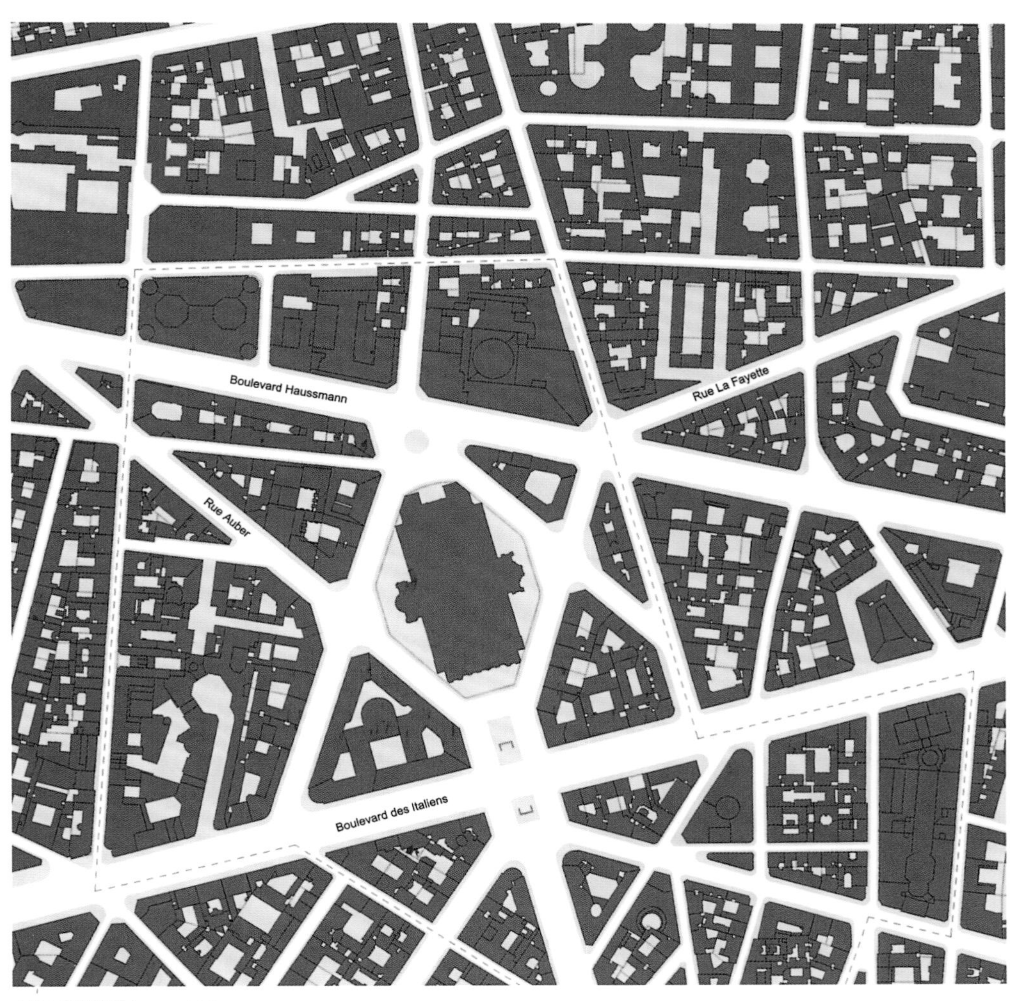

城市规划图1：5000

无论在哪块空地（或腾出的土地）上进行城市规划干预，人们都能观察到这一时期典型建筑平面图的最佳范例，例如17世纪的Plaine-Monceau区，就不是在已有街区进行突破性规划。这些区域也可以被轻易地以有利的价格售卖给地产开发公司。因为现有地籍模式限制减少，建筑元素和城市地块之间的关系能够得到研究和优化。在歌剧院大道区域这个案例中，恰恰是佩雷兄弟的巴黎永驻计划（Compagnie Immobiliere）开始了在未来歌剧院南侧修建公寓建筑。最终，歌剧院附近总共建有超过15个街区。然而，其中至少有一半街区过小或者过于狭长，从而不能成为重复再建模式。

鸟瞰的图景不仅包括街道景观，而且还记录了上文中的建筑外立面的设计方案（属于比例一致性的一部分）如何导致了匀称的假象，也就是表面用富于复杂和变化性的单元内部结构以石质外壳进行包装。1854年拿破仑大道（后来被命名为歌剧院大道）的最初规划是相当激进的。该规划倾向于将外立面设计成具有重复性的元素，正如利沃里大街的外立面规划。当拿破仑三世下台后工程建设陷入了僵局，在1876年重新启动时，人们抛弃了上述外立面的规则。

上图：不同于巴黎许多其他的大道，歌剧院大道并非树木成行，从而突出朝向城市最壮观的纪念碑的景观。

左下图：昂坦街上两栋建筑的底层，就位于它与歌剧院大道的交会点的东侧。右手边的建筑比左边的建筑更古老，因为左边的建筑进行了改造，从而框定新大道。

右下图：圣奥古斯丁大道上的小广场，离歌剧院大道只有一个街区。它没有经过城市复兴计划的改造。

小　结

本书中选择了豪斯曼的项目是因为其具有相当的历史相关性。豪斯曼的规划干预总体为线性，并不符合多数其他所选案例研究的范畴。因为在第二帝国时期的巴黎，改建活动似乎是成功的，这样就产生了一些问题。我们经常提及这些干预活动，但是很明显从来没有将真正具有可比性的方法应用于继续进行的城市重建过程中，这又是为什么呢？涉及这个问题的答案和以下事实相关：豪斯曼男爵的名字在今天，至少对普罗大众来说，总体是和美学问题及外立面主义相关联的。因为至少在富裕的西方世界中城市的下水道设施不再是一个显著问题，而交通问题不再被认为通过建设新道路而解决，所以城市的组成部分及其背景往往被忽视。然而，另一个原因是旧房拆除和可盖新房的区域往往被用作城市重建的区域，而不是在已有区域中动工，这样做仅仅是和干预成本相关。减少公共投资，完全依赖私人资本，扩大了这种状况。对私人财产的保护以及随之而来的征地成本上升，不仅带来了建筑成本上升，而且在19世纪中期这种状况十分明显。当时巴黎市并未在销售特许权上获得成功，而且不得不自费承担所有建筑工作。

上图：这个三角街区是最邻近歌剧院的七个街区中最小的一个。其外立面设计特别遵循了严格的规则，这些规则适用于所有面向歌剧院的建筑。

左下图：查尔斯•加尼叶设计的歌剧院（1875）及其东翼周边的情况。

右下图：看向昂坦大街的景观。该大街修建时间早于歌剧院及歌剧院大道。但是巴黎天主圣三教堂是豪斯曼重建项目的一部分，建于1841—1867年间。

沃邦居住区

地点：德国弗莱堡
年代：1994—2010
面积：41 公顷（101 英亩）

容积率：1.40
居住人口：5300
混合用途：86%可销售土地规划为居住用地，14%混合使用

世界上最著名的可持续城市化案例，沃邦居住区展示的东西远比先进的建筑技术更多。沃邦居住区的成功构建在广泛的社区工作上，是一个具有功能和社会多样性的大型项目和使用零碎化方法的规划过程。

沃邦居住区的名字具有一定的误导作用，因为其是以17世纪法国军事工程师沃邦的名字命名的。他当时确实在弗莱堡的中心地带有过军事工程活动。该地区在新建城郊区域（本研究案例）的东北方约3千米（2英里）处。当时沃邦负责为弗莱堡镇修筑防御工事，该镇在1677年被路易十四的军队攻占。第二次世界大战后，因为一部分盟军驻扎在德国营地，德国营房被改建成法国营房，而现在的开发区域随即被冠以了沃邦的名字。随着冷战结束，东西德统一后，法国军队在1992年离开了这一区域。

这片区域风景优美，地理位置便利，

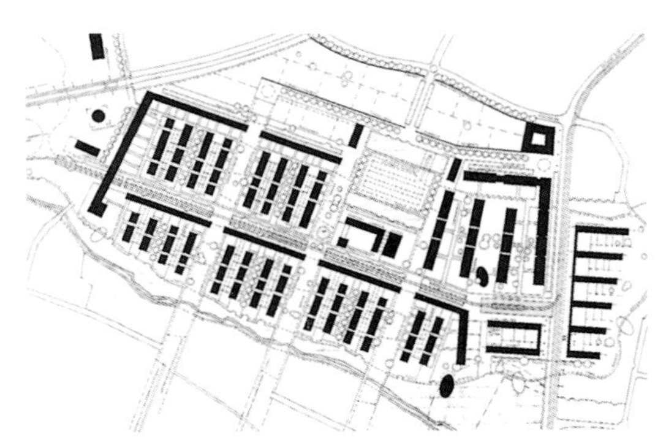

左图：20世纪90年代早期该区域鸟瞰图，在法国军队离开德国前夕，沃邦区域有待重新规划。

右图：建筑师科尔霍夫（60个竞标方案中的获胜者）从1994开始的总体规划。在接下来的三年中，这个项目被进行了相当大的修改，但是总体规划原则被保留了。

人们很快认识到该地区的发展潜力。弗莱堡市在1994年从联邦政府手中购得该开发地块。同年，斯图加特市政规划建筑师科尔霍夫（Kohlhoff & Kohlhoff）、景观建筑师卢兹•帕特纳（Luz & Partner）及交通工程师汉斯•比林格（Hans Billinger）共同赢得竞标并组织了该区域的总体规划。在60个入围的竞选方案中，该提案应该被理解为一种空间框架而并非仅仅设计图，而且随着时间推移具有相当大的修改空间。

由于市政机构将地块零碎地售卖给有兴趣的投资者，并通过销售收益进行基础设施建设，从而在区域开发过程中城市权力机构的地位得到强化。城市权力机构从国家手中按原有价格低价购得土地后，借由有长远开发眼光的专家进行销售定价。因为土地销售是以固定价格进行而非拍卖，该城可以选用最优化的建筑概念和社会理念。一些以前的营房建筑被保留用作学生宿舍，但是大多数区域清理了现存建筑结构。清理活动中不包括自然要素，竞标简报还呼吁保留至少80%的原有古老树木。此外，规划方案还要求必须安置约2000处住宅，还有6公顷（15英亩）的商业建筑及生产制造业用地，会产生600个就业机会。这部分规划朝向北方，还要具有住宅区与交通要道和主干街道之间缓冲带的作用。这些地块和弗莱堡的其他可选区域相比更为昂贵，交通也不便利，所以并没有吸引人们多大的兴趣，并随后被转变成了另一个住宅区域。沃邦区域可持续性规划诉求最重要的方面是，该区域和市中心由规划好的有轨电车相连，并于2006年投入使用。弗莱堡市在财政金融方面的预算一直都是准确无误，土地销售价格包括基础设施的建设费用，其中包括修建整个项目外围的有轨电车。

项目组织/团队结构

该城直接而具有控制性的干预活动是其决定按照地籍细分，遵循小规模的建造方法，并不会将整个区域交付给私人开发商或者公共开发商。从历史角度上看，这片土地从1936年以来一直是单一所有权。在现有的计划下，许多地块被所谓的建筑社区或者建设团体所购买，为建设某一个项目而组建的个人联合会往往是为了利益相关者的住房需要。这些区域在法律上具有灵活性，并能适应未来居住者的地位以及所希望的干预程度，其成为了整个德国住宅市场越发重要的部分。该项目在开始时往往由极具干劲的非专业人士发起并组织，这些非专业人士会在找到志同道合的邻居后任命一个建筑师主持项目。今天，这一过程在专业领域达到了一定的成熟度，许多项目由新建筑企业的建筑师发起并进行总体规划。客户热衷于这种耗时的活动，不仅因为从开发商手中获得公寓

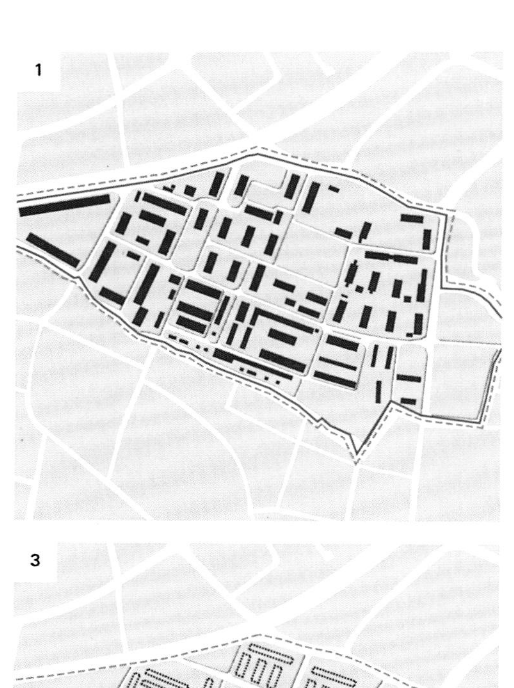

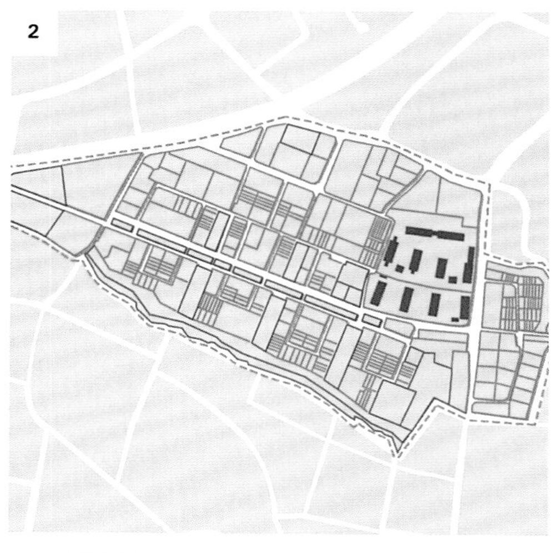

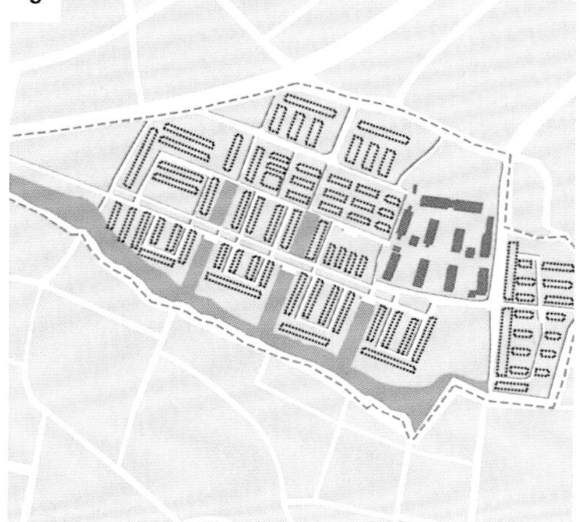

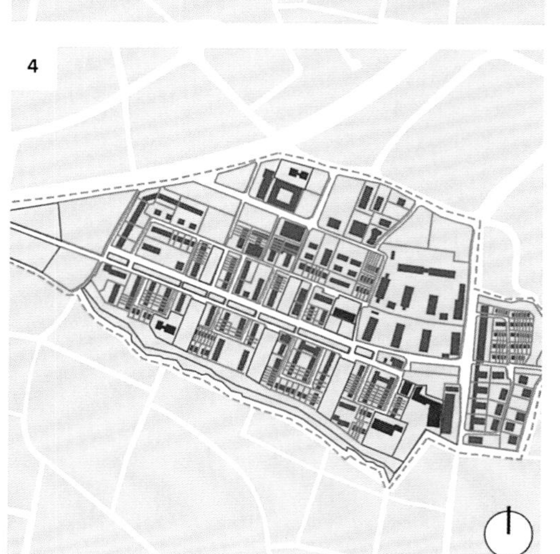

1 规划前的状况。

2 再开发和销售给小型投资者和自住业主之后的地块细分及所有权状况。

3 科尔霍夫赢得竞标的城市规划方案修改后的围护结构方案。

4 最终状态。

过程图

或者小别墅具有经济上的回报，还因为他们有机会定义一个人未来的家。这在城市环境中极为罕见，因为这种环境不包含独立式的房子。这种方法和过程也促使在城市环境中建设属于志同道合的人们的居住社区，而这种城市环境往往不具备鲜明的特色。这种开发模式也常常适用于改造工程，如果被发展到极致，就能够对已建成环境的社会及实体结构带来重大影响。

沃邦不仅具有可持续开发的建筑实情，而且不同政治派别直接或者间接地促进了可持续开发的实施，这使得沃邦居住区作为“可供选择”的城市项目而名声在外。早在法国军队撤离之后，一些军营被市政府和救世军用来暂时安置社会中的贫困群体，如波斯尼亚难民、无家可归的人以及寻求庇护的人。合法良民中后来又加入了获得居住权的人、政党活动家以及经常光顾派对的人，形成了一个异常边缘化人群的混合体。这些非默守陈规人群的思想通过详细规划和公众协商过程得以保留。在这一过程中，1994年的总体规划方案得到修改，最终在1997年7月一个有法律效力的开发方案得到批准。这一过程不仅有“沃邦论坛”（由以前的学生活动家构成）以及Genova和SUSI（自发独立定居点组织）作为可替代性住房协会进行协商工作，而且整个项目的理念背景激励而非困扰人们这一事实也推进了项目获批。以上谈及工程中的法律框架特性以及这项工程给予顾客的建筑方面的影响，两方面结合在一起可以推断该项目在生态方面的成功与居住人群生活方式的一致性紧密相关。可选择的方法被理解为一种政治介入寻求改变而非仅仅是一种环境友好型态度。超过60%的沃邦人口为德国绿党投票。该党派直到最近仍是国家层面的少数党派，支持率不到20%。

左图：从沃邦居住区南侧望向西侧。在街道这一侧，大部分建筑一层有零售商店和餐馆。拱廊提供了一种城市感，这种城市感并非策划中Zeilenbau（由新客观主义建筑师设计的公寓）逻辑的一种明显特征。由Bower Eith Murken设计的VIVA 2000开发于2003年完工，可以看出是左侧的下一栋建筑。

城市形态/连通性

沃邦居住区最新的城市总体规划概述是简洁的：通过几乎放弃沃邦北部区域的制造业和商业活动，剩余的当地功能性分区存在于东西廊道中部附近的零售业核心地带。这种廊道显然是该地区的主干，包括新建的有轨电车线路和位于中心地带的阿尔弗雷德•都柏林广场。一个具有混合用途的封闭的纵向建筑使该地区的东部地带

下图：一组长建筑结构界定了沿着Merzhauser Strasses（沃邦居住区街道名）东边的区域。这条街道是连通市中心的总体连接线。这组建筑是混合建筑，除了用作办公和零售业之外，还有住宅用途。

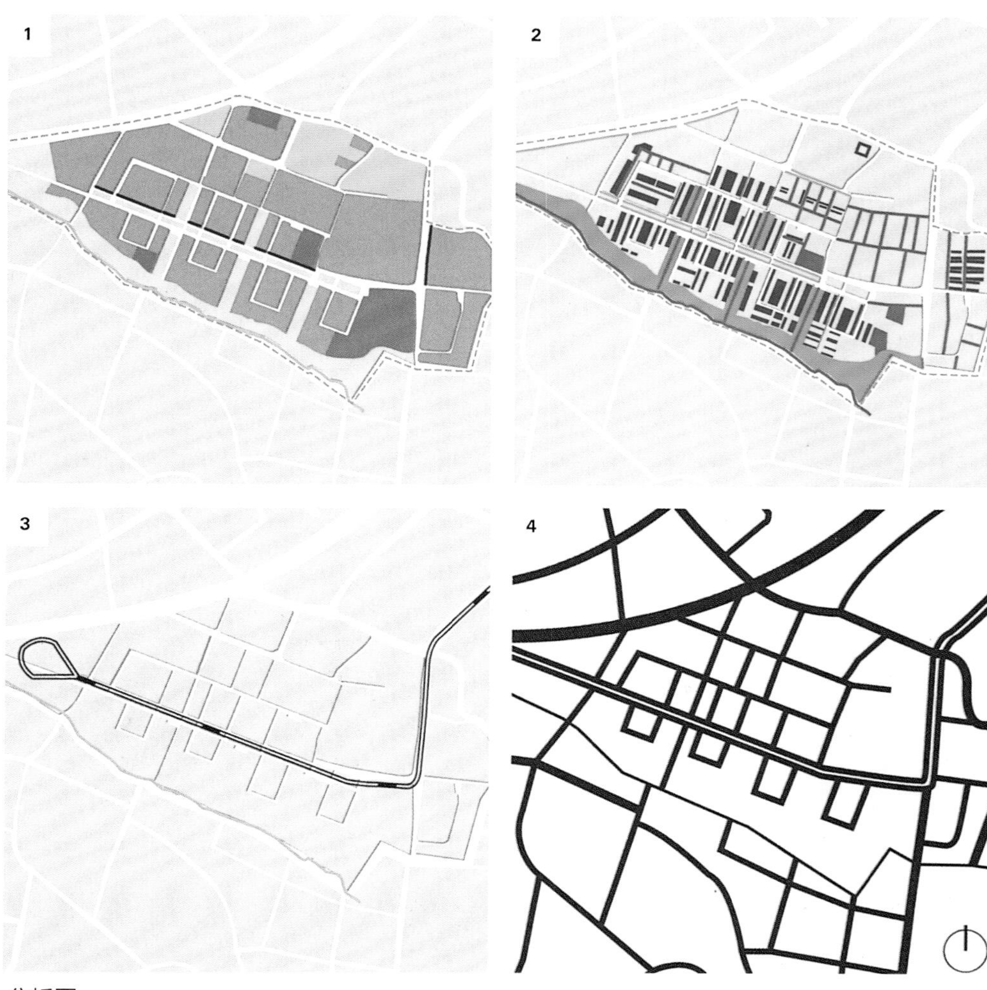

分析图

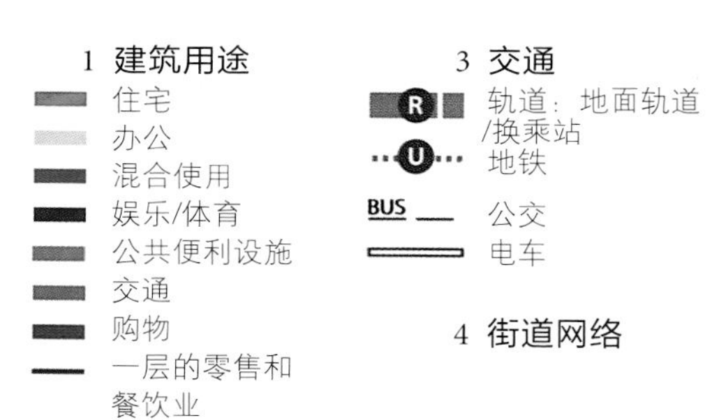

及其太阳能村落免受来自Merzhauser大街的噪声干扰。一条河流形成了该地区的南部边界，三条绿色走廊从受这条河流保护的生态群落穿过居住区垂直向北延伸，这些是该区域的景观设计之本。除了河流及绿色走廊的美学价值和生态功能以外，它们还使得来自南部山脉的风吹向城市区域。

在城市形态方面，浏览已建成的规划及其重复、狭窄的线性建筑，即使在初期竞标阶段也清晰可辨，这激发了回顾20世纪二三十年代德国的Zeilenbau这一历史概念。这种概念可能和联排房屋建设的规划适度性相关，也和拆毁前军营的几何布局一脉相承。甚至在以前的军事布局中，新

上图：Georg-Elser大街的景观及其雨水沟。禁止汽车通行。

左图：这一太阳能开发装置位于Merzhauser大街的线性结构后面。它是由建筑师Rolf Disch设计的。

鸟瞰图1：10000

开发工程取决于东西向铺排的平板布局，这种布局使得大部分建筑拥有最大化的采光。如果严格按照功能或者某种中立的城市化主义，这个区域的生活质量极大程度上依赖于景观概念的美学品质。人们很难想象，如果不损失城市的吸引力密度所要达到的程度，这种密度化就会降低绿色植被的视觉效果。增加宏伟壮观的大体量建筑群，减少美化性的景观，能够被越来越强大并能激发人类情感的城市形态所抵消。

沃邦精密的交通及泊车理念在构建绿色大环境中发挥了重要作用。尽管沃邦并非完全没有私家车，却能以显著的方式管理私人交通作为其隐蔽的规划要素。沃邦居住区规划中精心构思了可供公众或者私人使用的不同层级的街道和人行道，以及不连续的街边停车场所和两个地面上室内停车场进行混合使用，能够容纳沃邦区大部分汽车，这都使沃邦的高效规划得以实现。漫步这一地区的游客会更为频繁地遇到规划之初设计的自行车棚，远多于德国无处不在的重要的工业产品。值得一提的是，沃邦地区高度的生态建设与该项目减少汽车数量的口号密切相关。作为科尔霍夫提出的最初的总体规划中的重要组成部分，这种理念吸引了一批有环保生态观念的特殊的同质化个人。因为职业规划人员不愿意参与私人停车空间如此之小的项

城市规划图1：5000

目，这些个体因此成了前文提到的沃邦地区合法的小规模投资者。鉴于联邦规划法案，人们难以实现每个居住单元供给不到一个停车空间这样的规定，还要为营建第三个停车场提供预留地。如果人们对停车空间的需求达到"正常标准"的话，这些建设都将付诸实践。

建筑类型

在建筑领域，大多数人的参与兴趣可以产生很多建筑方面的解决方案。就住宅部分而言，主要是四五层建筑，每个建筑部分有4 ~ 20个单元，拥有多样化的设计和居住密度。在更为传统的公寓街区以及独门独户的联排楼房之外，更为新颖一些的是小规模公寓式建筑。这些小规模公寓拥有两三个独立单元，往往是多层复式房间，外侧带有可以进入室内的楼梯。如上文所示，大部分建筑都有双层采光（double-exposure）以及私人的外部空间。该地区在建筑风格上几乎涵盖所有类型，但更为偏爱木结构建筑。上文提及的类似于Zeilenbau的建筑风格，似乎在多位建筑师设计纯粹的新现代主义建筑外立面及水平式开口（opening）上起到了激励作用。

沃邦的所有建筑超越了德国法律标准，都是低能耗建筑，每年每平方米的能耗必须低于65千瓦时（每年每平方英尺6千

上图：少数的几栋较高建筑中的一栋五层建筑。大多数开发中的建筑都是三四层楼高。该建筑位于沃邦区域的最西部，在电车轨道和火车轨道之间。它对其他规划区域起到了缓冲的作用。

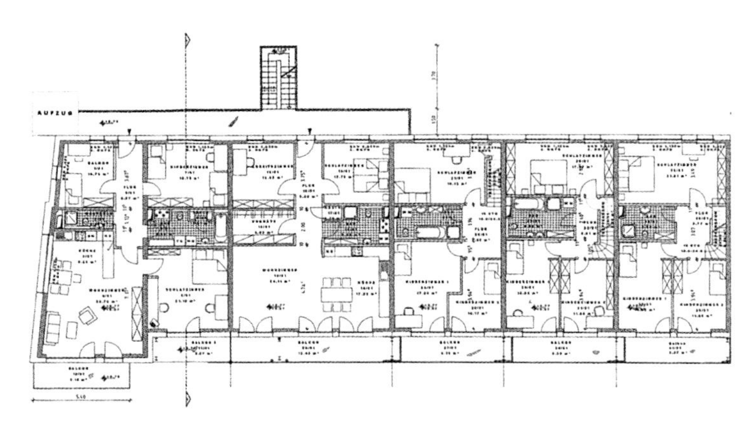

下图：由建筑师迈恩哈德•汉森（Meinhard Hansen）设计的ISIS 被动式节能房（passive House 2001）的二层平面图。大部分单元是带有二层的公寓套房，外部楼梯直接通向二层。高端隔热层、三层玻璃以及高效利用气流促成了其低能耗的特点。该建筑第一代的典型特点是南北朝向。

瓦时）。低能耗得益于非常高效的保温隔热层，以及坐落在该区域北部的社区公用的热力站。一些建筑项目自觉自愿地进一步将能耗减少到不足每年每平方米15千瓦时（接近每年每平方英尺1千瓦时）。比这些所谓的被动节能房屋更为高效的是诸如太阳能房屋这样的建筑，这种太阳能房屋创造能量并分享能量。所有房屋产生的热量被输送进公共网络中，而屋主能够获得高于市价的补偿。由于这些慷慨的补偿性津贴，这些太阳能建筑仍然在盈利。弗莱堡所有坐落于市政所有土地上的新建筑，则必须遵循被动式节能房屋的标准，这是沃邦居住区的成功及其先锋地位的标志。形态学上显著的一点是，因为第一代被动节能房屋一般都是南北朝向，所以需要有上文提到的总体规划中建筑体量东西向布局这样的例外出现。而沃邦区域在新建筑技术方面有趣的一点是，该区域从中央供暖系统向独立供暖转变。该区域中的建筑具有极为高效的保温隔热层，从而实现低能耗，不必建设专用的地下供热网，这可以解释上述朝向转变得以实现的原因。

然而，这种可持续发展的理念不仅

上图：社区中的披萨和面包烤炉位于一块绿地之中。这块绿地跨越从河流到北部地区的开发区域。

右上图：沃邦区域北部的两座混合使用建筑，左侧的是Villaban（2002），右侧的是Amoeba（2006），这两座建筑均由建筑师普林和科兹伯格（Broβ，Pulling，Kurzberg）所设计。

右图：以前的军营建筑被改造成学生宿舍。大部分区域中的军事遗迹都被清除了。

仅局限于个人能源消耗的问题。当人们穿行在沃邦街道上时，沃邦最惹眼的特征是设计优良的沟渠，这些沟渠使得自然降水及地表水之间产生良性循环。在私人地块上，储水箱收集了雨水以供区域性再利用。绿化屋顶过滤了雨水并避免了暴雨时洪水泛滥。

小　结

因为沃邦规划是密度最小的项目，同时是单一家庭所占比例相当高的项目，所以在本书的框架中评价沃邦规划的重要性是很不易的。因而，该规划定义了我们的分析范围（analytic spectrum）的较低界限，而且在有着超过22万人口的城市背景下，也可以被认为一种市郊而非城市规划，这有一定的争议性。作为可持续规划的辉煌典范，沃邦享有国际声誉，沃邦规划也提出了绿色城市环境中的家庭生活这一主题，因此沃邦和本书的研究有相关性。尽管沃邦具有一定密度市郊规划的典范价值，却还被视为更为小型和集中规划的表率，类似案例还有柏林首都核心区域的hausvogteiplatz附近的联体别墅（townhouse）项目。柏林采用了佛莱堡带来的一些启示，试验了如下项目：为了不完全仰仗专业规划者并建造单独设计且一家独有的联排房屋，这个项目将土地直接卖给私人业主居住者（其居住之房屋产权属于自己）。这种方法和规模更大的共有房屋团体（Baugruppen）项目共同代表了一种潮流，这是一种在国际上仍然被低估的偏离自上而下的规划过程的潮流。在这种规划进程中，客户必须从一种往往极为有限的传统的方案中进行选择，并面向更为复杂的市场。这样的市场一直存在，但是边缘化的市场保留了一部分奢侈的和非正规的市场份额。经济压力常常导致总体规划变更，在上文提到的柏林案例中，该市必须为如下事实找到解决办法：重新统一后若干年以来，即使最卓越的地段也找不到专业买家。诸如townhouse这样的项目是一种检测另一种开发模式的成功尝试，并且找到了缩减而非扩充城市及核心区域的方法。这些方法不仅在东德城市人口增长停滞甚至缩减的特殊大背景下尤为珍贵，而且也适用于整体在增长的聚居区中的某一部分。密度化规划可能是城市未来的主要问题之一，但是并非应对复杂多变的城市唯一的途径。作为具有一定密度和建筑多样性的市郊规划，沃邦居住区不仅得到了人们的赞赏，而且相对于充满竞争的城市中心，其对于中产阶级是更有吸引力的规划典范。

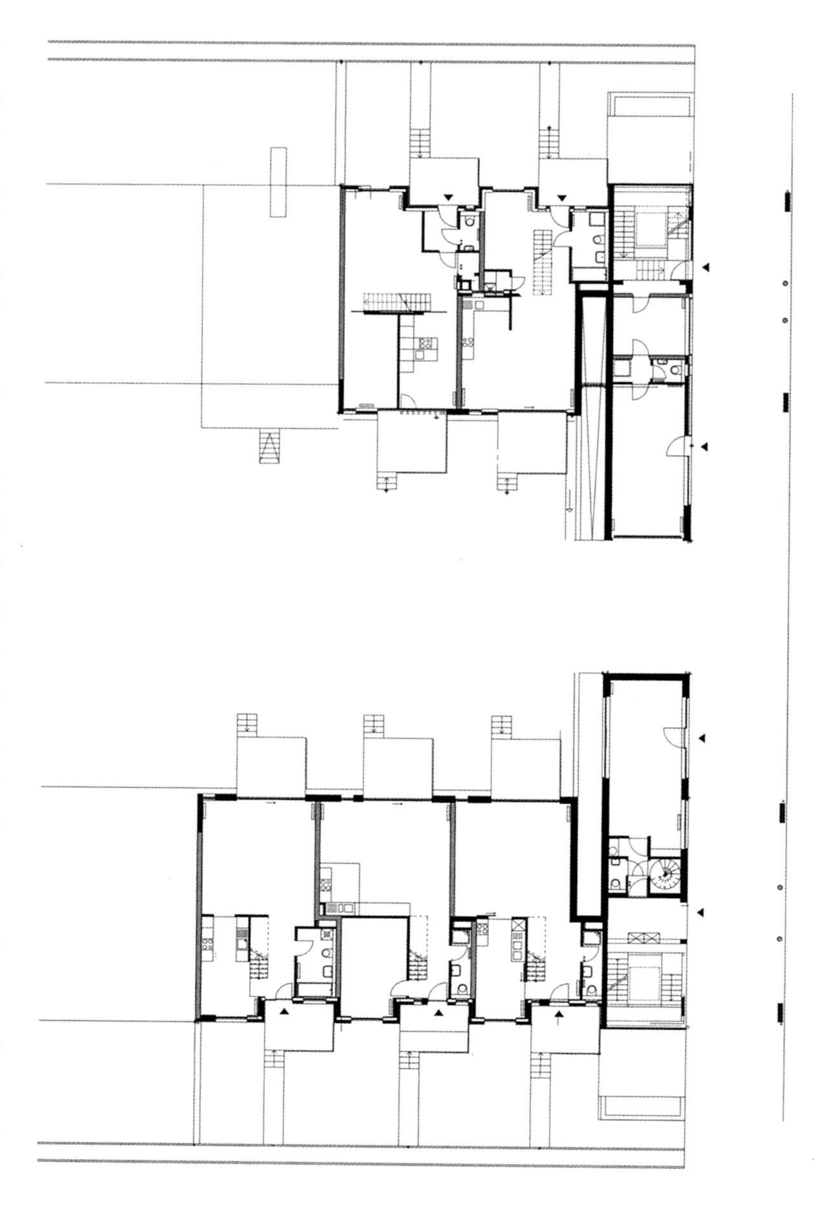

由保尔•艾特•摩尔肯（Bower Eith Murken）设计的VIVA 2000开发项目的一层平面图。它包括两排堆叠式复式公寓，还有沿着沃邦大道（新规划区的轴心）兴建的零售业底商。

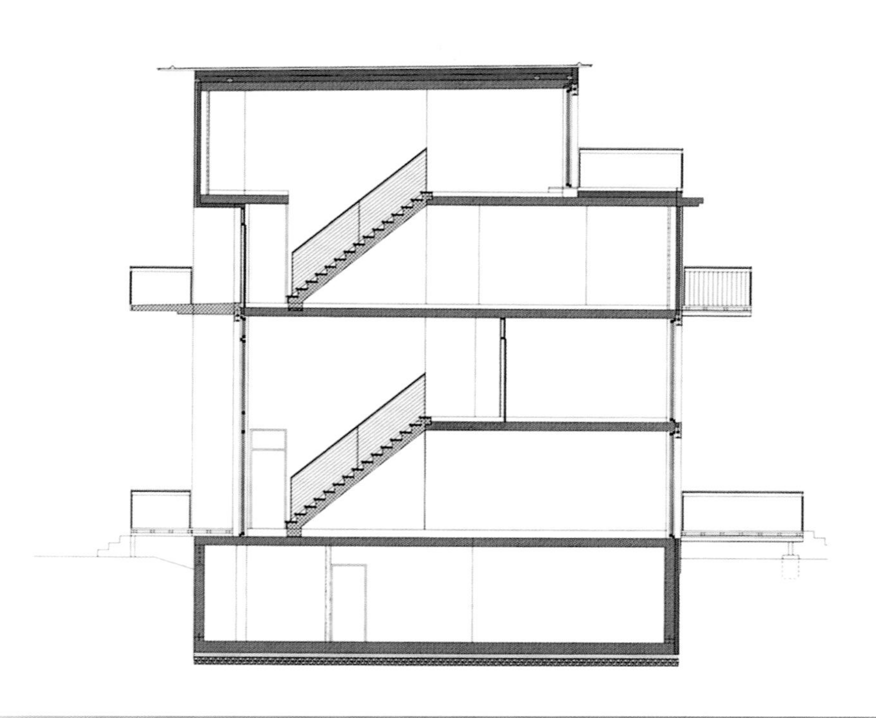

上图：VIVA 2000开发项目中两列建筑之一的剖面图。人们通过外部走廊进入顶层，外部走廊和建筑前部的楼梯相连。

下图：从沃邦大道看向VIVA 2000开发项目的一层底商。

安提戈涅

地点：法国蒙彼利埃
年代：1979—2000
面积：50 公顷（124 平方英亩）

安提戈涅区是后现代新古典主义城市规划中规模最大且为数不多的案例，还是当代城市营销的早期案例，而蒙彼利埃市东部扩建成为该市区域领导力提升的契机。

容积率：1.04
居住人口：8000
混合用途：64%居住区，16%办公，10%公共便利设施，6%酒店，4%零售业和饭店

从三个主要部分可以看出安提戈涅区域的历史和所面临的挑战：在20世纪六七十年代期间人口爆炸式增长；法国战后城市化遭到不断批评；人们决定重新开始将城市区域向东部扩展，该区域在历史上被要塞、军营、射击场及莱兹河（River Lez）的冲积平原所阻隔。蒙彼利埃市在1956年被选为区域首府，IBM的大工厂在该市开工，而最为显著的影响是法国在北非的殖民地自治致使该市人口数量在1958—1975年从8万人翻番到16万人，这样的人口增长趋势仍在继续。这座蓬勃发展的城市不仅因为其美丽的古老城镇而知名，而且因为其拥有大学、医院和数家高科技工厂而知名。其人口已然超过25万，也是法国位列第八的人口大市。

当1977年社会党党员乔治•弗莱切（George Freche）成为市长时，他决定挑战自由党派的自由路线。弗莱切保守的前任以这种自由路线进行了城市规划，当时距离现在最近且最富有争议的项目是戏剧广场（Place de la Comedie）右侧的珀丽冈（Polygone）购物中心建设项目。该项目建设在中心位置，坐落在前军营基地上，这块军营属地后来被退还给了市政府。这片大范围商业建筑不仅代表了新型城市规划带来的挑战，而且表明了这块土地上的开发问题，即这块土地可能发生洪水而长

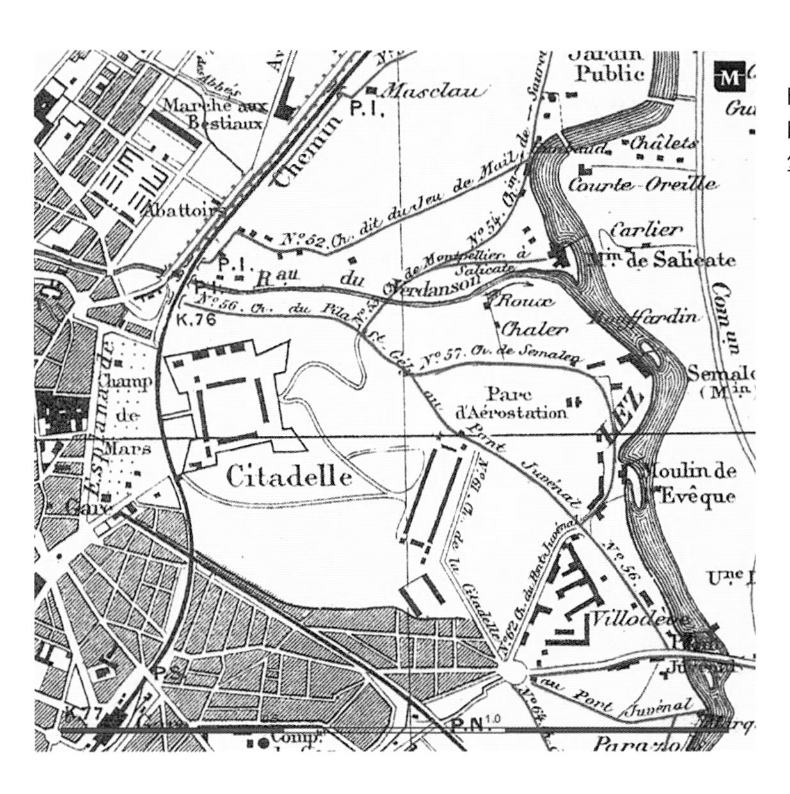

1896年蒙彼利埃市中心的东部区域地图。今天的安提戈涅区域位于城堡要塞南部和东南部。

期无法充分使用。珀丽冈购物中心的名字取自军队的射击场，是私人零星干预的产物，其本质上相当于蒙彼利埃市东部的一个死胡同（cul-de-sac），并且无助于解决上述问题。这座购物中心拥有分布广泛的零售店，其商业覆盖服务了蒙彼利埃市中心，却没有覆盖市郊。

当加泰罗尼亚建筑师里卡尔多•波菲尔（Ricardo Bofill）在1979年被直接任命时，他和他的工作室总部还没有获得若干年后他所获得的国际认可。而波菲尔已经为法国的马恩拉瓦雷（Marne-la-Vallee）及圣康坦伊芙琳（St Quentin-en-Yvelines）的“新城市”（Villes Nouvelles）住宅项目工作了。安提戈涅这个名字具有一语双关的意义，既有从古希腊建筑中产生的新古典主义灵感之意，也有购物中心失败的城市化进程的寓意（购物中心位于安提戈涅项目外围和蒙彼利埃历史中心之间）。这两个重要的开发区之间的关系在之后的20年仍然问题多多。在这期间，购物中心老板面临着征地的威胁，因为他开发的项目需要打开客流的通道。从大规模规划的角度看以下情况不太明显：戏剧广场和莱兹河平原之间大约6米（20英尺）的高度差，使得从市中心以任何其他方式进入安提戈涅区域都比穿过购物中心要困难。

项目组织/团队结构

蒙彼利埃市区域设备协会（以下简称为SERM）促进了该项目的实施，这个组织成立于1961年。这个协会官方为公私合作模式，而很大比例的股份由诸如蒙彼利埃市政府这样的公共机构以及推进市政开发的蒙彼利埃集团这样的机构所有。小部分股份由专门的私人银行持有，包括法国公共住房部门及德克夏银行。这样的机构设置是典型的法国式开发模式，相比由市政府作为公共客户直接掌控，这种模式有大范围简化行政程序的益处。这个案例和欧洲里尔及马森纳•诺德区案例相似（可见单独的案例研究），丧失了一些法律优势，包括不经任何竞标就直接任命总体规划师的权利。

在土地所有权回归蒙彼利埃市后，SERM成了珀丽冈军营区域的所有者，这片区域约占整个地区面积的40%。其余地区均靠零碎获得。然而，其中最大的地块上有大量工业占地，主要是肥皂厂，可能会被搬迁或者已到了报废期。结果50公顷（124英亩）区域归为一个所有者所有，这使得大规模规划的远景得以实现，这和20世纪六七十年代的零碎规划理念背道而驰。法国规划体系的一贯情况是：在规划程序初期，规划区域被宣布为ZAC（安排协调区域），因此被排除在城市的一般规划限制之外。为了规划SERM逐渐获取的土地，规划区域的周边不断被扩展。在波菲尔总体规划经过若干不同的设计阶段建成之后，这片区域中的小块土地被售卖给公共或者私人开发商。在一些特定情况下，SERM自身充当了客户，既保留了土地的所有权，又为数个公共办公建筑和便利设施（如由Chemetov设计的图书馆以及由里卡尔多•波菲尔设计的奥林匹克游泳馆）组织了建筑工作。社会租赁性房屋占据了住宅区域的25%。剩余的住宅项目由私人建筑商完成，但是很多这样的建筑单位通过低息或者再销售担保等方法获得了国家支持，这样的话中低收入阶层可以有能力购

1 规划干预前的状况。几乎一半区域，即前军队驻扎地，都是归政府所有，其他区域则被私人企业占据。

2 在将物权卖给公共和私人企业实体之前的土地公共所有权情况。

3 待建设区域的总体规划方案。

4 最终状态。

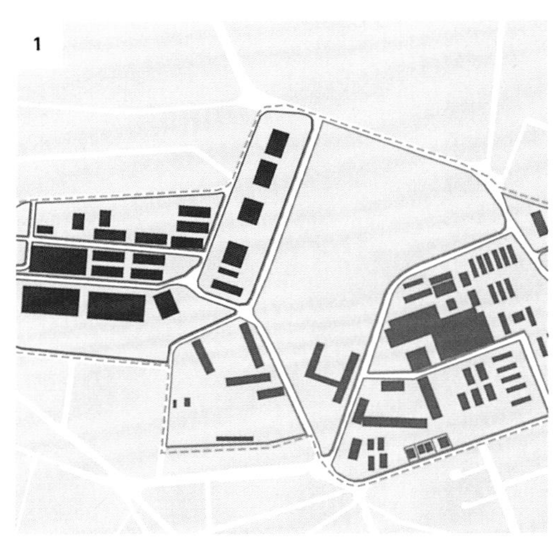

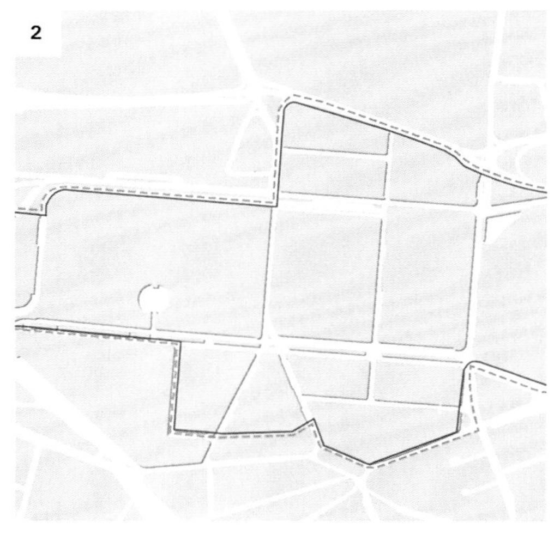

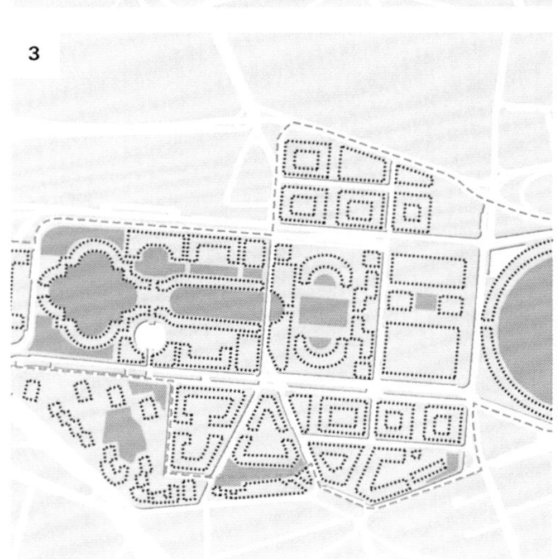

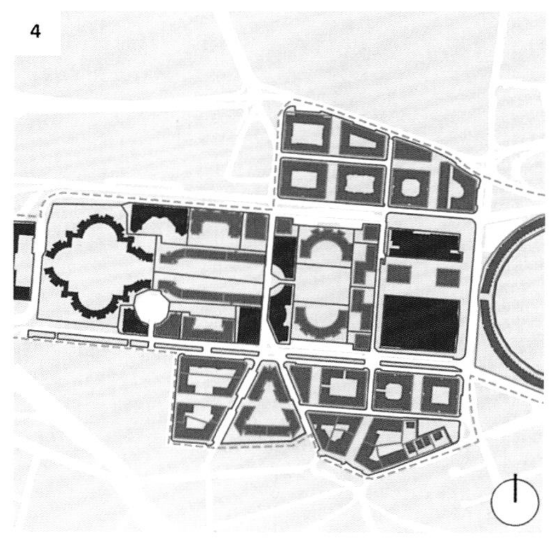

私人所有
公共所有
建筑围护
绿地
私人所有地块
公共所有地块
轨道

过程图

买这样的住宅。该计划的成功之处在于不动产的价值从该项目运行之时起便在私人市场被确定下来，而且安提戈涅区域的社会发展呈上升态势。该计划中标新立异建筑的不足之处则是建筑中的阳台和露台数量偏少，这使得公寓对于一部分客户缺乏吸引力。为了保持新古典主义简约外立面的建筑连贯性，小部分私人建筑中大部分外部空间被设计成了嵌入式长廊。

整个项目除了有长期利润及纳税者收入以外，项目的运作对于SERM及蒙彼利埃市都没有经济收益。因为要建设大量公共便利设施以及售价有补贴的社会福利性住房，地块的销售所得不能支付庞大的购

1 建筑用途
- 住宅
- 办公
- 混合使用
- 娱乐/体育
- 公共便利设施
- 交通
- 购物
- 一层的零售和餐饮业
- H 旅馆

2 绿地
- 绿地：公共/集体/私人
- 路边植被/绿色小径
- 步道
- 公共广场

3 交通
- R 轨道：地面轨道/换乘站
- U 地铁
- BUS 公交
- 电车

4 街道网络

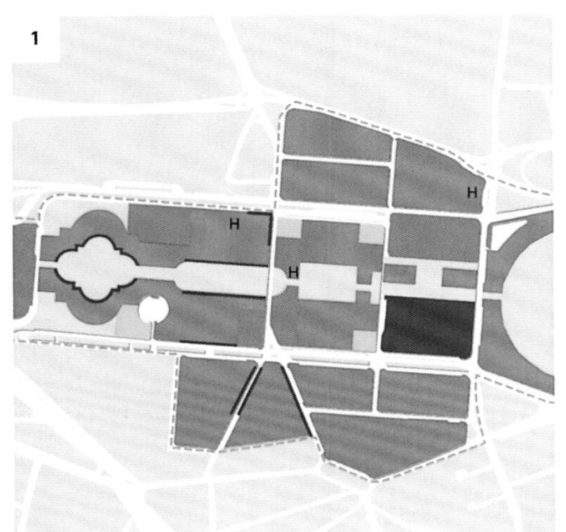

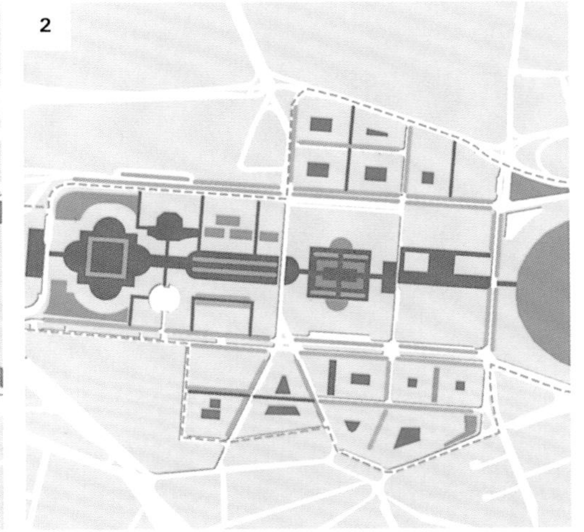

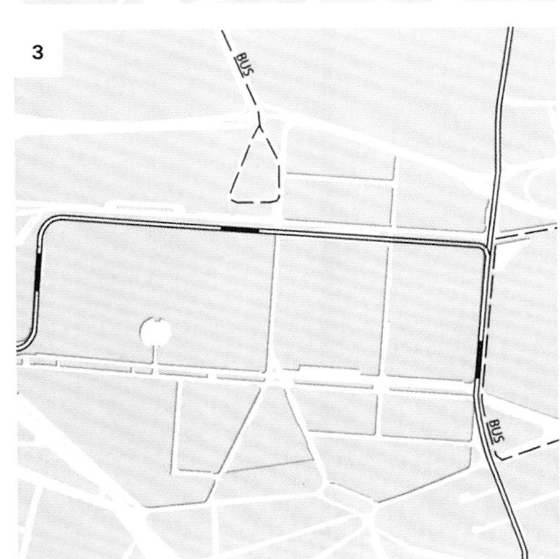

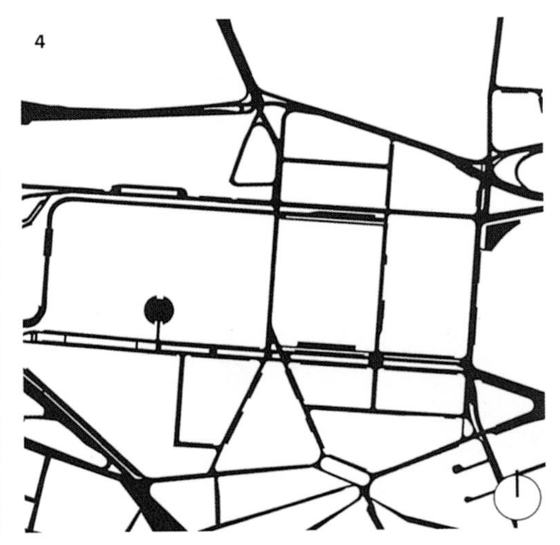

分析图

地、管理及基础设施建设的开支。然而，安提戈涅区域的开发确实间接支付了繁重的基础设施工程建设费用，为了城市东扩接近海洋，市政府必须承担这些基建工程。这些基建工程项目包括建设隧道，以及应对莱兹河改道和疏浚河道的工程。波菲尔决定使河岸中部地带承接洪水，这样使得该区域比河流沿线防洪保护区域更为亲水，这是一种有趣的自然特点。

城市形态/连通性

在整个城市的范围内，安提戈涅中心区域内的建筑轴心部分就是迪佩德罗广场（Esplanade du Peyrou）及其排水渠。从17世纪末以来，这些建筑工程在旧城西部及东部进行分阶段修建。东西两侧均有约1千米长，其代表了蒙彼利埃市最大胆的城市形态。这种形态曾被作为历史核心区域外扩展规划的建筑式样设计元素而被设想过。在区域规划方面，安提戈涅区可以被视为更大区域“玛丽安娜港区”（Port Marianne）的准备阶段或者规划初期。这片区域坐落于安提戈涅区的南部和东部，延伸至地中海。波菲尔的工作室最初也为这个区域项目工作，但是在1989年撤出了，因为当时蒙彼利埃市意识到了这么大的区域不应由一家建筑事务所规划。从那时起玛丽安娜港区被划分为8个小区，其中有著名建筑师和工作室的参与，如克里斯蒂安•波赞巴克（Christian Portzamparc）、让•努维尔（Jean Nouvel）和克劳德•威斯康尼（Claude•Vasconi），还有建筑工作室（Architecture Studio）以及来自巴黎的米歇尔设计事务所（Michel Desvigne）。这片开发区域中有两个设计方案——安提戈涅自身以及由Krier & Kohl建筑规划事务所设计的Consuls de Mer酒店（可见科尔希斯特费尔德居住区的案例分析）——通常归功于后现代主义。二者都位于河岸西部，而河岸东部区域却遵循了不同的城市规划原则。Consuls de Mer酒店区域是玛丽安娜港区第一个规划建设区域，当时蒙彼利埃市选择了里卡尔多•波菲尔推荐的总体规划师。该区域广泛的城市规则可以追本溯源到安提戈涅区的规划，以及波菲尔在整个规划部分的初始阶段工作。玛丽安娜港新建区域失去了与这种传统的关联，部分原因在于20世纪90年代中期的地产危机及其

下一页：Place du Nombre d'Or酒店及其奢华的新古典主义建筑的图景。该建筑为住宿和餐饮以及一层的零售商店集合体。

下图：从里卡尔多•波菲尔设计的de la Ville建筑群（2000）望向Place du Nombre d'Or酒店以及东侧的建筑核心区域。只有保证通向购物中心的通道畅通，才能构建巨大的开阔区域。

RESTAURANT
RESTAURANT
RESTAURANT
SALON DE THE

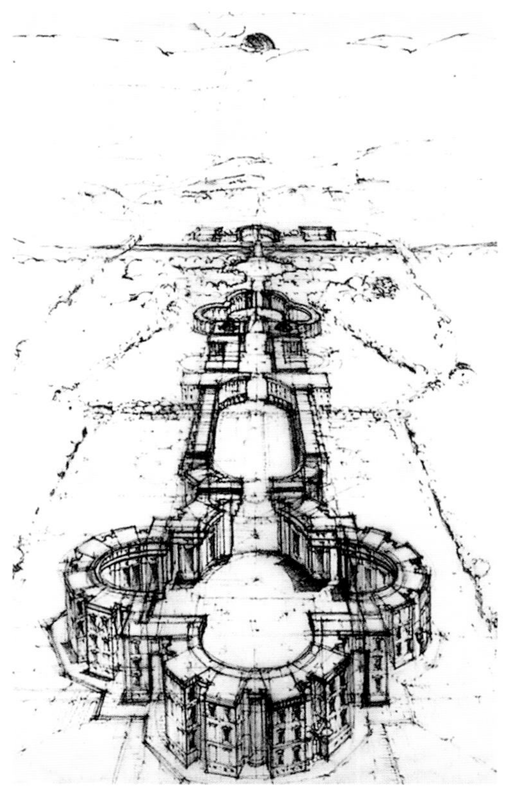

左图：从萨摩色雷斯的胜利女神塑像复制品西侧望向建筑核心区域的景观。

右图：里卡尔多•波菲尔绘制的建筑核心区域素描草图。

带来的滞后效应。

安提戈涅区域自身的规划原则是简单的，主要依赖于中部核心建筑群以及突出的开阔区域带来的力度感。周围建筑基本上以直角网格的单一街区进行规划，呈现出有内部庭院的背景式建筑。它们提出了一种核心具有广阔空间感的宁静的建筑框架。

正如上文所提到的，通过珀丽冈购物中心经由开阔的人行步道与城市中心相连，对于该项目的成功具有至关重要的作用。这个连接线直到2000年波菲尔完成城市阶梯（Les Echelles de la Ville）这组建筑设计之后才完成。城市阶梯是一座商业建筑，和珀丽冈购物中心的东侧围墙相毗邻，其主要功能是疏通蒙彼利埃市中心和安提戈涅区域之间的人流，并通过外部阶梯和平台组合弥补水平高度的差异。穿过购物中心的通道的合法性令人堪忧，每天午夜后通道会被关闭。壮丽的Place du Nombre d'Or酒店以前作为整组核心建筑的西端面向购物中心是封闭的，不能通过一些小门进入酒店。这样酒店既是建筑体，又是一个封闭空间的理念，取材于巴塞罗那的皇家广场。今天，这里宏大的出口必须和已完工的建筑割离开来，该组建筑是1983年安提戈涅区域规划的开端，基本上都是带有底店的公益住房，这些底商中的餐饮零售业给这片区域的街道带来了生气。

构建新型有轨电车是这片区域的公

共交通策略的基础，有轨电车于2000年建成通车。安提戈涅区域有三个有轨电车站点，电车延续进入玛丽安娜港区的不同区域。有轨电车的第二条线路于2012年建成通车，这条线路将市中心和安提戈涅区以及莱兹河北岸的邻近区域连接在一起。重新引进有轨电车使法国城市复兴计划比其他国家获得了更大的营销成功。在法国，相关成功案例还可见于斯特拉斯堡、南特、波尔多及尼斯。为了解决上文谈到的区域入口难题，人们不得不构建了连接安提戈涅西南端和圣罗克（Saint-Roch）车站的一条蜿蜒曲折的斜坡。在有轨电车开通运行前，这条斜坡是为公共汽车交通服务的。

建筑类型

安提戈涅区规划可以被视为法国城市建筑的典范，这是一种在20世纪70年代晚期涌现的法国建筑风格，是对于战后高层建筑风潮城市主义衰落的回应。人们讨论那些支配对已建成环境进行改变的条文宗旨，其中有趣的结果是人们聚焦于设计和开阔空间准则的讨论，远高于对于准则实施过程的关注。这也是本书的一个重要宗旨，即一个项目的组建过程如何影响其建成结果。安提戈涅区和最近的案例不同，人们以全局意识来思考这个案例，就和战后早期开发项目一样。如声名在外的grands ensembles住宅项目（在巴黎马森纳•诺德区案例研究中有相关解释），在这个项目中一个建筑师受命于一个客户，来提供整个总体规划、景观设计和建设的组合服务。波菲尔的工作室不可能设计项目中所有的建筑，却构建出所有的主体框架，相当于整个项目约40%的工作。其他参与其中的建筑师必须在概念图、高度、材料选择、窗户细节及垂直分层方面严格遵循他的设计指导方针。安提戈涅区的规划师和设计师没有特别坚持公益性和功能性混合，相对于如何规划，他们将更多的重点放在要建设的内容上。这种做法和本书中属于新城市运动的案例（如波茨坦的科尔希斯特费尔德以及纽约的巴特利公园城案例）截然不同，往往和后现代主义概念相关，即通过分割建筑师和总体规划师的职责，并构建小范围城市建筑来重塑以前的城市特点。

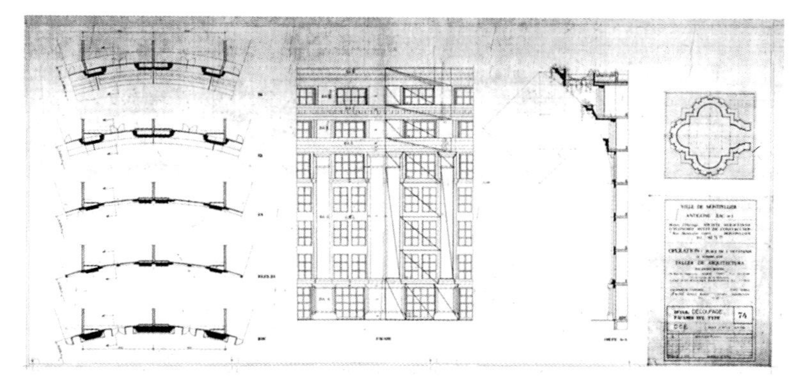

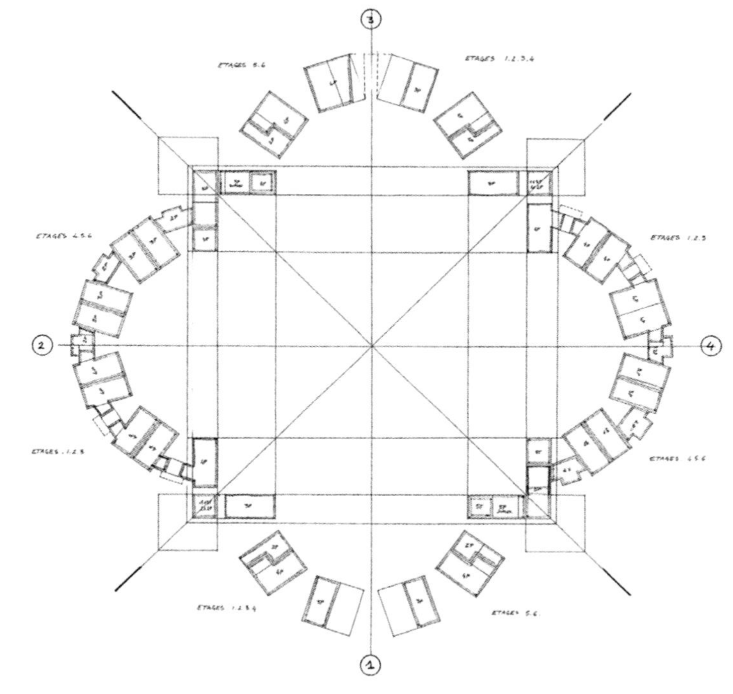

尽管波菲尔拥有新古典主义建筑语言，其恢宏丰碑式的建筑方法与现代派的英雄主义颇有相似之处，而不同之处在于波菲尔精确还原了公共广场作为其城市主

上图：Place du Nombre d'Or酒店建筑上有着预制混凝土镶嵌面板的建筑外立面细节。

下图：由里卡尔多•波菲尔办公室设计的Place du Nombre d'Or酒店附近建筑中Taller de Arquitecture公寓的细分图解平面图。大部分公寓都有两三个卧室。

鸟瞰图1：10000

义的核心元素。他的作品表达了这样的理念：和谐社会不能产生并繁荣于现代主义转瞬即逝的空间氛围中，这样的空间中独立建筑本质上和其他相邻建筑割裂开来。这些现代主义空间具有勒•柯布西耶的光明城市特点，也具有柏林的汉萨街区以及二战后许多并不精巧的住房开发项目所具有的特点。尽管该区域建筑和现代主义有明显不同，但是人们还是可以从建筑和城市主义的景象中感知到一些相似之处。波菲尔所规划的各种生机勃勃的雄伟建筑群最终和现代主义及新古典主义没有任何区别，并将城市的一部分作为一个单一实体展示出来。除了对广场的空间体验具有已建成模式的负面因素，安提戈涅规划本身就是一个巨大的建筑体量，对此“城市体块”这个表达法似乎不太合适。作为人民的建筑体，安提戈涅规划表达了对于哲学家查尔斯•傅立叶19世纪早期乌托邦理念的怀念，与法兰斯泰尔的乌托邦式自给自足概念相关。这种概念是一种凡尔赛式的居住社区，而不是前文介绍过的巴塞罗那皇家广场。后者拥有宽阔的几何布局的内部广场，这和周围拥挤、狭窄、高密度的城市布局形成鲜明的对照。

小　结

波菲尔的后现代设计版本具有挑战

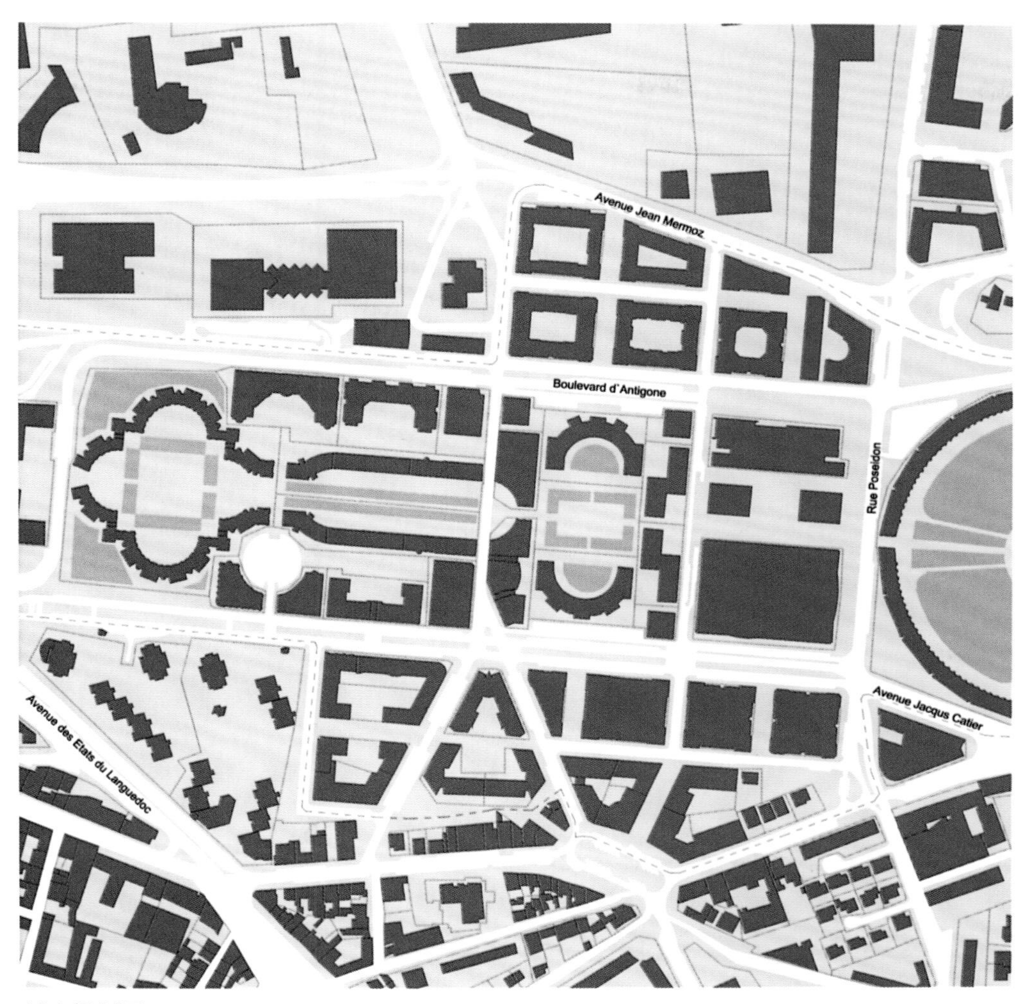

城市规划图1：5000

性，偶尔还具有一定的矛盾性。正是这种矛盾的特点以及明显不连贯地使用后现代主义符号而非新古典主义元素，使波菲尔成为名义上的后现代主义者。和其他著名的后现代建筑师的工作类似，如麦克•格里夫斯（Micheal Graves）或者罗伯特•温图里（Robert Venturi），波菲尔对古典世界的唤起，较少是将单体建筑规模扩大到城市规模的智力游戏，所以这种唤起不能按照字面意义解释，就像这个计划方案中的城市及其建筑特色也和真正的希腊城市没有共同之处一样。波菲尔的设计在灵魂上是现代的，波菲尔相信进步并“忠实”地利用最高档的材料。建筑外立面由预制混凝土镶嵌板构成，很明显不想表现为石头墙的外观。波菲尔的独特工作可以被视为战后城市主义中唯一的最大规模的案例。进行历史性回顾不仅要涉及安提戈涅区，还要提到20世纪50年代对于前东柏林的斯大林区（现在的卡尔•马克思区）的开发案例。这个案例中过大的住宅区诠释了一个不连贯的建筑轴心，一个为新型的社会主义社会及工人们增光添彩的建筑核心区。

尽管本书目的不在于对后现代主义进行理论上的探讨，但是其有趣之处在于比较波菲尔的设计作品所属的传统后现代主义和后现代解构主义，如伯纳德•屈米（Bernard Tschumi）的拉维特列公园项目

上　图：Echelles de la Ville里有一座媒体图书馆，其主要意图是将纪念碑轴线与城市中心通过Polygone大楼连接。

下图：Polygone大楼西入口，距离其后面的安提戈涅区大约6米（20英尺）。

（Parc de la Villette）以及OMA的欧洲里尔项目（见单独的案例分析）。传统类后现代主义可能对启蒙运动项目的自给自足表达了怀疑，并试图通过重新鉴赏其传统价值观、风格的象征主义以及空间知识来复原其中已经失去的意义。由后结构主义思想家雅克•德里达（Jacque Derrida）强力推崇的后现代解构主义拒绝这种选择性，并试图使“无意义”以及人类不可能接近最终真理的信念实体化，在建筑中体现为废除建筑中的恰当角度，并在城市化建设中创造出新型的外部空间。安提戈涅区的有趣之处在于，作为人工建筑成品其明显属于第一类，即传统后现代主义。然而，它却融会贯通了后现代解构主义中非正统的图解（iconography）元素，这种元素产生于德里达对于语言是（无）意义的首要承载者这一提议。波菲尔在规划中试图比照希腊社会及其价值观实则是虚晃一招，结果是前后不连贯，他对解构的传达也不能在纯粹理性基础上得到人们的理解。

左上图：住宅的内部庭院。和建筑群中轴线沿线的广场不同，这些庭院由开发公司所有。

右上图：垂直于中轴线南侧的大街之一Rue de l’Acropole。

下图：从区政府建筑南侧望向罗博•克里尔进行总体规划的Consuls de Mer区。

莱兹河右岸朗格多克•鲁西永区政府（1988）景观，以及左岸Esplanade de l’Europe酒店（1989）的新月形建筑。这两栋建筑均是由波菲尔设计的。

L'ARLEQUIN

波茨坦广场（包括莱比锡广场）

地点： 德国柏林米特区
年代： 1989—2015
面积： 51公顷（126英亩）

容积率：2.16
居住人口：4500
混合用途：多用途建筑（主要有附带大量零售店的办公楼、影院、餐馆、博物馆、剧院及酒店），20%住宅楼

波茨坦广场开发区是1989年柏林墙被推倒后最负盛名的建筑案例，其最大的难题在于在原本空旷的区域重新统一柏林的两部分（东德和西德区域）。

波茨坦广场及莱比锡广场的再开发与推倒柏林墙及其后1990年德国再次统一密不可分。然而，戴姆勒-奔驰（Daimler-Benz）——德国最大的汽车公司——早在1987年就参与了该项目，当时该公司开始和柏林市政府商讨在柏林墙邻近区域修建服务中心。当时还没有人能预料到柏林墙会被推倒，而戴姆勒-奔驰公司完全是受政治驱使在西柏林这片相当偏远的区域进行再开发，这也是对东德的一种示威信号。这样的初衷使人们想起出版商阿克塞尔•斯普林格（Axel Springer）在1959年激越的行动。在苏联从西德撤军的最后通牒消散前两天，也在柏林墙开始建设之前，阿克塞尔•斯普林格就在柏林墙边界右侧为自己的总部打下了基石。总部完工后，其总部楼顶安装了一个面向东德的巨大的新闻显示屏。

对于戴姆勒-奔驰来说，整个事情的发展可能截然不同。从1989年柏林墙倒坍开始，德国经历了一段动荡以及快速变革的时期。期间发生了一系列事件，其中包括政府决定将首都从波恩迁回柏林，这样戴姆勒-奔驰公司以前的选址计划显然就不合

左图：波茨坦广场和莱比锡广场东侧鸟瞰图。柏林墙在图片顶部呈一条白线。图片前景处的高大建筑是汉斯•夏隆设计的国家图书馆（1977）及柏林爱乐音乐厅（1963），都是柏林文化广场的一部分。

右图：Hilmer & Sattler建筑设计公司在1991年成功竞标的方案。

适了。奔驰公司通过服务作为正式客户的子公司Debis AG发现，其自身已经在十几年中参与了最为重要和具有象征意义的建设项目。这个雄心勃勃的项目意味着在首都历史核心区域从实体上统一两德。因为大块西德土地由柏林市政府所有，所以针对该项目的规划条件相当优越。德国统一之后，柏林也继承了被原东德国有化的土地。在许多规划案例中，以前的土地所有者必须得到承认并且获得补偿。尽管这一过程的司法程序十分冗长，但是周围城市建设环境不完善，使开发这种区域较之于开发完整的城市环境存在的问题更少，开销也更小。

项目组织/团队结构

在1991年6月，柏林组织了对柏林墙区域进行开发的竞标，要求16个受邀团队对面积为51公顷（126英亩）的区域进行规划，其中包括波茨坦广场和莱比锡广场的城市核心区。值得一提的是，中标团队只包括那些在建筑工程中有综合经验的公司，纯粹的规划者并不被视为能够提供区域解决方案的人选。一年前，戴姆勒-奔驰购买了61000平方米（657000平方英尺）土地。其他投资者，如索尼公司、ABB、罗兰•贝格（Roland Berger）国际咨询管理公司以及赫尔提（Hertie），很快购买了其中相似大小的地块，并且注资加入了规划项目。这样只有莱比锡广场能进行小规模开发。总部设在巴伐利亚的Hilmer & Sattler公司柏林分公司仅仅以一票领先的优势成功竞标，并推出了高密度混合使用的规划方案。该方案源于传统的欧洲城市形象，即封闭的城市街区及建筑限高。然而，该规划提案也包括一些作为城市地标的高层建筑，这也是柏林重新作为世界大都会的名片。

这个知名度极高的项目很快成为了公众讨论的焦点，许多建筑师、政治家及规划师对是否需要以如此快的速度通过大规模规划提出了质疑。他们认为逐个购买土地的过程以及单个建筑开发可能有更好的结果。投资人不会依次质询大规模开发方法，而会从字面上考虑柏林市的转型计划的意图，也会极为详细地思考和研究制约规划的法律框架，如何侵犯土地所有者和承担风险的开发者所拥有的权利。

根据德国的规划法案，建筑许可只能在已有的分区规划基础上呈递，并由城市规划部门许可。在波茨坦广场这个案例中，由于东德和西德统一导致土地所有权变更，已有的分区规划不复存在。基于已有的分区规划进行总体规划的常规过程也相应转变。柏林市有意于用总体规划竞标中的好点子来定义未来

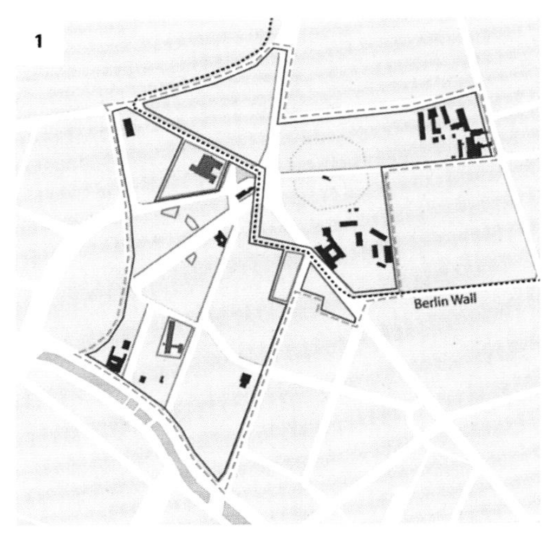

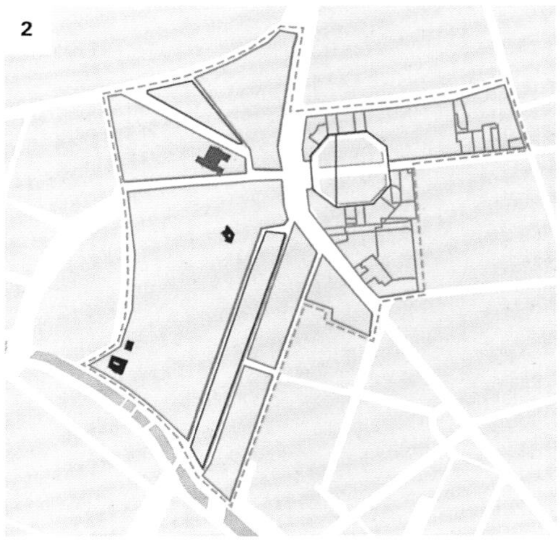

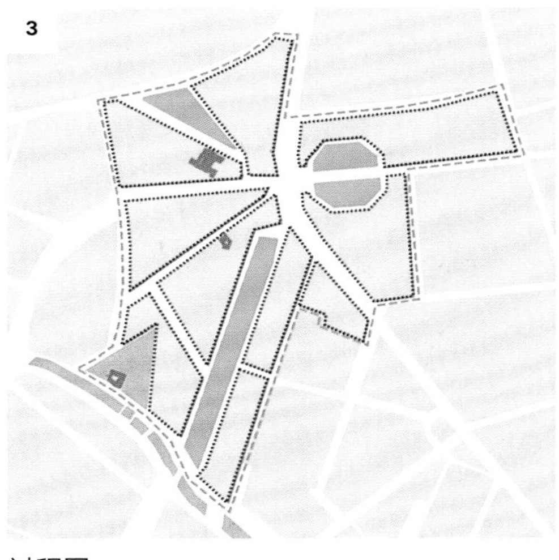

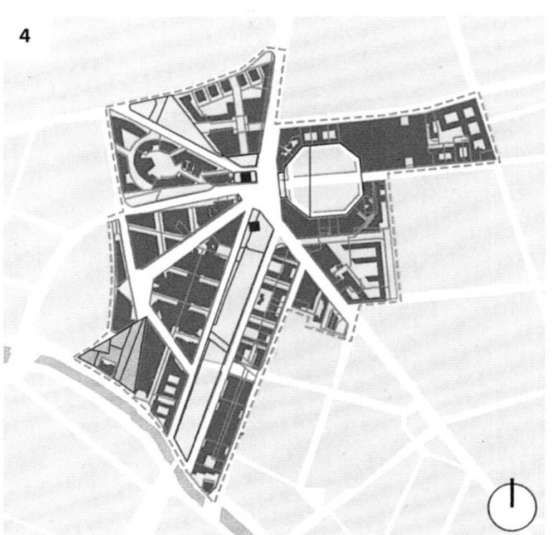

1规划干预前的状况。

2 该地块被卖给私人开发者之后的地块分配情况。

3 Hilmer & Sattler公司赢得总体规划方案竞标后产生的城市分区规划情况。

4 最终状况。

私人所有
公共所有
建筑围护
绿地
私人所有地块
公共所有地块
轨道

过程图

的分区规划。投资方急于获得项目的控制权，因此在官方竞标被递交之前就委任理查德•罗杰斯（Richard Rogers）拟订另一个备选方案。这个方案和竞标方案不同的细节部分被提交给了媒体，整个过程富有戏剧性和挑战性，这也给规划管理部门带来相当大的压力。

城市形态/连通性

投资方和市政府最终达成一致，最后的分区规划在一些方面比Hilmer & Sattler公司的竞标方案稍逊规范性，却更富灵活性。柏林市政府也考虑到了投资者对更多停车场的需求，将地块数量从2500块提高到4000块。在这些成功的协商之后，投资方为了遵从1994年开始的雄心勃勃的建设目标，同意撤回罗杰斯的备选方案并顺应官方方案。由于时间压力很大，一些投资方和政府规划服务部门同时在相同区域进行设计开发工作。而于1994年获准的官方区域规划已经包括伦佐•皮亚诺（Renzo Piano）对德比地区（戴姆勒•奔驰所在地）的总体规划。在提案被通过之前两年，一个包括柏林市代表以及总体规划中标方Hilmer & Sattler事务所的代表从国内外14个受邀团队中选择了意大利建筑师的提案。有多个类似地中海风格并使用暖色材料的规划方案频频向代表们抛出橄榄枝。皮亚诺的事务所最终不仅构思设计了德比，而且和5个1991年竞标获胜者

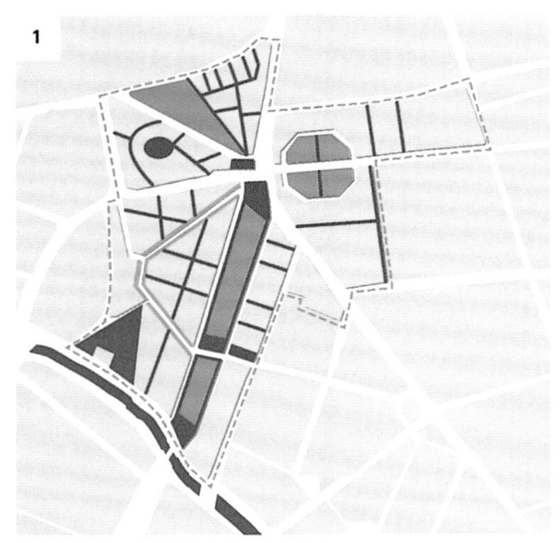

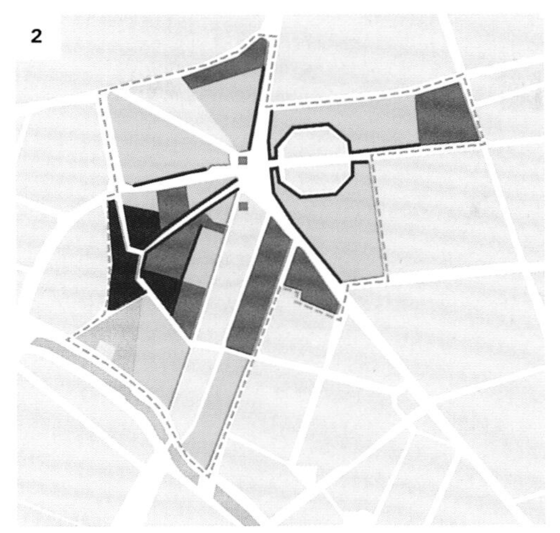

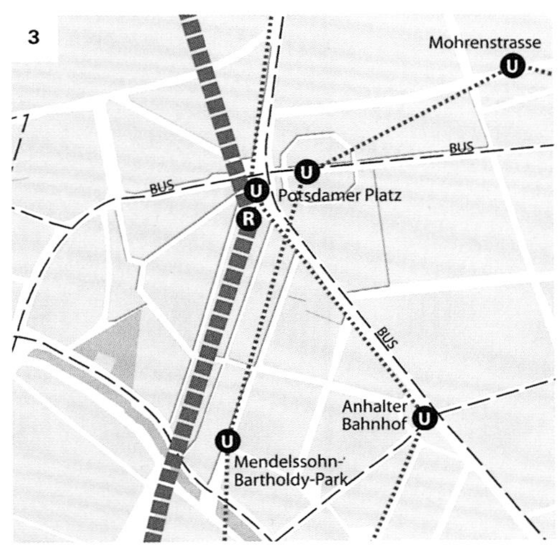

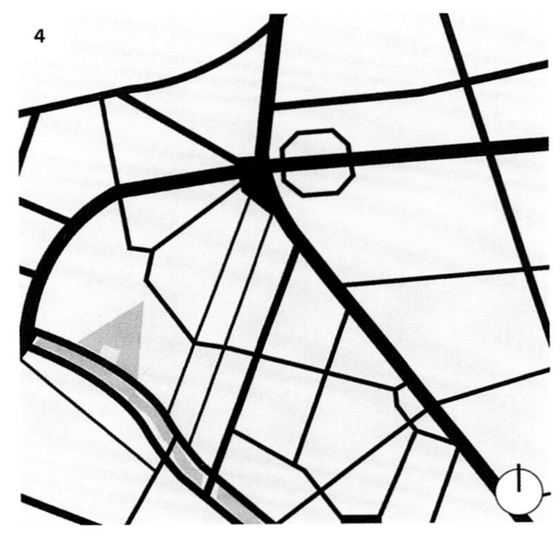

分析图

1 建筑用途

住宅

办公

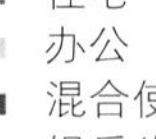

混合使用

娱乐/体育

公共便利设施

交通

购物

一层的零售和餐饮业

H 旅馆

2 绿地

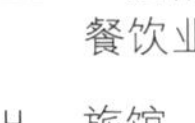

绿地：公共/集体/私人

路边植被/绿色小径

步道

公共广场

3 交通

轨道：地面轨道/换乘站

地铁

公交

电车

4 街道网络

一起设计了几栋建筑。其他投资者以相似的方式为自己的地块推进规划，墨菲•杨（Murphy/Jahn）事务所被选中规划索尼地块，而乔治•格拉西（Giorgio Grassi）获得了ABB公司所在地的规划任务。在1992—1993年间进行的所有设计和规划活动都应该被视为1991年总体规划的辅助方案。

波茨坦广场的西侧外围比邻汉斯•夏隆（Hans Scharoun）设计的国家图书馆（完工于1977年），这是柏林文化广场建筑群的一部分，也是柏林建筑中的代表作之一。在规划这个比邻国家图书馆的西侧外围时，建筑设计师皮亚诺显示出相当的感性。他有意识地扩大了竞标中官方规划范围，并在其卡西诺（Casino）建筑中反映

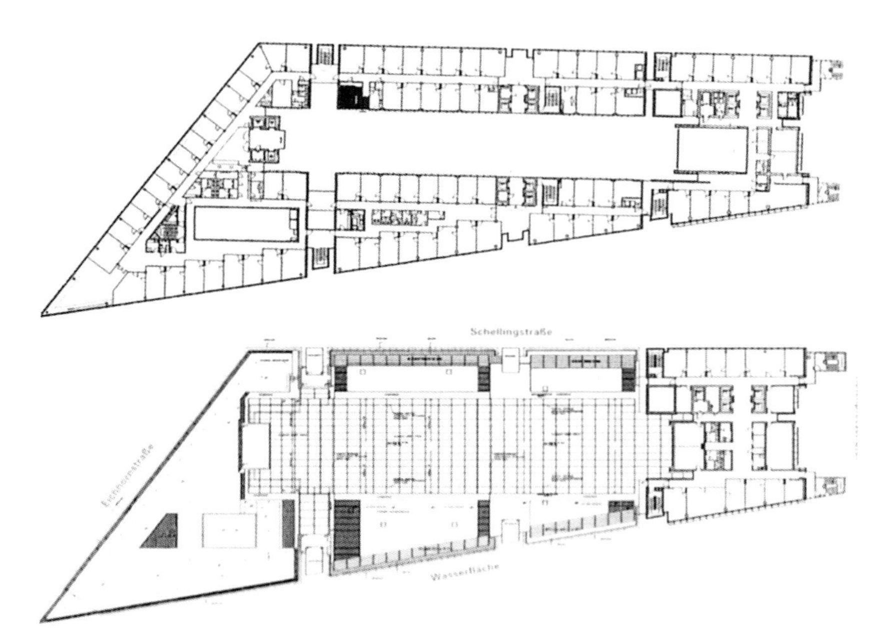

伦佐•皮亚诺规划的德比建筑三层平面图。乍一看，外观似乎是一排排的单独建筑，实际上是一个单一的巨型模块。

伦佐•皮亚诺规划的德比建筑13层平面图。

从区域南侧看向伦佐•皮亚诺规划的德比大楼。

了图书馆的有机形态，有效地解决了该区域问题最多的部分。在交通组织方面，他决定通过构建一个西侧入口隐藏在人工湖里的隧道，来创建一个环绕马琳•戴德丽广场的内部步行空间。这些举措意味着波茨坦广场的深刻变化，而这里在二战前是欧洲最繁忙的交通交汇点。因为汉斯•夏隆在柏林墙倒塌后设计的图书馆修建在了波茨达默尔街（Potsdamer Strasse）右侧，阻断了波茨坦广场及西侧环境的历史通道，因此波茨坦广场似乎不可能再回到当初的状态了。

规划方案最后阶段和绿地质量的一个要点如下：人们制定法律法规，对每个新规划产生了生态环境方面的影响，并通过在波茨坦广场规划项目范围内采取措施，来为解决潜在的麻烦寻求补偿。波茨坦广场规划意味着在51公顷项目土地上开辟30多公顷的绿地，在经济上颇有悬念。这组令人印象深刻的数据来源于土地封固水平高，开发密度大，有必要对这片土地原本的空白状态进行比较性分析。人们担忧大规模开发除了会影响区域气流及小环境以外，还可能对临近动物园的地表水位带来不利影响。经过一系列司法和技术辩论，在最终的方案中，19公顷绿地被建在了这块项目土地内及周边区域。

尽管来自投资方的压力使停车位数量有所增加，而停车位数量相对少的问题因为波茨坦广场车站和柏林市高效的地铁网络的接驳而得到了缓解。

Hilmer & Sattler公司的两个巨大的极简主义车站大门，在材质、颜色和结构设计上都表达了对附近的新国家画廊（1962—1968，由密斯•凡•德罗设计）的怀旧之情，而这两个车站大门也常常被赞誉为该规划项目中的亮点。整个地下开发到何种程度确实是设计规划的背后推手，其作用不可低估，如汽车用隧道，高速轨道用隧道，地铁系统，以及大范围地下停车场，在技术要求上都高于修建地面上实体建筑，而总体规划严重受到上述情况制约，其中包括在项目南部预留大片非建设用地。

新老对照：左侧为汉斯•夏隆的国家图书馆（1977），右侧为伦佐•皮亚诺设计的卡西诺建筑（1999）及德比总部（1997）。

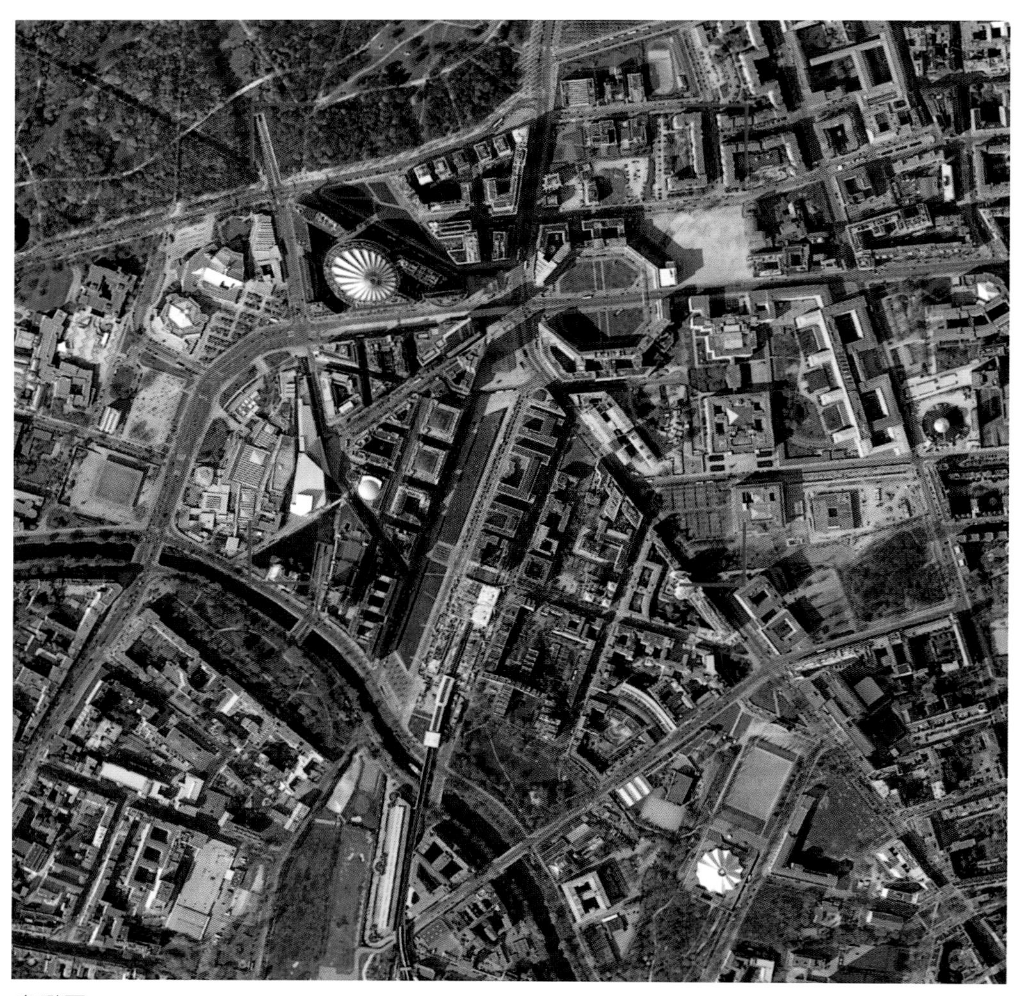

鸟瞰图1：10000

建筑类型

该项目体量大，并细分为次级区域规划，还有多种多样的土地使用情况，这就使建筑类型具有极大的混合性。正如在其他具有可比性的项目中，在调配大型建筑项目的需求方面，以及创建基于传统灵感的城市结构之间，有些许紧张感。除了北部的伦内三角地带（Lenne Triangle）和莱比锡广场以外，规划方案是基于巨大街区的积累。这些街区规划保存了相当适度的维度，并从表面上怀念了柏林的历史街区，但缺乏任何土地细分及界墙，有意遵循了一种完全不同的内在逻辑。

其中最典型的规划案例是索尼中心（2000）区块。一方面，这一巨大的区块拥有一个开放的有顶棚的庭院，这是市集广场的现代版本；另一方面，在波茨坦广场购物廊（1998）附近聚集了一些地块。这些建筑元素被构想成有许多侧面出口的有顶棚街道，其存在也是奥斯瓦尔德•马提亚斯•昂格尔斯（Oswald Mathias Ungers）从进一步参与波茨坦广场规划项目中退出的原因。作为德国著名建筑师之一，这样的建筑元素意味着规划采用了一种不恰当的美国化及商业化开发模式，这和建筑师本人构建柏林新统一中心的理念格格不入。

这种项目和城市形态之间的紧张状态也转移到了建筑师们对于外立面设计的

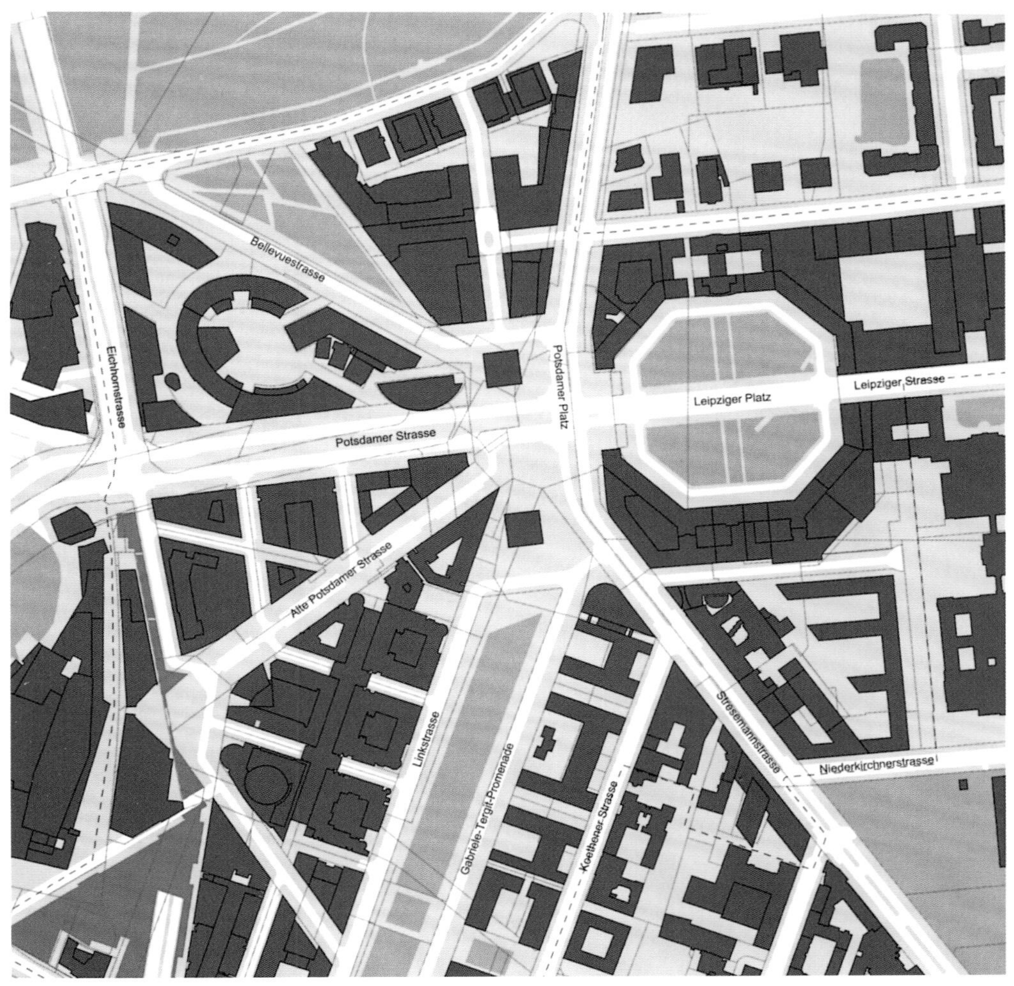

城市规划图1：5000

选择上。大部分建筑师采用了以石头为主要材质以及封闭曲面的设计指导原则，沉浸于对格拉西（Giorgio Grassi）和汉斯•克尔霍夫（Hans Kollhoff）的新古典主义的冥思苦想中。而另一些建筑师，如理查德•罗杰斯（Richard Rogers）和赫尔穆特•杨（Helmut Jahn），激越地忽视了“批判性重建”这一由柏林规划总监汉斯•斯蒂曼（Hans Stimmann）宣扬的理念。他们也试图通过高科技元素和更多地使用玻璃及金属来规避这一理念。对于风格的讨论持续了若干年，这种争议也体现在了附近的巴黎广场（Pariser Platz）重建项目上。以下两种风格建筑之间产生了激烈的冲突：由Patzschke，Klotz & Partner操刀的著名的阿德隆大酒店（1997）仿古重建工程，以及由摩尔•卢比•扬代尔（Moore Ruble Yudell）设计的具有后现代主义典范的美国大使馆新馆（1995年中标，2008年投入使用），与弗兰克•盖里设计的DG银行大楼（2001），以及君特•贝尼斯（Gunter Behnisch）设计的最令人瞩目的艺术学院（2005）。

小　结

这个声明显赫的项目所采用的大规模方法和柏林当时的房地产市场状况大相径庭。有趣的是，项目的西部边界成为了一

左图：拜斯海姆中心两栋大楼（2010年完工）以及火车和地铁站入口。

中图：莱比锡广场12号楼效果图。由于法律方面的问题以及早期开发波茨坦广场楼面面积供应量过大，莱比锡广场的地块销售时间远远长于市政府预期时间。

下图：由Architekturburo Pechtold及NPS Tchoban Voss设计的莱比锡广场12号楼一层平面图，其坐落在声名显赫的维尔特海姆百货商场（Wertheim）原址上。这座集零售和办公于一体的综合建筑是波茨坦广场总体规划的关键部分，在2013年开业。

些重量级大公司市场营销的对决之地，特别是戴姆勒-奔驰公司和索尼公司。而国际上号召关注莱比锡广场这样的小地块，并没有在若干年里带来任何经济上可行的提议，这和投资者在核心业务领域并非职业地产商的事实不无关系，而且实际上他们在过去几年里将股份卖掉了。对于投资者来说，营销机会及政治立场基本上与其微薄的物质回报价值同等。营销现象以前是现在仍然是柏林市不能预料但非常重要的利益，比如在过去20多年里，柏林经历了旅游业的大发展。若干年来，每个到访柏林的游客必去之地就是莱比锡广场上的红色信息亭，即一个展示该区域未来变化的公共设施。

因为平均容积率（FAR）超过了5，波茨坦广场现在不能作为经济还十分疲软的德国首都其他开发项目的表率。这一情况因汉斯•克尔霍夫（Hans Kollhoff）为亚历山大广场高层建筑所做的总体规划长期不断地遇到问题而凸

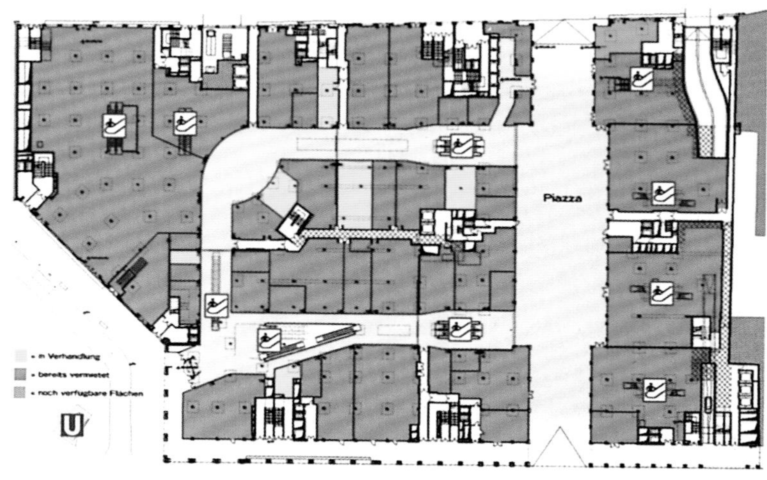

上图：理查德•罗杰斯设计的三个未来主义街区，作为德比规划（1999）的一部分。

左图：伦佐•皮亚诺的波茨坦广场（1988）购物中心内部，设计为带顶棚的步行街。

由Gabriele-Tergit-Promenade区域望向由乔治•格拉西进行总体规划的Kolonnaden公园开发项目。

左下图：伦内（Lenne）三角地带，Tiergarten公园在其左侧，赫尔穆特•杨设计的索尼中心（2000）在其右侧。

右下图：由赫尔穆特•杨设计的索尼中心内景。

显。该项目的密度野心不小，可以和波茨坦广场相提并论。其更为依赖德国建筑所界定的高层建筑类型，并对自然采光要求较高，这样不容易进行节约成本的建设。大型开发公司直到现在也不愿意进行投资，规划部门开始研究新的开发策略，其中私人实业家发挥了越来越大的作用。一个知名度较高的范例是宪兵广场（Hausvogteiplatz）附近的联排别墅项目，距离柏林御林广场（Gendermenmarkt）仅仅300米处的一些前城市区块已被细分为小条块土地。这些地块在被拍卖后为个体家庭提供了联排房屋中独门独户的房屋。这些类似的项目表明，在一个疲软的市场里，住宅项目比商业项目具有更大的灵活性。尽管一些投资者曾认为波茨坦广场上占20%的住宅用地量比例过高，然而，现在事实证明这部分用地是整个项目中经济收益最为成功的部分。

下一页：从莱比锡广场上看向波茨坦广场上的三栋主要高层建筑。

So
bequem
kann
großes
Kino
sein.
DB
DER NEUE KIA

科尔希斯特费尔德

地点：德国波茨坦德雷维茨
年代：1989—1997
面积：58.7 公顷（145 英亩）

容积率：0.73
居住人口：5000
混合用途：46%住宅楼，30%商务园区（待开发），22%公共便利设施，2%零售业及餐饮业

作为东西德统一时东德最大的住宅项目，科尔希斯特费尔德开发项目拥有重要且具有象征意义的地位。这个项目显然带有对传统城市主义的敬意，在如何运作中等密度单元楼建筑类型方面，其也是最为全面且成功的范例。

在1989年柏林墙被推倒后，波茨坦市作为勃兰登堡联邦政府的首府，预测该市有10000个住宅单元的需求。即使在两德统一之前，位于德维兹东南部分区的科尔希斯特费尔德区就被设计成建房的合适区域，也是“Plattenbausiedlung”项目的第二阶段并位于该项目北侧。“Plattenbau”意为“板式建筑”，这是一种在东德广为应用的建筑类型，主要是由一个预制平板体系组装而成的多层板式住宅。由于全国范围内在思维意识上忽略内城核心部分，所以上述板式建筑比西方国家中同类型的开发建筑享有更高的社会地位。这些建筑往往是能够提供现代化舒适生活的唯一选择，并且为大规模人口提供了住房。东西德统一后，可供选择的多种住房设计方案快速汇集，上述住房状况很快受到了挑战。因此，德维兹1号区域的扩展项目“siedlung”（定居点）仍为板式城市规划主义，就很难成为统一后的德国，即具有光辉未来的新德国的合适住宅象征了。

来自西柏林的开发公司Groth+Graalfs公司（现在的Groth Gruppe）很快领悟了这场激变带来的机遇，并在波茨坦市优先购买

权的帮助下，从80个小土地所有者手中购得以前的农业用地。波茨坦市本身已经拥有该地区约10%的土地。在整个购买过程末期，Groth+Graalfs公司是58.7公顷区域土地的唯一所有者。该公司还签署了一份合同，在合同中同意在1997年前为约10000名新居民建设2800套公寓。最重要的是，波茨坦市保证回馈一部分资金主要用于建设公民可以买得起的公益性住房，只有450套住房是商品房。这些资金的融资渠道并非来自当地财政，而是基于联邦法律。德国统一后，为了尽快为民众提供住房，并支持经济较为薄弱的原东德各州的建筑部门，通过了上述联邦法律。除了大量住房津贴（该项目的关键）以外，波茨坦市政府投资新建一条有轨电车线路，从而构建公共连接线，同时承诺建设新区的公共便利设施。

值得一提的是波茨坦市作为拥有15万人口的一州首府，在东西德统一后与东德的其他城市相比拥有更为特殊的地位。这不仅因为波茨坦市是普鲁士王国的皇室所在地，拥有众多历史古迹，如无忧宫（Sanssouci）及其花园，而且因为其邻近柏林，即德国的旧都和新都。因此波茨坦可以被视为拥有自有经济，特别在科学技术的发展方面，具有地方特色的独立地区，也可以被视为距离柏林仅仅20千米（12英里）的曾经的皇室离宫，相当于凡尔赛之于法国，里士满之于英国。该市的北部更有皇家风范，更为富有，而南部相对来说较为贫穷，不如北部建设得好。

科尔希斯特费尔德开发前的鸟瞰图。开发地点右侧为德雷维兹1号居住地，左侧为德雷维兹的历史村落。

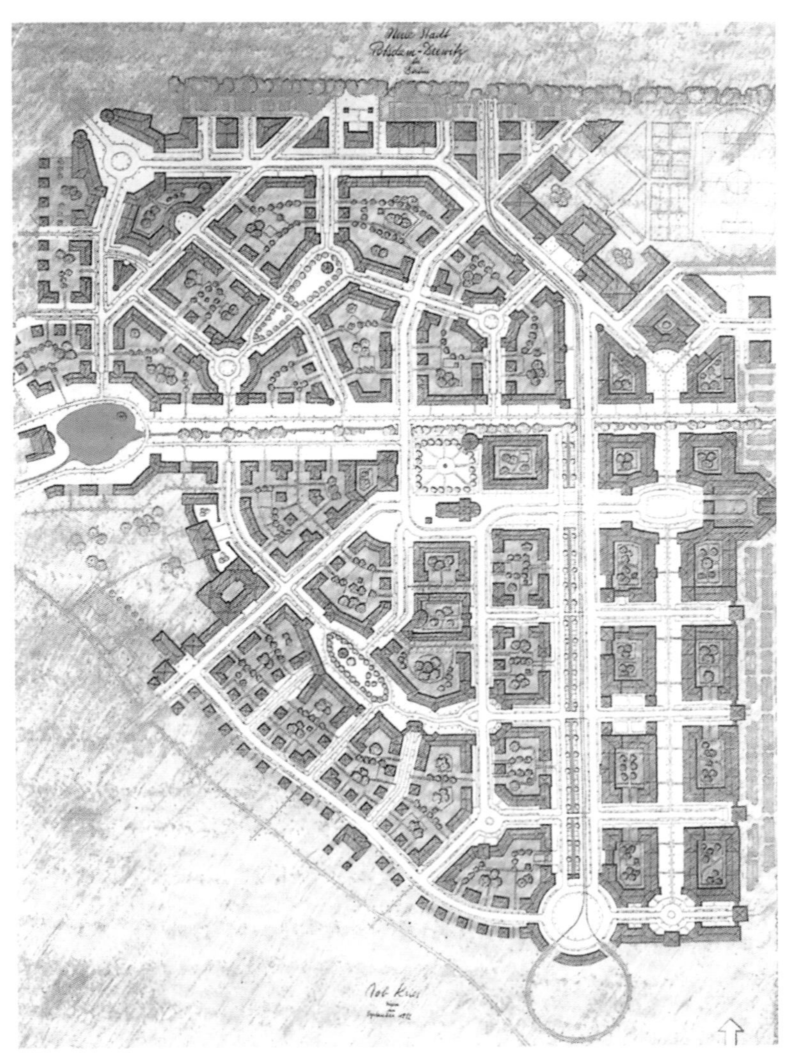

科尔希斯特费尔德地区手绘的总体规划图。该区域东部的商业区域还没有进行建设。

项目组织/团队结构

根据德国法律，只有建筑许可符合开发规划才能被准许通过，并且开发规划经过当地权威机构的详细构思并得到了采纳（详见波茨坦广场的案例研究）。因为东西德统一后的特殊环境，尤其对住房的迫切要求而又缺乏此类规划，所以一般的规划进程必须被人为加速。私人开发商Groth+Graafs在获得土地后很快组织了专家研讨会，其中包括受邀的六名建筑师以及波茨坦项目规划的参与者。该规划的理念是加快进度构建城市景象，并避免利益集团之间可能产生的对抗局面，从而导致一些政治瓶颈。经过三个月和数个阶段，罗伯•克里尔（Rob Krier）和克里斯托弗•科尔（Christopher Kohl）的工作室（KK建筑师事务所）继续进行了城市规划的细节化处理。为了开发者最初的承诺，所有其他专家组成员都参与了未来要进行总体规划的地块的建筑设计活动。

和波茨坦广场规划案例相似的是，该区域规划转变了具有历史目的性的规划逻辑。该城市的官方规划方案是基于私人委任的规划研究，对建筑高度、密度、建筑用途以及建筑相对于街道的大概位置进行了规定。现在这是一项普通工作，但其并非由城市规划服务部门完成，而是由专业化的第三方完成，即柏林货运公司（FPB）。像总体规划者一样，这些工作由Groth+Graafs工作室支付工资。开发计划和总体规划同时进行，导致了这两个要素比以往任何项目都更为密切相关。

由于客户同意，设计工作室参与者增加了其他建筑活动，其中每个参与者都会收到涉及建设地块的指导方案，这是克里尔和科尔工作室设计规划活动中所构建的

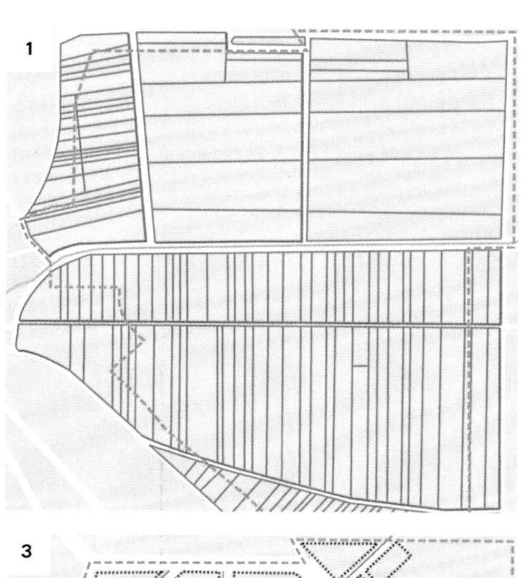

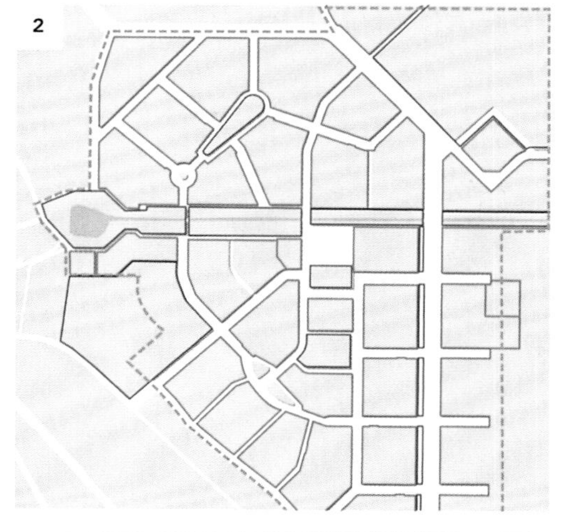

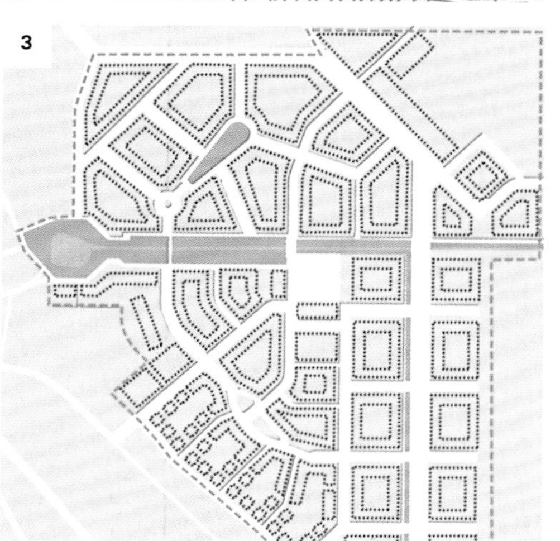

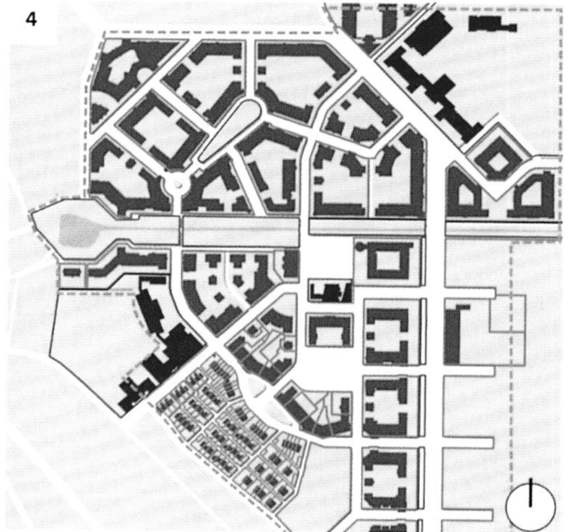

1 干预前的状况。

2 开发后地块细分及单个地块的所有权情况。

3 建筑围护的总体规划方案。

4 最终状态。

过程图

指导方案。总共有24个团队参与这个漫长的规划过程中，他们代表了广泛的建筑风格。对于该项目的城市连贯性最为重要的一点，也对于克里尔和科尔工作室的设计理念至关重要的是，将大块街区细分成小块土地，并单独进行规划设计的决定。而唯一不符合这一规则的例外是两个由SOM（Skidmore，Owings and Merrill） 及KPF（Kohn Pedersen Fox）工作室——两家最大的设计公司——建设的中心地块，这两家事务所都以不承建小规模住宅项目而知名。这两家事务所说服客户允许他们大胆应用其设计理念，并在体量上和波茨坦广场规划项目的城市逻辑旗鼓相当。

城市形态/连通性

建筑师和城市规划师克里尔深深眷顾传统城市主义的价值观，并有时被理解为后现代主义者，他为1984—1987年的柏林建筑展设计的劳赫街住宅项目（Rauchstrasse Scheme）蜚声国际。他也为同一位开发商在动物园地块进行了总体规划，规划中有9栋大型公寓别墅，其总体规划得到了著名建筑师的采用，如汉斯•霍莱茵（Hans Hollein）、格拉西（Giorgio Grassi）、阿尔多•罗西（Aldo Rossi）及克里尔（Rob Krier）本人。

对于科尔希斯特费尔德规划设计的分析，从最初的专家组草图到官方正式规划图显示了一种调整，即从具有一定争议的带有中世纪特色的大密度建筑规划，调整为街道相当宽阔，庭院相当开阔的采光性和通透性更好的布局形式。为了改善宜居性，人们缓解了开阔的广场和狭窄的街巷以及紧凑的建筑街区之间的空间压力，这种压力被削弱了。如果人们快速浏览新区规划鸟瞰图，并将新区和临近历史性村镇或者波茨坦的历史中心进行比较的话，人们就会清楚地发现新区的外形本质上是

上图：主广场景观，左侧为奥古斯都•罗马诺•布莱利（Augusto Romano Burelli）设计的和谐教堂（Church of Reconciliation，1997）。正前方的建筑由克里尔&科尔工作室设计。该广场往往被用作停车场，也可以被转换成集市。

下图：克拉拉•舒曼大街景观，中央为SOM设计的住宅塔楼（1997），其右侧为大型住宅区并附带一层的零售商店。

克里尔 & 科尔工作室设计了所有罗德尔（Rondell，1995）街区的建筑，设计中强调了一种建筑效果和对称性。

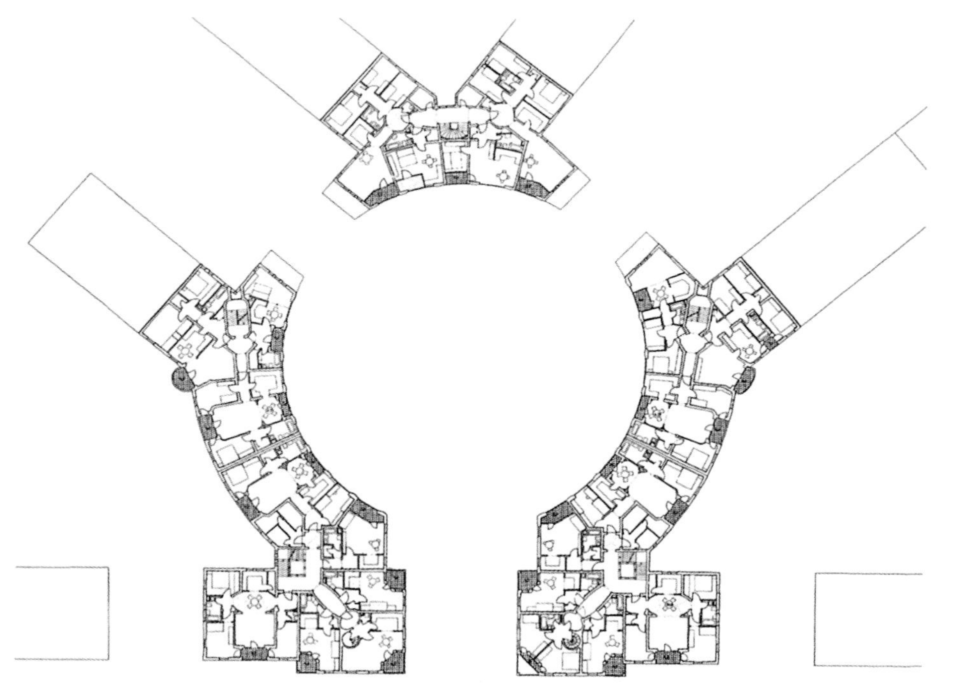

克里尔 & 科尔工作室设计的罗德尔街区建筑规划图。

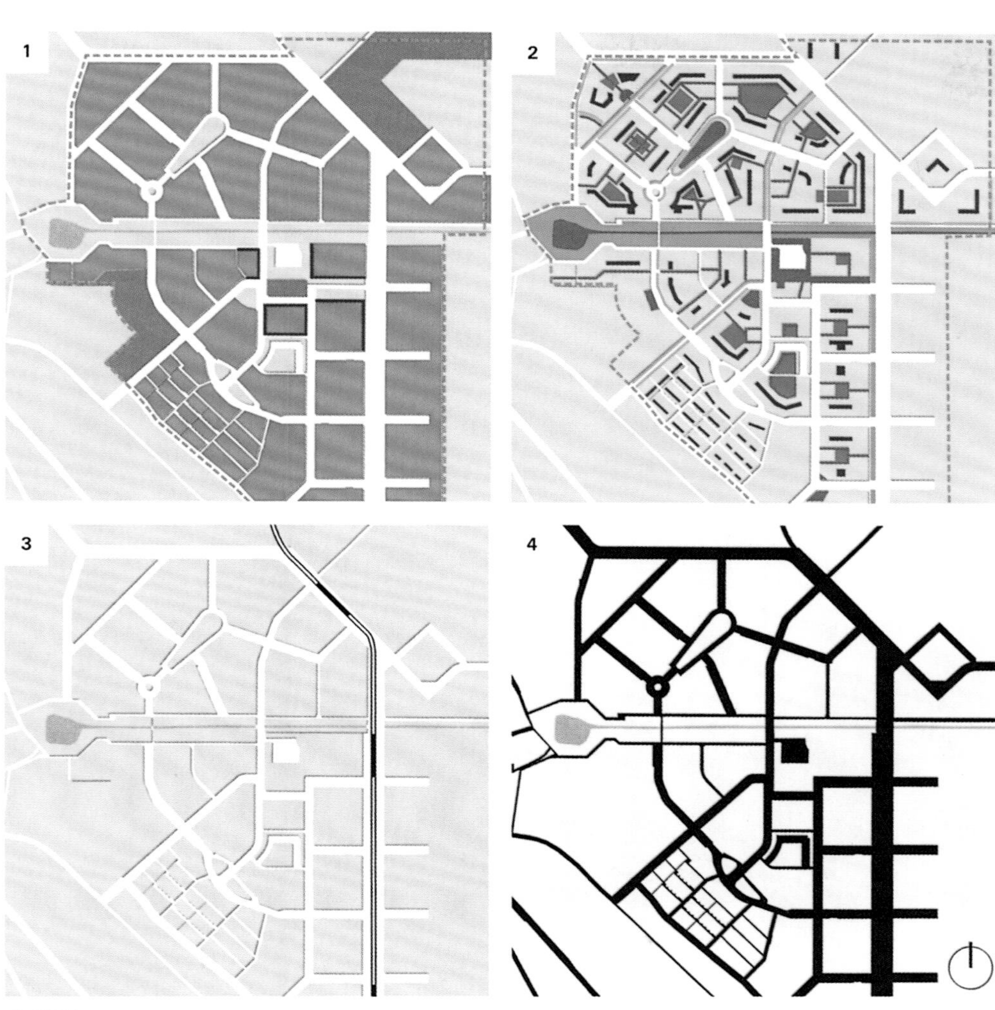

分析图

1 建筑用途

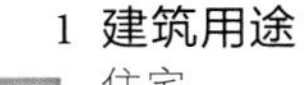

- 住宅
- 办公
- 混合使用
- 娱乐/体育
- 公共便利设施
- 交通
- 购物
- 一层的零售和餐饮业
- H 旅馆

2 绿地

- 绿地：公共/集体/私人
- 路边植被/绿色小径
- 步道
- 公共广场

3 交通

- R 轨道：地面轨道/换乘站
- U 地铁
- BUS 公交
- 电车

4 街道网络

新型城市主义，一种高密度的现代花园城市，而不是对传统城镇进行改造的结果。特别有趣的是，人们有机会通过两种途径感受新区：沿着新区的街道漫步或者如乡村远足般前往风景如画的庭院。另外，在几何集合体和笛卡儿式几何体中引入了曲线元素，在建筑上相当不同凡响，但是在实践方面确实具有典型性。当人们看到规划时，很难不想到卡米洛•西特（Camillo Sitte）的作品。他也是《城市建设艺术：遵循艺术原则进行城市建设》（1889）的作者，他是将传统城市空间的形态（经历了漫长时间形成的形态）运用到现代城市规划中的先驱。

新区项目的一部分是丰富的混合使用建筑，其中不仅包括住宅，还有两所学校、三所幼儿园及零售业商业建筑。新区和弗莱堡的沃邦区（见沃邦居住区规划案例研究）规划相似，都是有意规划在高速公路边上，并作为新城市中心和拥堵的公路之间的缓冲区域。该区域作为规划项目中唯一的修改部分，也是经济相对疲软的区域，一直以来都没有被开发过。为科尔希斯特费尔德区构建专用高速公路出口，恢复了人们对该区域的开发兴趣。附近修建的大型购物中心，即斯特恩购物中心（Stern Center），不利于对该区域的商业开发，因为其不仅吸引投资离开了科尔希斯特费尔德区，而且离开了波茨坦市中心。

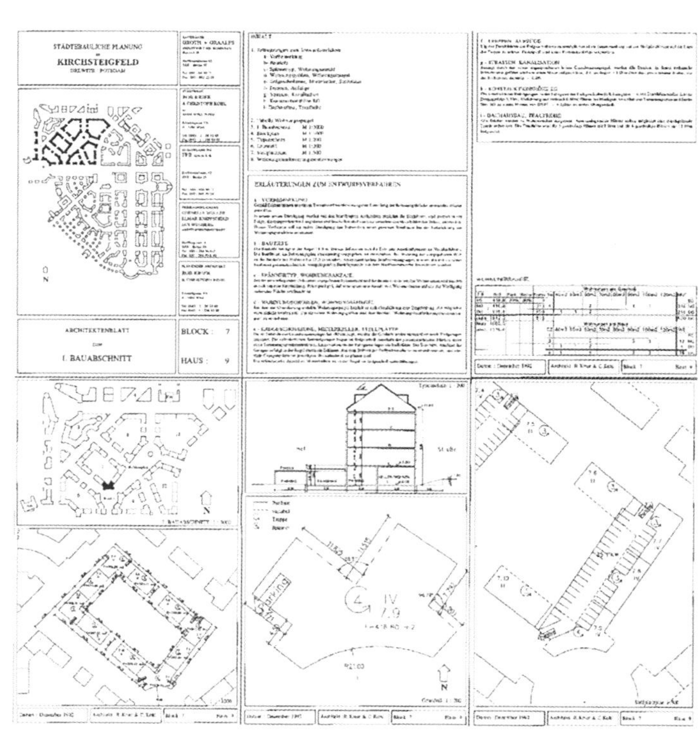

右图：Am Hirtengraben主要东西中轴线的开发景观。

上一页上图：有轨电车站建设在接近于市镇中心和教堂的位置。车站后部区域被计划开发成商业园区，但是现在这片区域还是空地。

上一页下图：总体规划者提供给执行规划建设的建筑师的数据图表范例。这种数据图表规定了每个部门、街区和地块的设计宗旨。

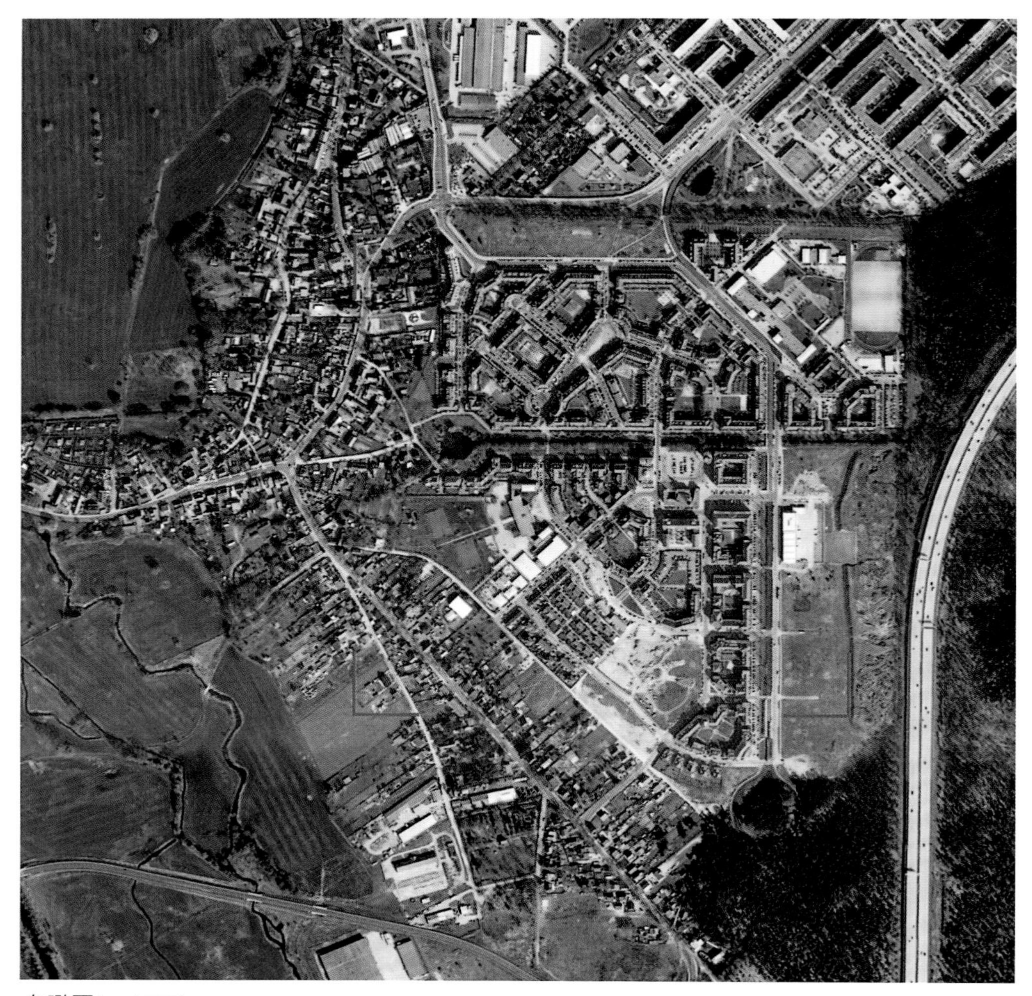

鸟瞰图1：10000

建筑类型

对科尔希斯特费尔德区的研究产生了有关城郊多住户住宅，尤其是面向中产阶级家庭和私人产权住宅的吸引力这样的问题。毫无疑问的是，如果没有慷慨的公共补贴，这样的项目可能就无法被启动。因此，一块地产在联邦津贴到期之前因没有产生效益而被开发商卖掉，最终在其上建设出标准的家庭式联排房屋，并成为了城郊房地产市场的标志，这具有一定启示性，但也令人失望。这种建筑和城市范例的突然变化表明了在城市核心区之外，似乎只有私人住宅具有足够的吸引力来获得有可行的价格。这也可以解释为何一些具有可比性的私人项目，特别是位于美国和荷兰的私人项目，为了弥补公共津贴的缺失而产生额外的价值，因此以建设为核心并在拓展市场方面更为野心勃勃。只有通过增加公寓建筑密度才能建设适宜步行的环境、优美的风景以及区域零售业设施，而所有这些还没有说服最大的目标客户群。市场中最主要的客户，也就是不依赖最廉价产品，但是也不能支付最奢华的产品，这群人往往喜爱独立式房屋并拥有不大不小的私人花园。在过去的25年里，内城复兴运动中人们在相当程度上接受了公寓式生活，但是这种情况只适用于中心城区。独门独户的房屋不能被盲目否认，但

城市规划图1：5000

是对生态环境的关切不断升温，降低汽车依赖度的开发目标引发了人们的质疑：这种低密度房屋对生态环境的影响。有一点可以确定的是：独门独户的城郊房屋通过公共注资建设其不可或缺的公路交通网，来间接获得了投资。

小 结

在本研究范围中，人们意识到一些具有可比性的项目，在组织计划和资助背景方面具有城市规划的对立性，例如史岱文森镇，这是具有讽刺意义的。其中有两种规划方案都由一个私人公司执行。这两个方案都有公共投资的辅助，并且都扩容了可支付租赁住房的市场，也都长期归属于一个业主；然而，一个方案代表了欧洲新城市主义，另一个则是美国朴素的城市主义的范例。这种比较显然隐藏在城市密度和城市环境方面的差异中，这也清楚地显示了开发过程能够影响设计，并向设计提供资讯，但是设计不能被视为开发过程的直接结果。在科尔希斯特费尔德区这个案例中，有两个原因可以解释二战后该区域规划原则中的大转变。第一个原因仅仅和不同的城市规划目标有关，即重新发现界限明晰的街道空间，重新发现公共街道和社区庭院之间的紧张感，是繁荣和有吸引力的城市生活的重要组成部分。第二个

右图：科尔希斯特费尔德区西北部最大的庭院之一。该处庭院风景优美，向公众开放。庭院住户的停车位被巧妙地融入房屋设计之中。

下图：从同一庭院内望向西北部的景观。庭院有数条小径连接周围主要街道，也是穿越整片区域的其他途径。

左图：SOM设计的住宅项目中升高的庭院景观。这片住宅体块是整个区域最大的建筑，和其他体块不同之处在于，其没有被细分为单独的小建筑体块。

上图：曲线平面衔接了建筑元素和城市形态。这栋建筑标志景观轴线的终结，人们可以从一层穿越整栋建筑。

下图：科尔希斯特费尔德区和德雷威姿镇交界的西部边界。

原因和人员组织结构相关，即上文提到的总体规划师和建筑师之间的严重分割。有趣的是，想象一下，史岱文森镇如何由24个不同的建筑师团队开发，而这样如何挑战了总体规划的严格统一性。人们常常将科尔希斯特费尔德区和同时期柏林的新卡罗区（由建筑规划师穆尔•卢布•尤代尔开发，是德国新城市主义的典范，见巴特利公园城的案例研究）相提并论。而在前者的案例中，为了在审美上平衡大规模规划方法带来的结果，多个建筑师进行复杂合作显示了零碎设计开发过程是如何在人们的努力下完成的。

斯庞恩

地点：荷兰鹿特丹德夫哈芬
年代：1913—1922
面积：64 公顷（158 英亩）

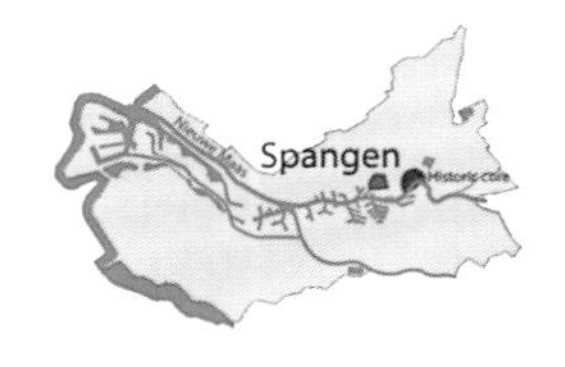

容积率：0.86
居住人口：9800
混合用途：主要是住宅区，拥有一家足球场、一些零售店和几所学校

斯庞恩主要因建筑设计师米希尔布·林克曼（Michiel Brinkman）设计的贾斯特斯·万·埃芬（Justus van Effen）综合设施和美术画廊而闻名，它也因城市设计而吸引人。它是荷兰首批社会住房开发地之一，见证了大规模规划和受传统影响的城市形态之间持续的紧张状态。

像荷兰的许多其他城市一样，鹿特丹在19世纪末也经历了人口爆炸，1850—1900年期间人口从9万增长到32万多。早在19世纪40年代初，住房严重短缺，这时的一场疟疾大流行暴露了人们居住条件的残酷现实。但开发商置若罔闻的态度制约了问题的解决，这个问题直到20世纪初市政府才开始着手解决。像阿姆斯特丹的德派普（De Pijp）的案例一样（见萨珐蒂公园案例研究），希望私人开发公司能提供好的解决办法，但事实证明并不是那样的。在德派普和很多其他的地区，房屋出租包括地下室导致过度拥挤，房屋紧邻而不能通风是很普遍的，以前大量空置街区的内部空间被建成了公寓。自1818年在荷兰存在的住房协会，像慈善协会一样，50年来这些协会对市场的影响微乎其微。

1887年官方最终对住房严重短缺这一问题做了科学调查，报告中提出要在1894年和1896年做出重大改善和提高。在其他措施中，报告建议以低利率贷款给建筑协会并提供廉价土地，确定建筑条例和贫民区拆除的土地征用使用权。这些建议很大程度上受英国模式和1890年英国工人阶级住房法案的启发。1901年皇家最终接受荷兰住房法案，于1902年予以批准。这份

法案不仅包括建筑条例，还涉及卫生、用火安全和污水处理，而且为了更多开发商参与，鼓励成立更多的建筑协会和合作协会。这些协会随后可以通过市政当局申请优惠的国有抵押贷款，能提供比私人市场更舒适的住房，并且价格较低。尽管提高了主动性，也给国家层面增加了压力，但更重要的是新条例和政策最后的决策依然由市民决定。例如在鹿特丹，尽管有国家的指导方针，但有影响力的开发商抗议建设凹室，工程推迟到1937年。

与城市规划相关的住房法案另一重要因素，要求行政区居民超过10000人以上，或者在过去的5年多时间里居住人口增长率超过20%的行政区，起草每10年更新的扩建方案。不像1866年由雅克布斯•范•尼福特里克（Jacobus van Niftrik）为阿姆斯特丹体做的提案（见萨珐蒂公园案例研究），这些草案必须综合覆盖行政区的全部地域。草案中的观点在城市规划历史上尤为著名，由此荷兰成为这个领域的先驱之一。虽然住房法案中上面提及的干预措施并没有立即付诸实施，而是一直等到第一次世界大战结束，荷兰在建筑条例和社会住房方面相对落后，而很多周边区域的规划却很超前。

项目组织/团队结构

鹿特丹首批公有住房建设提出在斯庞恩5个位置进行，出于很多现实原因，工程部最后选择了斯庞恩：这个地方隶属鹿特丹市，因此在征用手续上不需要额外的时间和财力。它位于德夫哈芬区，德夫哈芬是德夫市的港口，1811年成为一个独立的行政区，1886年鹿特丹合并了它。除了和鹿特丹港口相对距离较近以外，斯庞恩并没有人看好，在它附近根本没有建筑物，这片地区甚至没有和城市核心（运河东部）相连接。1924年在修建大桥之前，斯庞恩首批入驻的居民必须乘轮渡过河，它的别名叫凹陷地，因它是围海建的，位于海平面以下并由多个海堤围绕。其中一个海堤建于20世纪初，修建的轨道线把这个港口和地区轨道网连接起来。在城市决定建新住宅区时，建造之前决定不提升低洼地势，因为以前把农业用地变成建设用地通常要提升原有低洼地。这个决定不仅节

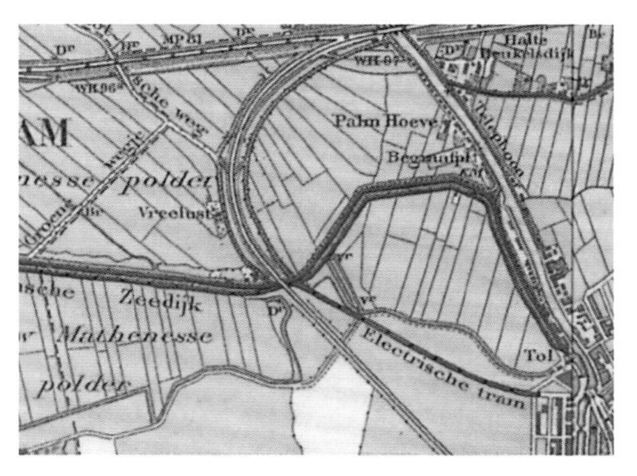

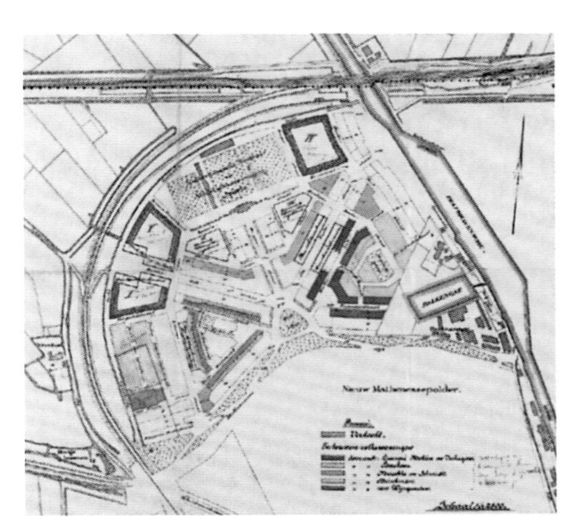

上图：1901年的区域图。

中图：1915年彼得•费尔哈亨的总体规划图。

下图：1918年的规划中标明不同建筑公司的分布。

约了资本，而且大大地加快了施工建设时间表。尽管需要不断抽出低洼地的海水，但也意味着新地区更加凸显社会地位相对低，像低洼地而非提升地域。在这点上更值得一提的是，在斯庞恩建住房不是为穷人而建的，而是为职位低的公务员和技术工人而建的。

市政工程部主任亚拉伯翰•克尼利斯•博格德坲（Abraham Cornelius Burgorffer）聘请年轻的建筑师彼得•费尔哈亨（Pieter Verhagen）为城市设计师。自从1913年博格德坲上任之日起，为斯庞恩草拟了几个方案，这些并不是首批规划方案。博格德坲的前任盖立特•德•乔夫（Gerrit de Jongh）在1903年第一次进行城市综合扩建规划时，就草拟了一份非常粗略的街区结构图。费尔哈亨的最终方案把斯庞恩环状规划分成了4个部分，成为团队设计师们进一步设计的框架图。设计团队的成员包括：米歇尔•布林克曼（Michiel Brinkman）、范•文歌登（van Wjngaarden）、迈斯施克和施密特（Meischke & Schmidt）、皮特•布斯肯斯（Piet Buskens）和费尔哈亨本人。他的事务所成立于1916年，合伙人是马里纳斯•让•格兰珀莱•莫里哀（Marinus Jan Granpre Moliere）。这些规划中，奥德（JJP Oud）和罗格曼（DB Logemann）是各自独立

1 干预前的情景。

2 重建后地块细分和所有权。

3 维护结构的总体规划。

4 最终状态。

过程图

的，因为他们是在主任奥古斯特•普拉特（August Plate）的领导下直接为市住房部工作，而不是为新成立的独立住房协会工作。在1918—1933年期间，作为市政总建筑师的奥德，在城市建筑史上拥有特别的影响力。费尔哈亨在城市规施划中制定了街道的网络图和基本围护结构，但对于城市内部的布局和外观上的一些细节，他为每位设计师留下了相当大的创造空间。为了避免过于单调，他通常把楼群至少再分成两部分，每一部分安排不同的建筑师去设计和规划。

事实上，斯庞恩住房建筑结构比该地区的国际名誉要复杂的多，从其中之一的首批社会住房规划图可以看出。所有事情由公共部门启动，但实际建筑活动不仅交予住房协会，而且有私人投资者参与。住房协会它们本身是独立的非营利性单位，但有一些直接隶属于市政当局。

城市形态/连通性

斯庞恩的闻名天下且独一无二是因为奥德和布林克曼的建筑设计，而不是因费尔哈亨设计的城市规划，这表明斯庞恩的城市设计在当代历史上多么微乎其微。在1916—1950年期间，费尔哈亨和他的合伙人格兰珀莱•莫里哀及科克（Kok）对于荷兰乡村和城市的进一步发展设计了120多个

斯庞恩东部水面和通往市中心的风景。

草案。费尔哈亨的设计作品对于自然和建筑环境产生了重要的影响。荷兰有史以来的住宅密集和突出的易遭受洪水侵袭的问题成了考虑的中心，在荷兰不改变自然理念几乎是毫无意义的。美国哲学先驱梭罗（Thoreau）深深影响了费尔哈亨的设计理念。费尔哈亨认为保持文明和自然之间的和谐及可持续，而不是破坏二者之间的关系，这是自己义不容辞的职责。费尔哈亨的建筑设计总是从景观分析开始，努力去引导周边和沿途地貌的开发。斯庞恩蜿蜒的轨道线是它的特色，和阿姆斯特丹的萨珐蒂公园区形成了鲜明的对比，推翻原有的排水管道基本设计。现代规划的基本原则这一重要事实起源于开始大规模建造公有住房和建房土地由市政府拥有。和1903年德•容（de Jongh）初期的草图相比较，费尔哈亨的建设工地和周边环境方案以曲线和同心圆设计为基础，展现布局对称和多种视角，表达出公共住宅宏大的意图。在荷兰城市历史上尤其在阿姆斯特丹，这两个特点最与众不同。

左上图：非典型的工程图，出于资金和时间原因，建设施工之前地基并未垫高。

右上图：位于马赛斯维格的建筑群，在斯庞恩南部，综合用途，楼层稍高，并非根据费尔哈亨的最初规划而建。

下图：从南部一角看到的斯巴达足球场，于1916年建造，足球场东面和入口地面为了和市容相匹配而用砖镶贴地面。

1 建筑用途
- 住宅
- 办公
- 混合使用
- 娱乐/体育
- 公共便利设施
- 交通
- 购物
- 一层的零售和餐饮业
- H 旅馆

2 绿地
- 绿地：公共/集体/私人
- 路边植被/绿色小径
- 步道
- 公共广场

3 交通
- R 轨道：地面轨道/换乘站
- U 地铁
- BUS 公交
- 电车

4 街道网络

有着强劲影响力的亨利•柏图斯•贝尔拉赫（Hendrik Petrus Berlage），受到卡米洛•西特（Camillo Sitte）设计理念的启发。他的设计中楼群鳞次栉比，清晰划出开放空间。和贝尔拉赫设计阿姆斯特丹南站（Amsterdam Zuid）相比（见《城市住宅经典案例》，第244 ~ 249页），这点很相似。娱乐设施在居住区的后面，以此凸显住宅，因此他与奥德合作设计的两所学校坐落于住宅区的院落中。鉴于费用问题，当时这样的设计很普遍。斯巴达（Sparta）足球场也不例外，它的正门入口使用了居民楼砖建筑材料，即砖砌地面。贝尔拉赫的设计观点表明工程要体现

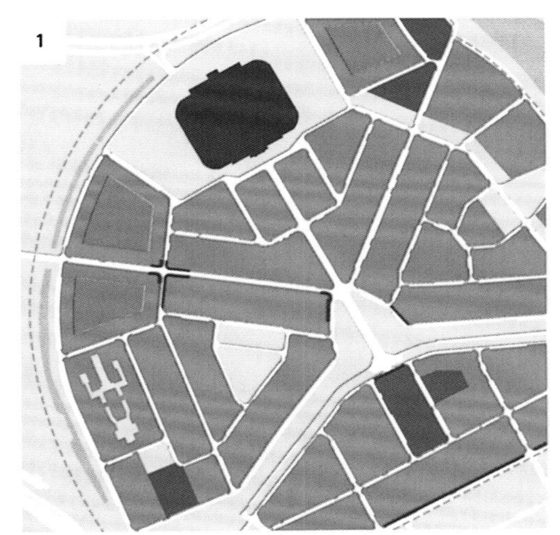

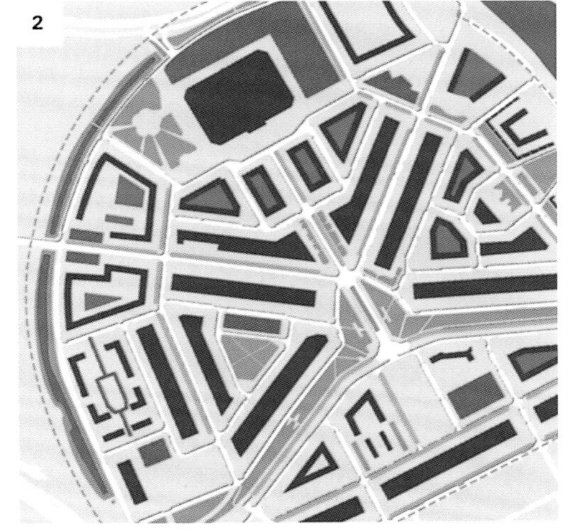

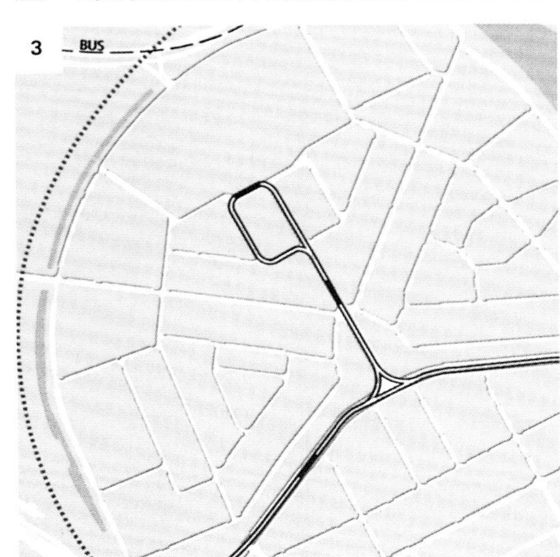

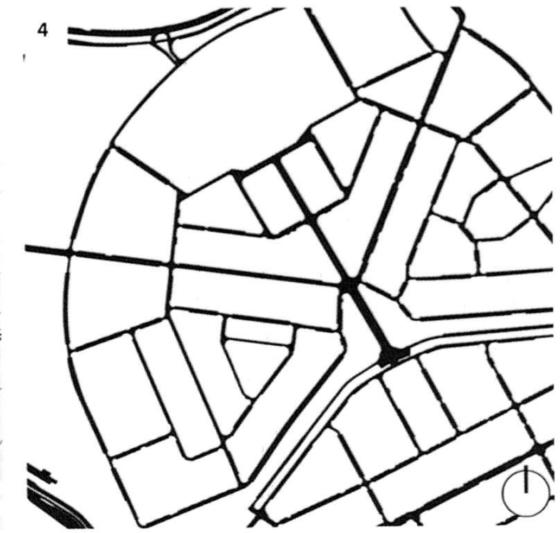

分析图

鸟瞰图1：10000

出它在社会中的重要性，通过使用历史上的象征主义手法表达尊严，而不是借助建筑设计的前卫方式。1910—1930年期间，学院派和风格派的讨论中，学院派常批评风格派过于传统。由于圆形和存在中心空间，比起德国的哲伦堡（Zeilenbau）或位于阿姆斯特丹博斯恩隆美尔区（Bos en Lommer）——是这种风格中首批荷兰规划方案之一，于1936年由梅尔克尔巴赫（Merkelbach）和卡斯滕（Karsten）设计——斯庞恩规划方案实际上更具文艺复兴城市的怀旧风格，更像由巴里•帕克（Barry Parker）和雷蒙德•昂温（Raymond Unwin）设计的位于伦敦北部的汉普斯特德花园（1906年开始建造）。

建筑类型

到目前为止，斯庞恩这个地区最重要的建筑杰作是布林克曼设计的贾斯斯特•范•埃文（Justus van Effen，1922）大楼。谈及布林克曼，他的建筑风格和前面提及的传统主义相关联。而事实上正是布林克曼引入了街区密闭式构筑风格，这一建造风格令人钦佩。决定建造一个大型住宅区，来取代两三个狭小街区，布林克曼能把空间充分展示出来。房屋前面借助几个大的开放空间，把内部结构向公众展开。奥德附近的正方形街区形成对比，学校位

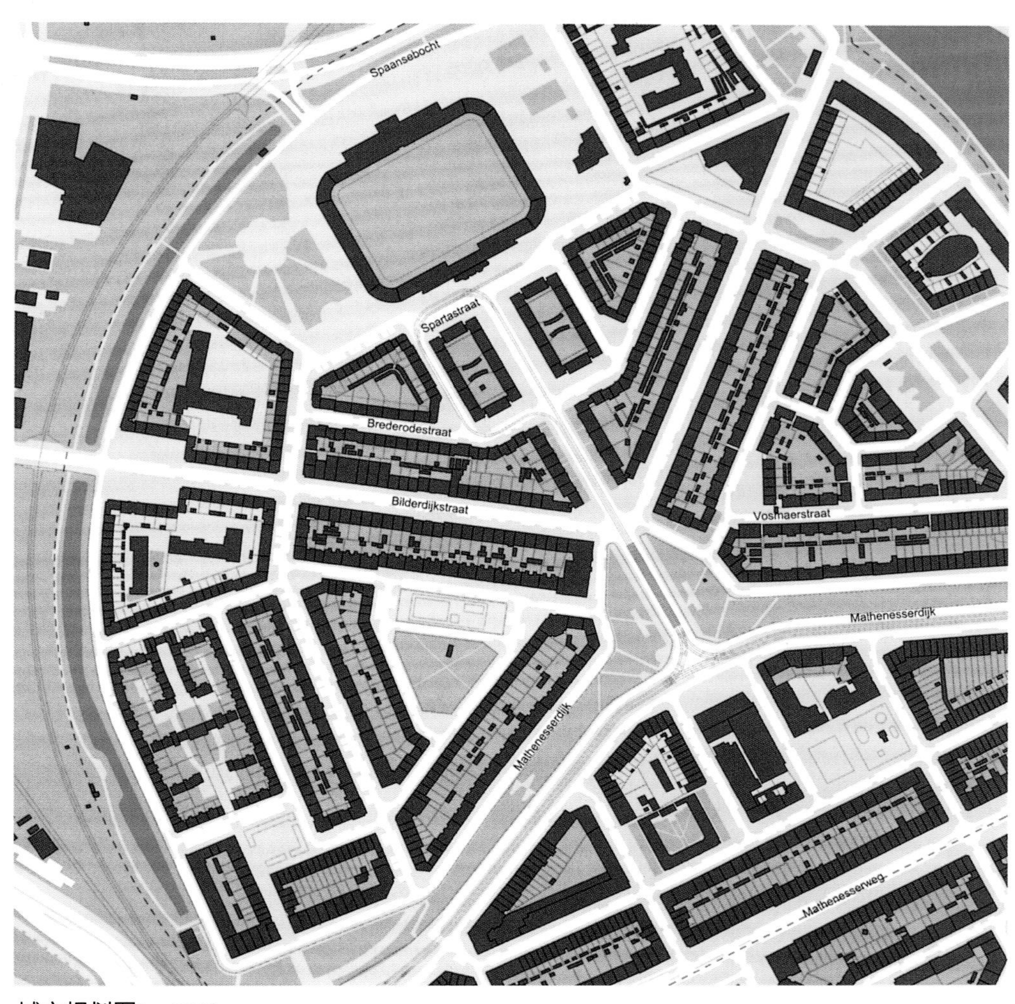

城市规划图1：5000

于其内部，空间狭小，并且使人想起19世纪街区的工业填充物。不是吹嘘，这些开发空间才是真正的设计理念。出于效率的原因，由私人开发的传统街区，像德派普的街区（见斯帕蒂公园案例研究），空间往往非常狭窄，没有公共的内部空间。像重复建造的英式连栋房屋一样，其剖面是由两个花园或后院组成的。斯庞恩规划的大量街区与同时期贝尔拉赫设计的阿姆斯特丹南站遵循的设计理念一样，即使住房协会拥有大量产权，但它在内部划分街区理论上已过时。

横向结构的重大变革伴随纵向规划方案的革新应运而生。以四层楼建筑为例，布林克曼通过在楼外二层增添开放走廊，拆除内部公共楼梯。基于重复建筑部分，每一部分由一层的两个入口组成。一个入口通过私人楼梯直接通向二层公寓，另一个入口通到一层，这两个入口最后都是到三层。四层没有入口，因为它是在四层楼的顶部，通过三层走廊可以到达。有趣的是，走廊主要通过一个单独的楼梯从街道进入，产生某种矛盾概念，造成与一层和二层公寓的层级结构，通过街区内部才能进入公寓一二层。庭院开放的绿地紧邻半公开走廊，它们作为私人花园，属于公寓一层和二层的住户，这样可以建立起个人责任感并鼓励居民维护它们。

左上图：斯潘塞堡奇（Spannsebocht）居民区和Bilderdijkstraat居民区交会处的广场，由奥德合作设计。

右上图：从广场通往住宅区里面的一所公立学校的入口。

规划方案突出走廊，令人回想到戈丁（J-B Godin）为吉斯（Guise）设计的工人之家（1856年）。工人之家是法国著名的慈善住房典范，但规划中并没有运用工人之家前卫的内部结构风格。在这种情况下，建筑外围的通气孔对走廊来讲是重要且不同寻常的细节之处，这些开孔把纵向结构与角落分开，以街区特性为代表重点强调开发板块。运用这些方法可以从走廊看到外面的风景，布林克曼创立空隙和识别感，与19世纪私人领地和公共领域相分离形成鲜明对比。

小　结

从现在的视角看，斯庞恩的建筑风格并未给人留下深刻的印象，这和20世纪六七十年代的社会衰落相关，那个时期斯庞恩是毒品交易的热点地区之一。同样重要的另一个问题是如何把大规模规划和开发与多样迷人的街景相结合。一方面，与贝尔拉赫设计的阿姆斯特丹南站相比较，作为大规模的社会住房规划，与上层建筑物的创新组合，使斯庞恩的项目显示出沉重感；另一方面，与荷兰传统的城市建筑构造相比而言，斯庞恩并列独立连排式住宅令人乏味。但这点不能单单归咎于过去20年里的经常修葺。即便贝尔拉赫之后的设计者们对于阿姆斯特丹南站的设计，在一定程度上通过认真设计砖结构的外立面，来努力解决这一问题，并任命更多的建筑师完成城市规划，但人为设计的多样性通过逐步开发不可能是自然的结果。斯庞恩财政上的紧缩更加突出这个问题。表现出这种城市化风格，既不是逐步拼接，也不是不朽的总体艺术。这表明接下去的几十年里，城市一致性经历着不断破裂，Zeilenbau城市化是程序化的形式（见史岱文森镇案例研究）。

因此，斯庞恩似乎向已创立的城市化告别，建筑综合使用不足，加剧了政治、社会要求与传统上对城市结构理解的冲突。本书中波茨坦的科尔希斯特费尔德区和里卡多•波菲尔（Richardo Bofill）设计的安提戈涅区（见单独的案例研究）显示对住房可选择的提议。斯庞恩工程提出更加精细的划分策略，关注设计过程。科

上图：斯庞恩东部沿着尼古拉斯•比斯特拉特（Nicolaas Beetsstraat）大街新发展起来的一个住宅区。

下图：在尼古拉斯•比斯特拉特和彼奇•沃尔夫斯特拉特（Betje Wolffstraat）大街之间的公共绿色广场。

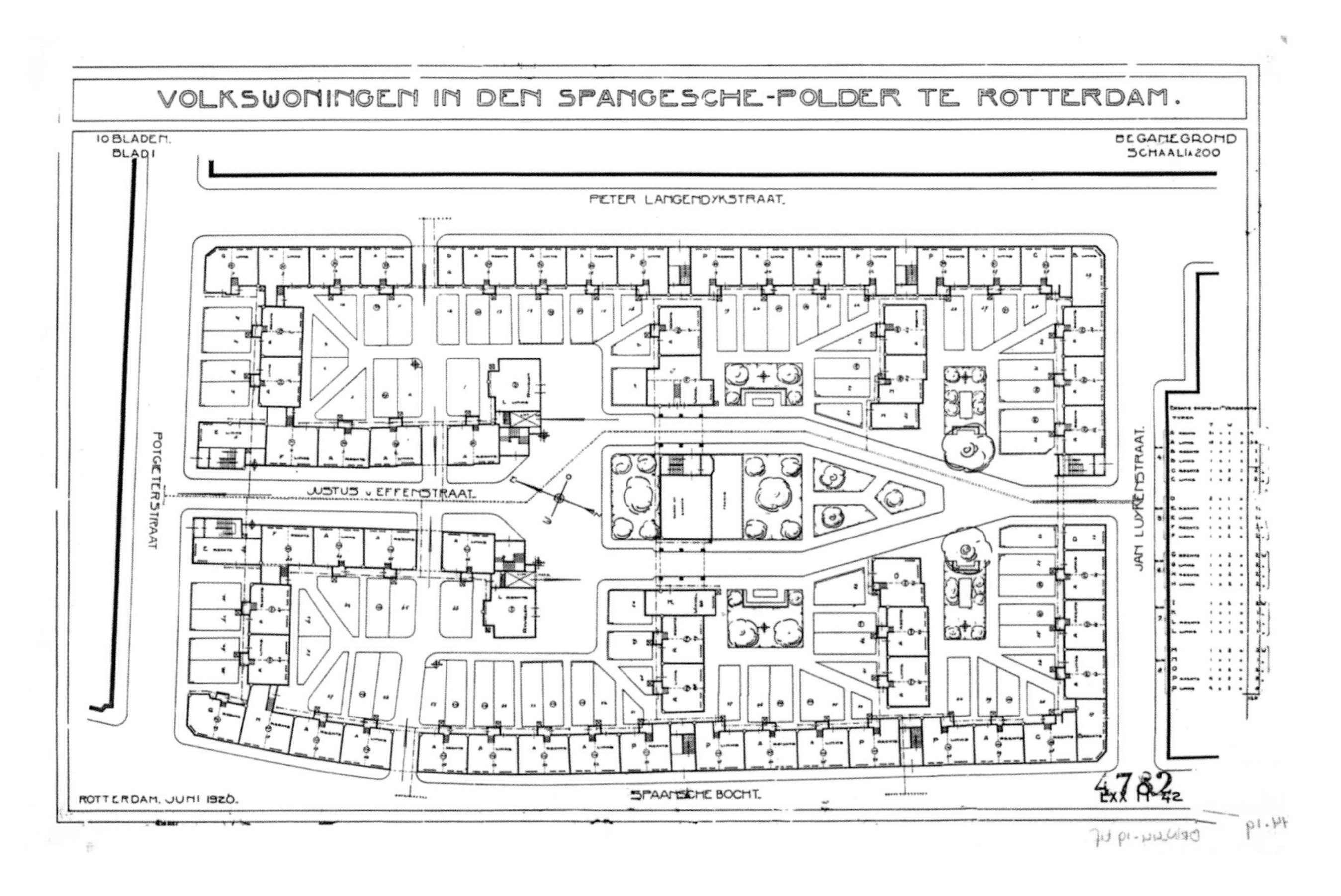

上图：米切尔•布林克曼（Michiel Brinkman）设计的贾斯特斯•范•埃芬大楼一层规划图。

下图：布林克曼设计的贾斯特斯•范•埃芬大楼的历史插图。

尔希斯特费尔德区和安提戈涅区作为充满活力的新古典主义，为公民提供尊严和社会秩序。人们不应忘记，在所有这些规划中，设计者——建筑师和/或城市规划专家——成为所有正式决策的驱动力。20世纪前的城市住宅结构不是由工匠和建筑商们建设开发的。斯庞恩作为首批社会化住房开发中的一个，它的历史重要性是探索大规模住房开发中宏大的建筑学科和城市规划学科。在随后的几十年里，两个学科应该分离还是合并，应该干预住房还是街区，问题一直悬而未决。

布林克曼设计的贾斯特斯•范•埃芬大楼砖结构立面图（1922）。

贝尔格雷维亚

地点：英国伦敦威斯敏斯特
年代：1812—1850
面积：80.9 公顷（200 英亩）

容积率：1.32
居住人口：6300
混合用途：47%办公，41%居住，12%零售和其他（这些数字不包括不再属于格罗夫纳地产公司的房屋所有权）

贝尔格雷维亚（Belgravia）自存在150多年来几乎从未改变，它或许是伦敦大房地产公司最纯粹的开发作品。作为一家家庭经营的开发公司，它挑战时代规则，并且至今依然在最初的地址上。

贝尔格雷维亚只是威斯敏斯特公爵许多伦敦房地产中的一个，他的房地产包括梅费尔（Mayfair）区，部分骑士桥（knightsbridge）区，和直到1953年才销售的皮米里科（Pimlico）区。托马斯•格罗夫纳（Thomas Grosvenor）公爵在1677年通过和12岁的继任者玛丽•达维斯（Mary Davies）结婚后拥有这些房产。1677年这片地基本上是农田，属于埃伯里庄园（Manor of Ebury），北到牛津街，南到泰晤士河，西到韦斯本河（Westbourne），东到泰本河（Tybourne），两条河现已干涸。梅菲尔的格罗夫纳广场和周边的设施设计完成50年之后才开始综合开发。贝尔格雷维亚是在80年后兴建的，现在仍由上面提及的家族拥有，它的第一个草图是1812年由詹姆斯•沃特（James Wyatt）的学生约翰•索恩（John Soane）草拟的。

虽然大房地产公司（Great Estates）规模大且名气大，部分归咎于与之齐名并直接相关的格罗夫纳房地产（Grosvenor Estate）公司的存在，但格罗夫纳房地产是大规模所有制类型的一个范例，大房地产公司确定了伦敦和很多其他城市的形状。和类似的其他重要城市相比，除了面积外，大房地产公司继续拥有所有权，阻止分割，拥有相对自由的开发主动权，这些明确伦敦的具体开发事项。关于这个特性

的一个条件是租赁制度，即土地所有者能出租但不能出售房产，因此家族及后代对这块儿土地拥有所有权。租赁期限经常是99年，土地拥有者给承租人或租赁者授予开发权力，在固定的时间框架内，承租人或租赁者根据总体规划和达成一致的美学规范去建造房屋。租约到期之后，不论是地面还是地面上的房屋，都要归还土地拥有者。

然而，大房地产公司出现和后来伦敦唯一的网格形状归因于自由租赁体制，至少在相关形式上，这种自由租赁体制在世界上的许多计划体制国家出现。同样相对开发而言，一方面，废除了初期防护墙；另一方面，在1536—1541年期间亨利八世解散了修道院之后，通过避免大量财产转移，社会经济等级秩序形成。这些因素解释了对于投资世界其他地区的贵族阶层，大规模和长期的城市开发如何成为他们收入的主要来源。从增长角度看，对一代代人的长期影响，不仅造成当前的形势，而且导致这一事实：对富人阶层来讲，在

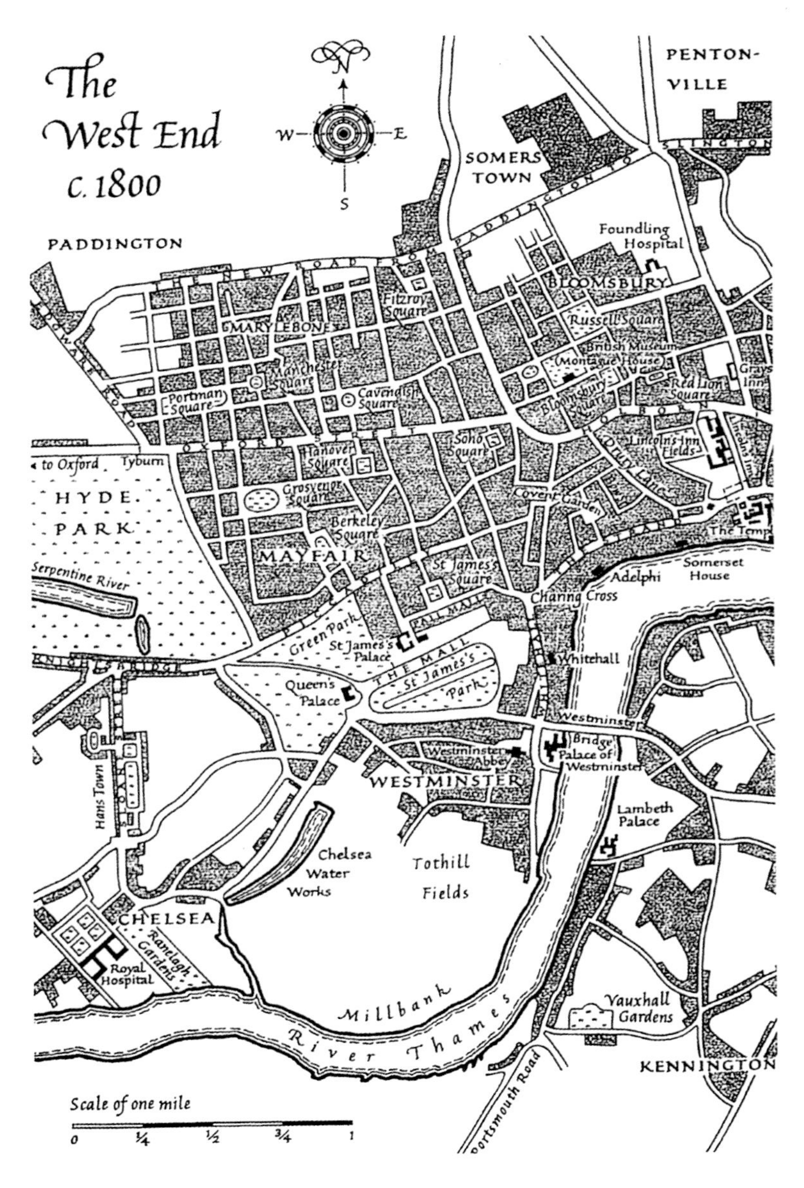

左图：1800年关于伦敦西区和格罗夫纳房地产的地图。那时只开发了梅费尔区，贝尔格雷维亚和皮米里科还是田地。

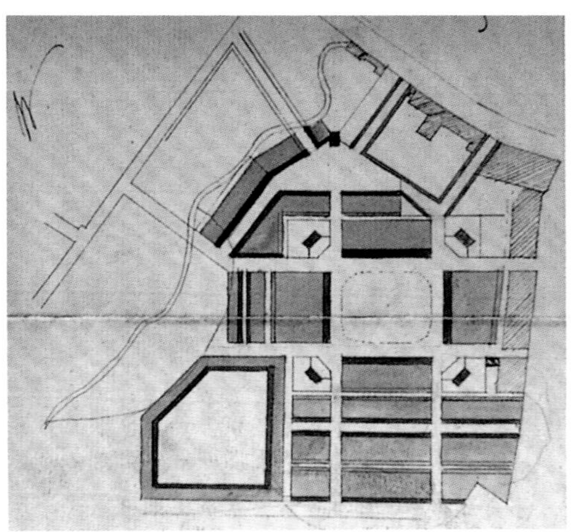

右图：1812年詹姆斯•怀亚特（James Wyatt）的贝尔格雷维亚规划图。虽然规划图未能实现，但它的一些原则在最终的方案中体现出来，其中包括贝尔格雷夫广场（Belgrave Square）的设计布局及其角落建筑的设计。

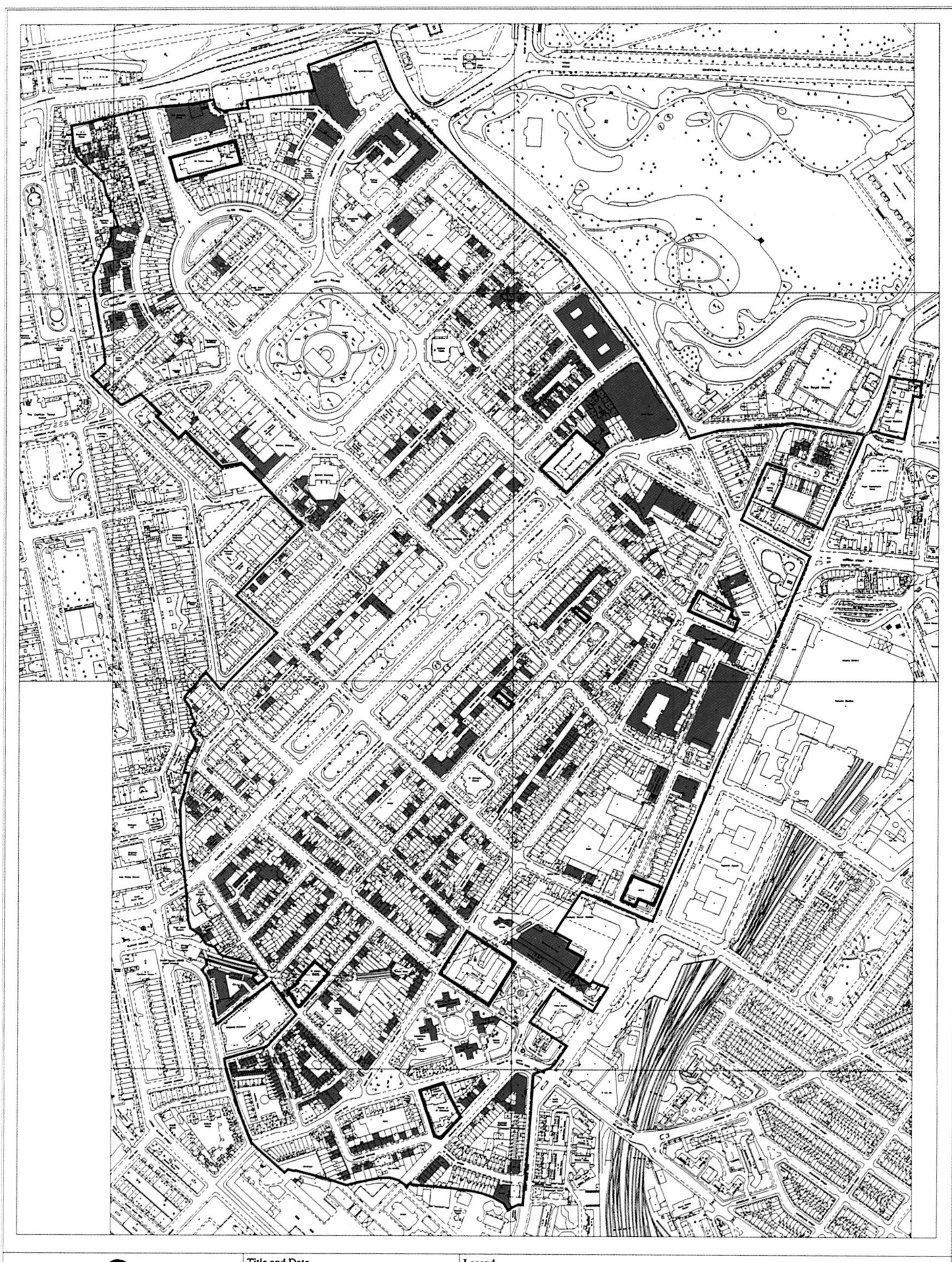

GROSVENOR
BELGRAVIA

Title and Date

Properties Rebuilt
Since 1945
(March 05)

Legend

PROPERTIES REBUILT SINCE 1945

位于伊顿广场（Eaton Place）和贝尔格雷夫广场之间带马厩的联排房屋风景。

最初阶段，房地产开发作为一项宏大的活动，不需要得到快速回报。从后代的角度来说，销售土地权，他们可能会获得更多的利润，还会免除拥有大量土地的职责。

和巴黎作一快速比较，人们就会清楚地知道在欧洲很多国家这种情形存在多大的差别。不只是出现在1789年法国大革命期间的首都和接下来的征用和强占土地，而且自中世纪开始，接连不断地修建城墙表明城市建筑不断增长，最后一段城墙——梯也尔（Thiers）城墙——可以追述到19世纪40年代。在市中心地区大型房地产是很稀少的，开发方案通常包括出售土地，并不租赁。著名的案例是今天位于奥登（Odeon）剧院（18世纪80年代建成）周边的房地产，以及近代的蒙梭公园（19世纪60年代开发建造）周围的时尚区域。霍斯曼男爵（Baron Haussmann）规划设计上的突破清晰表明，为了确保老旧小规模建筑和新开发主动权相结合，大量的公共干涉是非常必要的。更多的巴黎街道是网状的，伦敦运用了与此相反的方法。基本面积和整体设计控制突出私人开发地产特点，然而在边缘相对混乱。有代表性的大街在某种程度上没有追寻那些中世纪或罗马街道路线，例如牛津大街（Oxford Street）、斯特兰德大街（Strand）、埃奇韦尔路（Edgware Road）和主教门大街（Bishopsgate）。从首都的宏观面积来看，综合规划中零散的案例，例如摄政王大街（Regent Street）、沙夫茨伯里大街（Shaftesbury Avenue）、金士威大街（Kingsway）和奥德维奇（Aldwych）在私人开发项目中，这些大街是例外。

自1666年在市中心发生火灾之后，17世纪初期伦敦住宅开发理念加快，大房地产公司开发项目可以在伦敦历史上著名的罗马核心区西面找到。17世纪30年代由贝德福德伯爵（Earl of Bedford）开发的考文特花园及其周边设施是最古老的核心范例，由此表明在大火灾以前向西面的开发建设已经开始了。现存的大房地产公司，除了提及的几家，还包括波特曼（Portman）、卡多根（Cadogan）、霍华德•瓦尔登（Howard de Walden）和皇家房地产（Crown Estate）公司。

项目组织/团队结构

实际上，特别是对于较大的房地产商而言，租赁体制比土地所有人和承租人之间的一张长达99年的租赁合同要复杂得多。贝尔格雷维亚建设以及在皮米里科更大规模的建造中，英国历史上重要的开发商之一托马斯•丘比特（Thomas Cubitt）从格罗夫纳家租得大片土地。他的角色不断变化，从策划者到建筑商，有时又成为委托第三方建造房屋的中间商。另外可能是直接转租或出售。如果出售的话，丘比

上一页：2005年贝尔格雷维亚地图，突出1945年重建的房屋。除了东南角，面积相对较小。

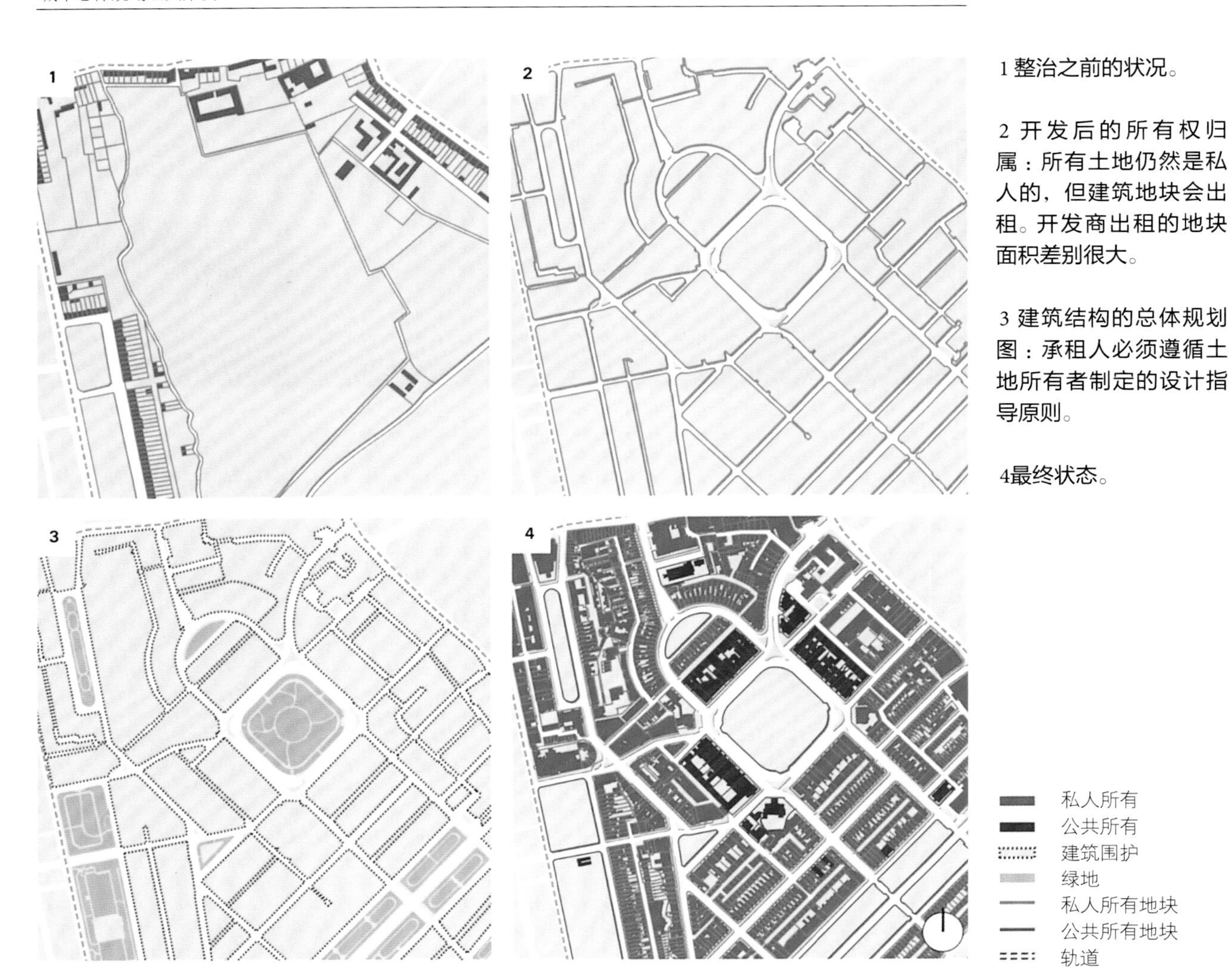

1 整治之前的状况。

2 开发后的所有权归属：所有土地仍然是私人的，但建筑地块会出租。开发商出租的地块面积差别很大。

3 建筑结构的总体规划图：承租人必须遵循土地所有者制定的设计指导原则。

4最终状态。

过程图

特与两家银行的合伙人和贝尔格雷维亚广场地区的建筑师乔治•巴斯为（George Basevi）安排此事。一旦完工，这些房屋通常用于出租，有时按照出租期限出售给房地产的投资者。与世界上许多地区当时的开发理念相似，因此首批租赁者不会像产权人一样遵循相同期限，而是尽可能早地和施工过程分开。只要是私人购买最有价值地块用于本人使用，像在租赁协议上写的，必须按照出租者的设计和使用指导去做。签署合同之后的最初几年，那时重置价值还没有产生，承租人的金融风险是最大的，为了规避这些风险，土地所有人通常会接受象征性租金。之后土地所有人对于一致同意的土地租金全面上涨。认为99年的租赁期限对于整个房地产业来讲会引发循环管理模式，这种想法是错误的。为了帮助承租人摆脱金融困境，签署合同延长个人租赁期这些措施在开发的初期阶段平衡了交易，并且使之恢复了生机。

对土地所有者来讲，租赁体制的优点不仅在于开发的成功和长期利益，而且事实上不必对房地产行业知识做详尽了解。在最初几年里，格罗夫纳房地产公司的管理方式似乎是完全放手的，只有一位全职员工（伦敦的代理商），甚至房地产检测员和律师都是兼职。如土地租金金额一样，租赁条件变化非常得大。1845年随着第二

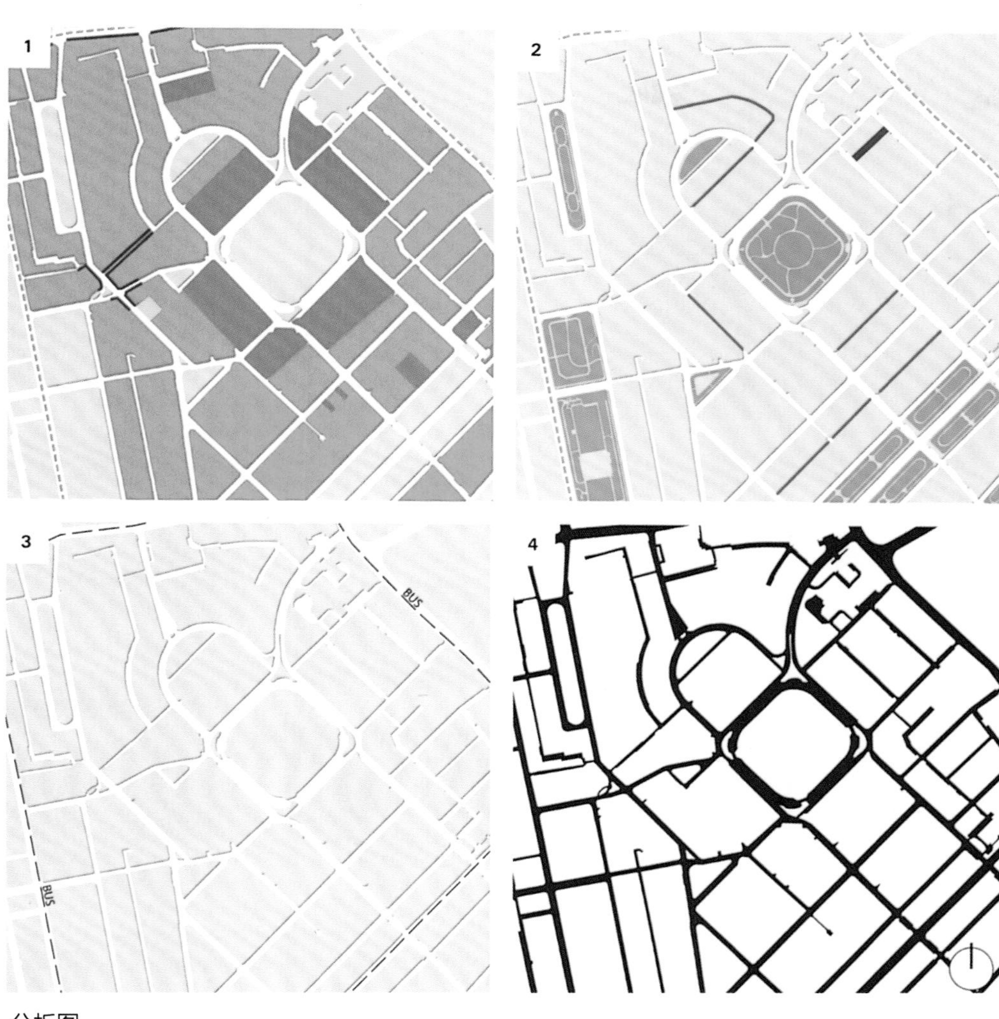

分析图

1 建筑用途	3 交通
住宅	轨道：地面轨道/换乘站
办公	地铁
混合使用	BUS 公交
娱乐/体育	电车
公共便利设施	
交通	4 街道网络
购物	
一层的零售和 餐饮业	
H 旅馆	

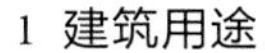

2 绿地
- 绿地：公共/集体/私人
- 路边植被/绿色小径
- 步道
- 公共广场

位威斯敏斯特侯爵继位，这些商业政策变得相当现代化了，采取了很多不同的措施，其中包括发现以前合同不严谨或缺乏适当的安全保障，可使这些合同无效。逐渐的现代化不仅发生在土地所有者一方。随着开发商行业的出现，由小规模建筑商从事一般的规范活动，托马斯•丘比特有了归属。他除了做设计外，在很多领域都颇有才能。他开始把承包商行业与开发商、建筑师、代理商和投资商这些行业分离，这样做可以让他的公司承办更大的工程。

城市形态/连通性

1812年由詹姆斯•怀亚特（James

贝尔格雷夫广场前一个
连栋住宅区的中心。

Wyatt）提出贝尔格雷维亚北部的建设建议，可能受两大主要的承租人托马斯•丘比特和塞斯•史密斯（Seth Smith）的影响，由房地产公司内部的检验员最终修订而成。城市的许多规定在贝尔格雷维亚广场初期的草图中可看到。

贝尔格雷维亚的城市特征与3个主要特点连接在一起：它的连贯性几乎就像19世纪中叶博物馆规划实例一样；其城市布局多样；它具有不同寻常的建筑和大空间。比起其他的任何内陆城市建筑，贝尔格雷维亚仍旧保持着内敛的发展模式。由于个人连栋房屋面积大，开放空间充足，所以相对居住密度低，贝尔格雷维亚现在的规划依然像以前一样：现在的中心位置以前明显是上层社会居住并且是主要单一功能的郊区。除了以网格状设计的大量房屋和广场外，像威尔顿•新月高档社区、贝尔格雷夫广场和伊顿广场这些空间排列简洁，增添了与众不同之处。人们可能认为正是这种整体品质，而不是城市建筑保护政策，引发了几乎所有的建造结构的保

上图：广场中心公园最初是前往居民区的通道，现对公众开放。

下图：伊顿广场上的乔治亚晚期和维多利亚初期建筑外观。

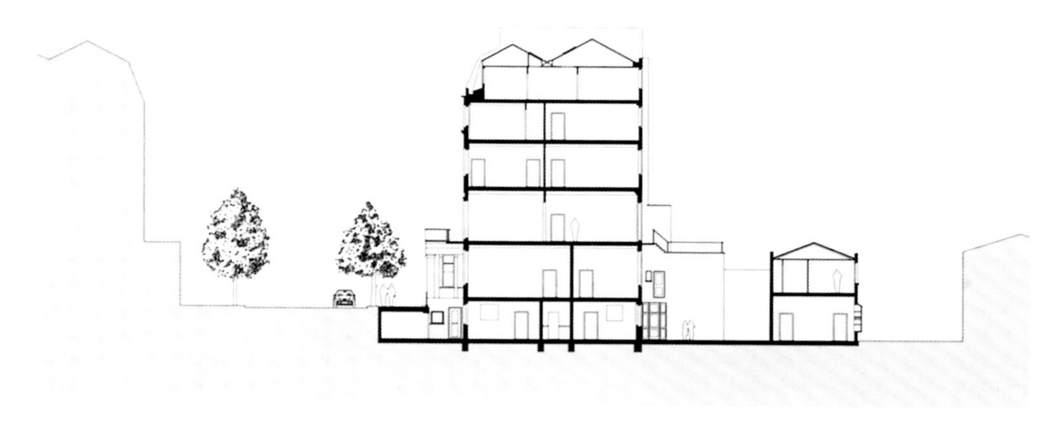

伊顿广场典型的连栋房屋剖面图，详情见《城市住宅经典案例》。

左图：从伊顿广场望向莱尔街（Lyall street）的风景。伊顿广场位于国王路，连接斯洛安娜广场（Sloane Square）和白金汉宫（Buckingham Palace）。

下图：伊顿广场上的连栋房屋，伦敦最受欢迎的位置之一。

上一页：从一个马厩改建住房到另一个的内部景象。历史上它被修建为便道，现在主要作为二级街道。以前的运输建筑成为了独立的房子或私人车库。

鸟瞰图1：10000

护。更大的变化发生在梅费尔，即格罗夫纳地产的北部。这可能由于城市设计和建筑之间的不均衡性这一事实，以更为简单的设计雏形为基础开发梅费尔，使得新干预措施的破坏性比在贝尔格雷维亚区更小。

建筑类型

贝尔格雷维亚广场周边建筑是由巴塞维（Basevi）设计的，这种建筑风格令人印象深刻。约翰•纳什（John Nash）曾在摄政公园平台的建造中使用此种建筑风格。巴塞维设计的连栋房屋的外观似乎是整体结构，而不是简单地沿着界墙排列，强调中心和廊柱角，结果实现了预想的效果，使广场设计近乎完美和对称。从历史角度来讲，房屋和广场之间的联系比现在更紧密，因为只有住在里面的居民才能有打开广场门的钥匙。然而，这样的布局现在仍然在一些房地产公司中使用，例如在牛津街北边的波特曼地产（Portman Estate）和格罗夫纳地产在广场里建设了一条公共通道。鉴于各家缺乏私人户外活动空间和英国贵族对于城市生活的矛盾心理，公共绿地对吸引贵族阶层是很重要的，那些绿地过去常常用于乡村庄园。这些房屋比一般中产阶层的连栋房子大且高，但主要的社会等级区别是马厩，位于房屋后面。在当代个人居住房子的很多案

城市规划图1：5000

例中，他们一开始修建马厩是为仆人提供住处。这样的社会等级制度是英国都市化特征之一，即一家一户内部有庭院，与欧洲公寓建筑截然相反。贝尔格雷维亚案例中街道和庭院之间的过渡很成功，并通过马厩入口的木栏顺利解决。多半的死巷仅仅用于居住，不像伦敦其他地区性规划中，在公共区域有很多的商店和酒吧作为相对贫困的服务区域。

小　结

在本书中除了独特的英国租赁体制外，贝尔格雷维亚还和以下几个观点有关。首先，尽管它处于中心位置，但贝尔格雷维亚是唯一不断建造独栋房屋的案例。即便大部分的房屋现已转变成公寓，但这个建筑设计形式本身没有改变。在几个案例中，有钱的房主甚至把原来的结构加固作为独立的一个单元，并把马厩改建成车库。然而，密度限制作为城市中心的解决办法可能引发问题，但它仍是最佳的例子，即如何吸引上层阶层使他们的购买力投入到城市核心区。在伦敦，由于它富足和悠久的城市历史（见波茨坦广场案例研究），可能不存在这种情况，但在经济不太发达的城市，包括以前的柏林，城市中心只是用于办公场所。像美国很多城市的

中心也是如此，这样的建议能够得到支持并且使城市内部复兴，并且基本依赖于中等密度的公寓楼。

第二个有趣的观点强调城市角度而不是建筑角度的社会问题。从广义上而言，交易解决了封闭和隔离的社区问题。因此，不仅要加强建筑风格不断重复和一致性，这导致了明显的社会平均化，而且要紧密相连，即使偏远区域也是城市群的一个部分。没有任何门，贝尔格雷维亚依然感觉拥有自己的世界：虽然离斯洛恩大街、白金汉宫路或剑桥路这样的主干道只有几分钟，但为了找到它人们不得不搜寻。到了它的南部，伊顿广场作为有效的缓冲区域，国王路上拥挤的交通得以疏导，并没有干扰贵族区域。有趣的是，与之相对应的工程，像鹿特丹的斯庞恩，大规模土地拥有权和单功能相结合在这方面产生了相似的结果，意味着一致性和相对偏远性。

上图：威尔顿新月西部的风景，背景是托马斯•坎迪教堂（Tomas Cundy），比圣保罗教堂（1843）更新。

上一页：威尔顿新月北部的风景。

福溪北岸

地点： 加拿大温哥华市中心
年代： 1987—2020
面积： 83 公顷（204 英亩），其中万博豪园（Concord Pacific Place）占地 67 公顷（166 英亩）

温哥华计划在2020年成为世界上绿化率最高的城市，北福溪区案例及其居民塔楼复杂的工程表明密度起着重要的作用。北福溪区位于温哥华最荒凉的地带，正如有些人所言，在人口急剧增加之际，高楼大厦恰恰有助于与优美的自然保持紧密的关系。

容积率：1.65
居住人口：20000
混合用途：69%居住，16%办公，4%零售，7%体育场周边的多功能建筑，4%其他（包括体育场）

福溪位于温哥华市中心半岛的南部边缘，占地67公顷（166英亩）的万博豪园的开发在整个福溪的历史上是重要的篇章。温哥华始建于1886年，近邻水源地，注定城市用于港口和工业活动，多年来据木厂是该地区的重要产业。20世纪50年代初期，温哥华的发展从轨道和资源出口型经济转变为地方企业的中心，随后这些资源的出口贸易开始衰退。于是在20世纪60年代讨论重建整个地区。为了努力振兴该地区，在北部由个人拥有的和南部由公众拥有的3家房地产公司，即加拿大太平洋轨道、加拿大城市轨道和加拿大省际轨道进行了大量的土地交易。溪地北部几乎

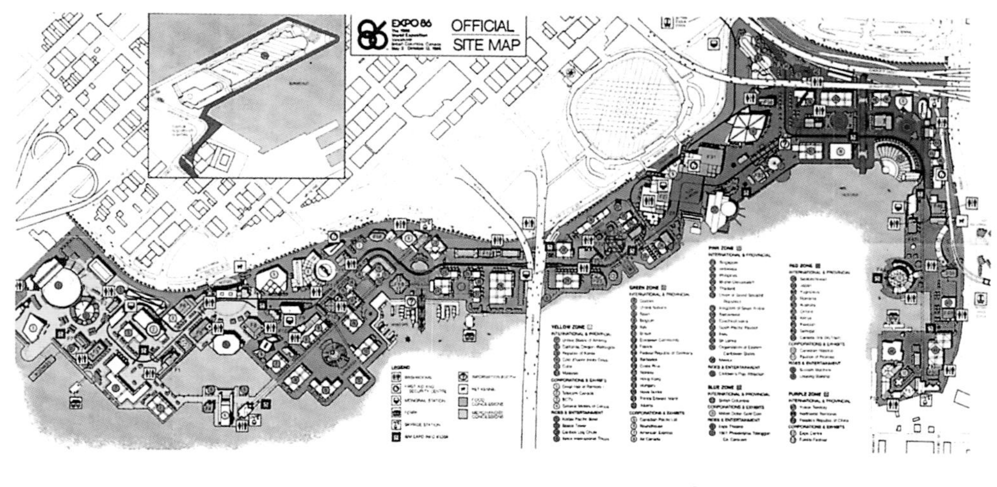

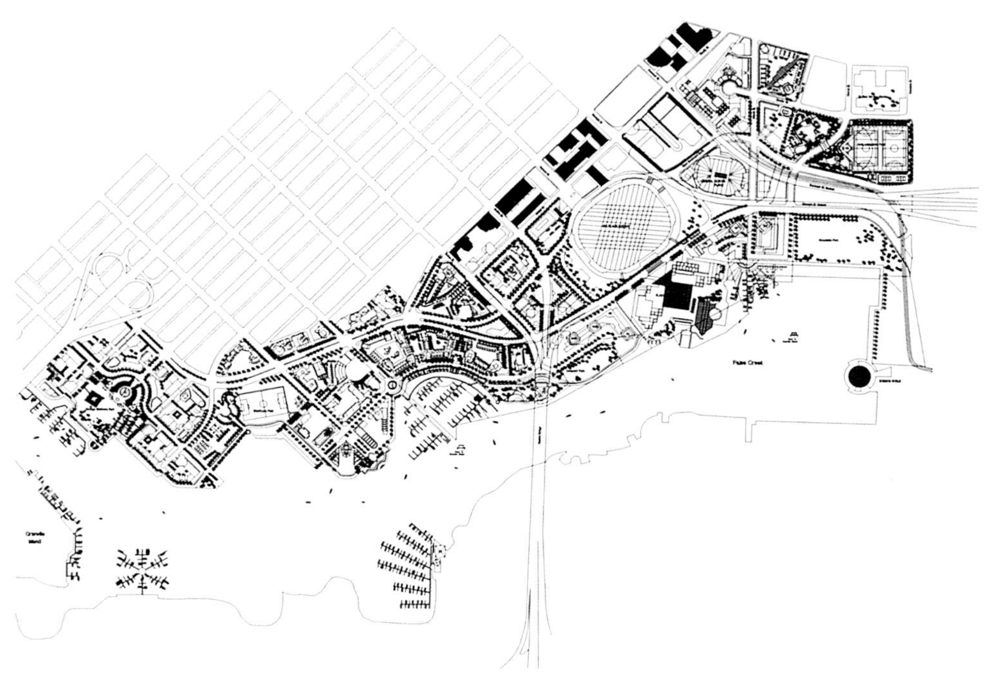

上图：1986年世博会地图，由不列颠哥伦比亚省承办。

下图：北福溪区总体规划图，即城市ODP（官方开发计划）。该地区主要由万博豪园正在开发的东北边缘组成。

全部属于私人拥有，南部属于公共所有。1974年批准了针对溪地南部的ODP（官方开发计划），几年以后住宅区按照克里斯多弗•亚历山大（Christopher Alexander）的理念开始建造。格兰维尔岛（Granville Island）承载着温哥华的历史，它是ODP的一部分，并且由土地持有者联邦政府开发。该岛成为一个多用途的娱乐区并修建了一座国家公园。

1969年马拉松地产——加拿大太平洋轨道（CPR）分公司——因为受到CIAM协会的启发，在北部海滨重建高楼大厦，这个计划令整座城市震惊。虽然遭到强烈反对，但还是引发热烈的讨论，对该区域加速开发势头发挥了功效，很明显对未来市中心有重要的影响。1974年迫于马拉松房地产公司的压力，福溪38公顷的土地用于城市住宅开发。方案要求非市场化的住宅拥有三分之一的股权，考虑到这个项目不会盈利，于是该项目没有实施。

自20世纪70年代中期开始，在该区域创办一个重要的展览会的想法浮出水

James KM Cheng设计的水瓶座街区剖面图（2000）。

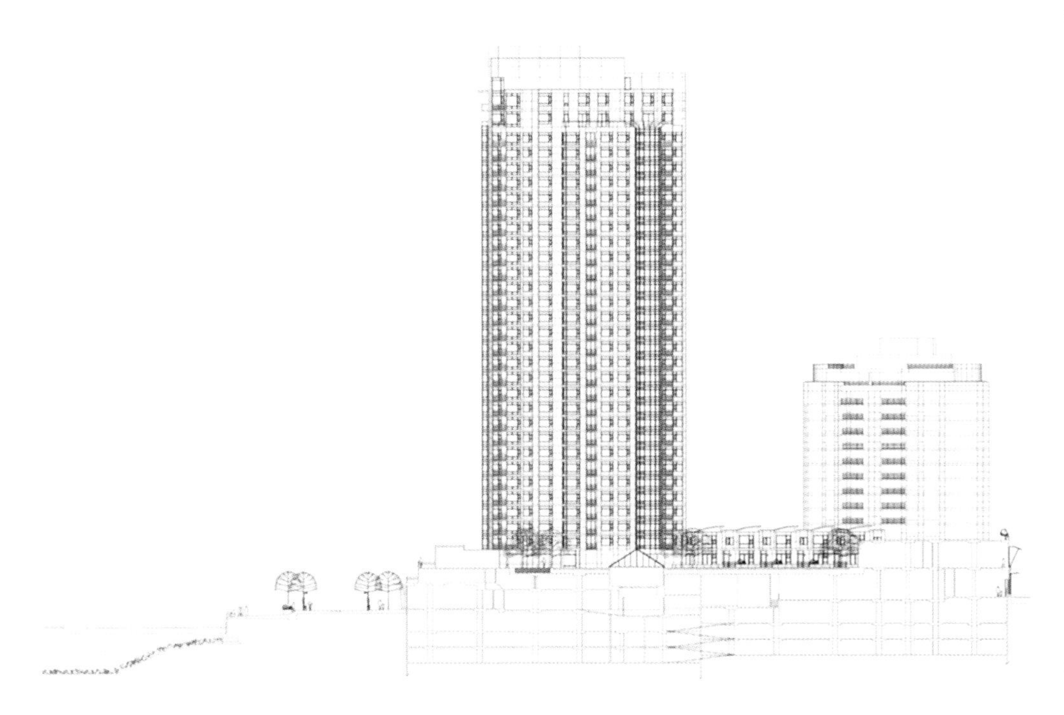

下图：沿着马里纳塞德路新月（Marinaside Crescent）码头和码头周边行走，从塔楼的海滨走廊看到的风景。左侧的三座塔楼，包括一座中高层的塔楼，都是水瓶座街区的一部分（见平面图）。

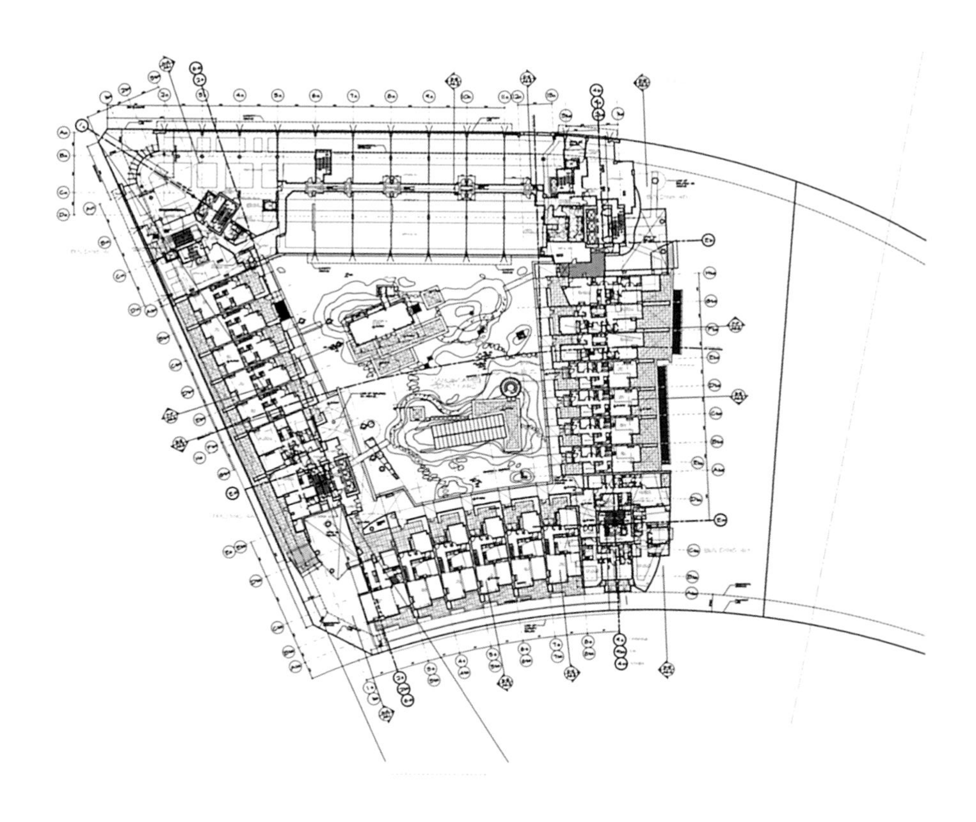

水瓶座街区裙房高度，街区周边有联排别墅和一座高出地面的公共花园。

下图：4a塔楼的典型平面图，位于水瓶座街区西南角。

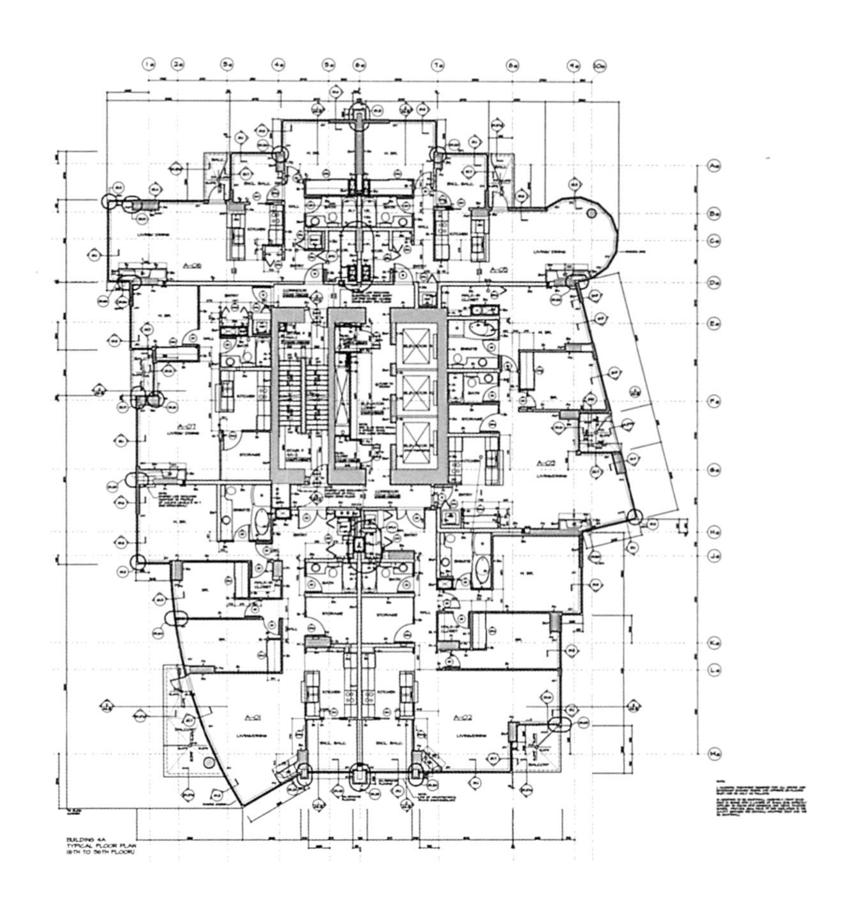

上图：PWL伙伴公司设计的湖滨社区和乔治•韦伯恩公园（George Wainborn Park）。

下图：甘比街大桥（1985）全景，以及从小溪南边的快乐山看到的市中心半岛风景。保留的山景影响楼群位置和高度。

面，最终提议举办1986年世界博览会，不列颠哥伦比亚省（Province of British Columbia）最后获得了开发权。几次规划失败后，马拉松地产公司退出舞台。1980年该省成立不列颠哥伦比亚地方有限公司，针对世界博览会，这家公司进行了精心设计，并且还设计了一个多功能的体育馆（于1983年6月落成，命名为不列颠哥伦比亚地方体育馆），它是整个建设区域中开发效益最好的一个。

由于政治和经济利益的综合作用，不列颠哥伦比亚地方规划和城市规划方案产生了冲突，由此产生了1981年北福溪区13个单边规划原则。即使在最初阶段，建高层建筑并不是当代版本的标准配置结构，但是作为当代最为实用的高层塔楼为当地社区规划所熟知，自20世纪60年代末在半岛西端市区已经进行了试验。之后重新划分了格兰维尔斜坡（Granville Slopes）地区，该区位于布勒街桥（Burrard Street Bridge）和格兰维尔桥（Granville Bridge）之间，恰好在不列颠哥伦比亚地方有限公司施工工地的西面。城市制定了规划原则，而对万博豪园来讲，这是指导方针，即保护风景走廊，减少背光处，让更多的阳光进入，并且高层大楼和历史街道布局相结合，限定塔楼最大高度及塔楼概念。更为重要的是，格兰维尔斜坡和之后的城市之门（City Gate）恰恰在北福溪区东部边缘，这些有助于促进协作和参与文化规划，由此这座城市闻名遐迩。北福溪区称之为自由区体制，在三步规划过程中结合了欧洲和美国规划原则。目标是控制和引导私人干预，特别在建筑工程上不去干涉。这与普埃尔托•马德罗（Puerto Madero）和巴黎•河•高切（Paris River Gauche）两个项目形成鲜明的对比，因为这两个项目的公共部门采用专门法律条文，来确定建造基础设施和公园的风险与职责。

项目组织/团队结构

华裔建筑师和开发商斯坦利•郭（Stanley Kwok）在进一步合作开发中发挥重要的作用，他于20世纪60年代末从香港移民之后，在1983年成为不列颠哥伦比亚地方有限公司董事会成员。他还负责位于体育馆东侧的北方公园（North Park）的工程建设，该工程占地28公顷（69英亩），是以前的工业用地。在1986年重新分区，这一过程中牵涉大量不同寻常的公共演讲和听证会。由于排污问题，工程最终再一次没有按规划完工，但开发商和公众之间的合作效率成为典范。

1986年世博会获得好评并提升形象后，不列颠哥伦比亚地方有限公司决定出售该用地，并于1987年夏季邀请了3位开发商于同年11月提交了他们的竞标方案。在斯坦利•郭从不列颠哥伦比亚地方有限公司辞职几周后，李嘉诚和他的儿子维克多（Victor）聘用了他，并给他充足的时间去准备设计。郭快迅速且暗暗地组建了一个设计团队，来自三家建筑公司：里克•赫

从海滨大道望向德雷克街（Drake Street）及弘艺居住区（Roundhouse Neighbourhood）的风景。

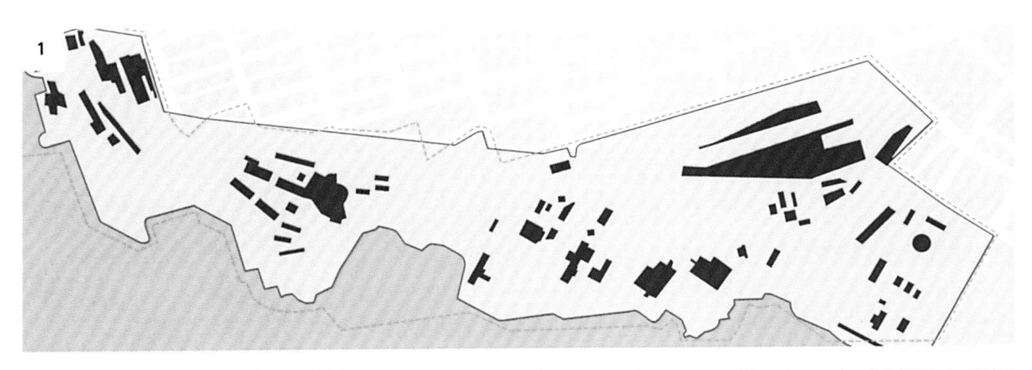

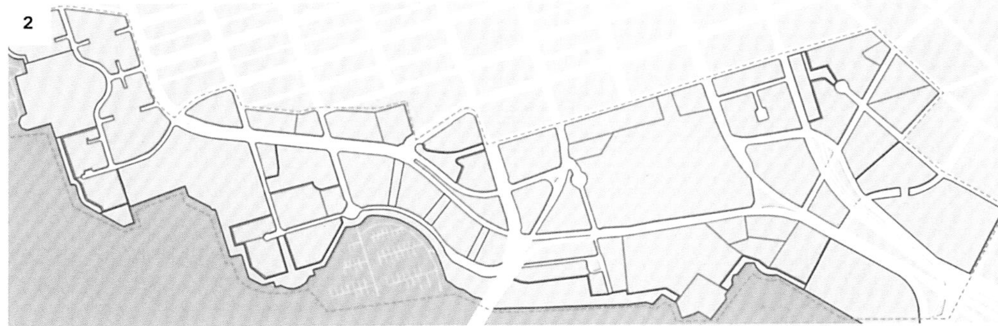

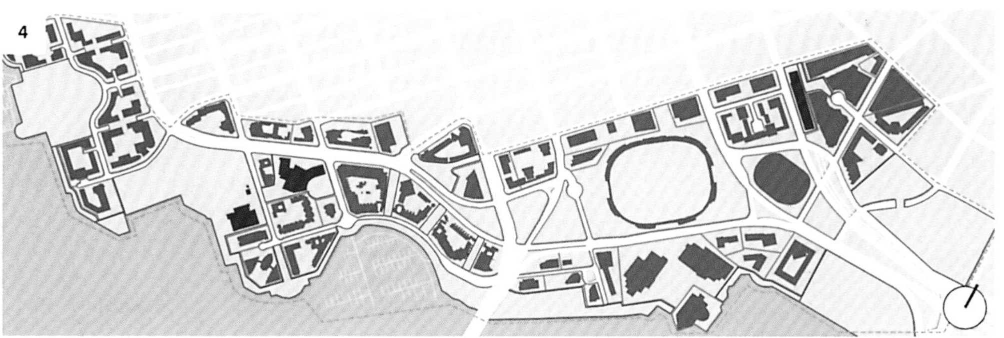

1 干涉前和1986年世博会修建之前的情况，那时加拿大太平洋轨道公司拥有这块地。

2 重建万博豪园之后的土地细分和所有权情况。

3 建筑外围结构总体规划。

4 最终状态。

私人所有
公共所有
建筑围护
绿地
私人所有地块
公共所有地块
轨道

过程图

尔伯特、唐斯/阿尔尚博、戴维森&袁。他们的团队进行了精心设计，设计方案取名为泻湖方案，这也是竞标获胜的一部分。在海滨北部正面和太平洋大道（Pacific Boulevard）方案中设计建造了几个居住岛屿。两块地的销售价为3.2亿美元，预付定金只有5000万美元。随后人们一直认为首付太少，大量的土地失去了公共所有权。当政府承担6000多万美元的排污费用时，民众要求索赔。然而，在三个提交的报价中，李嘉诚的报价是最好的，由于大量港币汇入温哥华，李嘉诚有了购买优势。由于港币汇入和初期的移民潮，当今温哥华1/4人口的第一语言是中文。李嘉诚购买这块土地后不久，他通过销售不列颠哥伦比亚普拉斯体育馆（BC Place Stadium）南面和东面的两块地偿还了最初的投资。20世纪90年代和21世纪初期拥有制结构发生了改变。

温哥华的市民并不欣赏泻湖方案。虽然方案与众不同，但令人感到设计与以前规定的城市原则有几项是矛盾的。以前的目标是设想这块地的开发作为市中心的扩展，提供公共和行人的开放空间，以及社会功能丰富的综合建筑。接下去几年的跨领域合作和200多次的公共展示，导致1990年采纳了满足所有以上要求的针对北福溪区规划设计的ODP，其中包括提供20%非市场化的住宅，每1000名居民享有1.1公顷（2.7英亩）的开放空间，以及25%的家庭规模公寓（至少拥有两个卧室）。在这一过程中，截止到1989年城市规划团队由雷•斯拜斯曼（Ray Spaxman）和约翰尼•卡莱恩（Johnny Carline）领导，之后是拉里•比

从码头望向福溪南岸的风景。

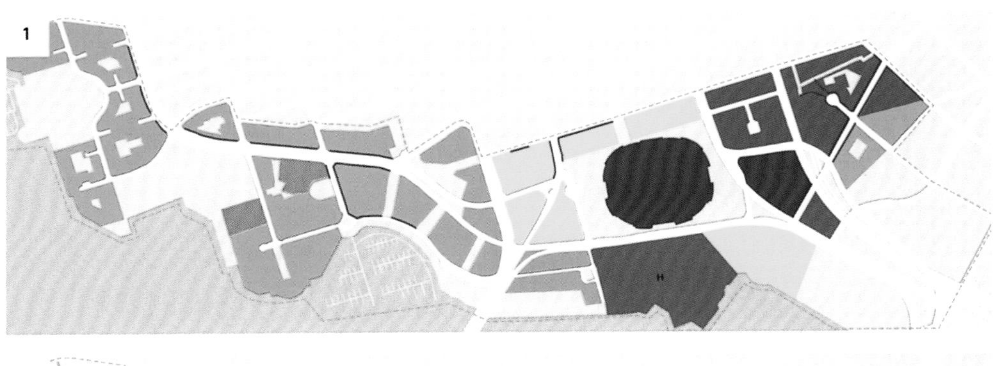

1 建筑用途

- 住宅
- 办公
- 混合使用
- 娱乐/体育
- 公共便利设施
- 交通
- 购物
- 一层的零售和餐饮业

H 旅馆

2 绿地

- 绿地：公共/集体/私人
- 路边植被/绿色小径
- 步道
- 公共广场

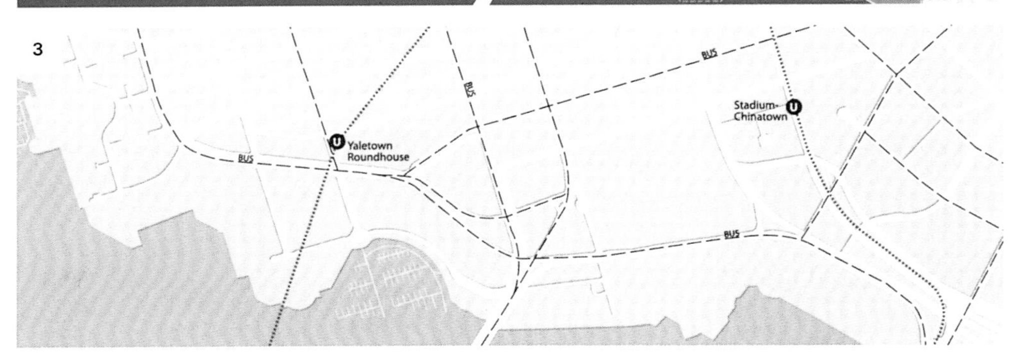

3 交通

- 轨道：地面轨道/换乘站
- 地铁
- 公交
- 电车

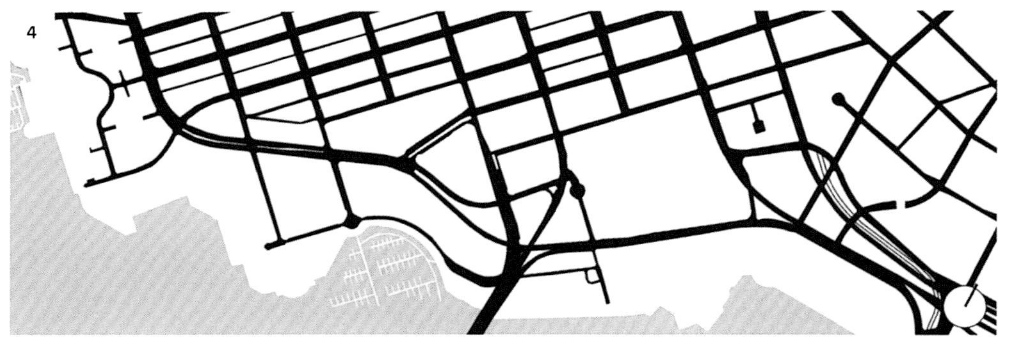

4 街道网络

分析图

20世纪60年代以中高层塔楼为背景的温哥华西端的一片寂寞海滩。在温哥华，将高楼与人口增长结合并保留自然特点这个传统理念拥有很悠久的历史。

斯利（Larry Beasley）。直到1993年斯坦利•郭也参与了万博豪园的设计并代表它的利益。设计团队的理念很多来自当地的大量实践，设计费用由开发商独自支付。

北福溪地的规划与城市其他地区是紧密联系的，1987—1991年期间设计开发的城市中心地区（CAP）位于北福溪地。虽处在房地产经济危机的背景下，但坚信有前途；虽是不利的区域，但以住宅为主要用途将是创造财富的绝佳机会。

城市形态/连通性

有趣的是，在工程建设过程中初期的设计指导规范相当宽泛，由四个主要的小开发区组成。这不应理解为设计质量下滑，而是公私合作的效率。事实上，对于大型工程建设过于严格的设计指导方针并不有利于开发。

最重要的事情是成功开发了以前的工业控股地区，使城市从太平洋大街延伸到了海滨。湖滨新月区和马里纳塞德路新月区是两个优秀典范，凸显市中心网格延伸到来海滨大道和一系列大型开放空间的建立是多么重要。新海滨大道使人回想起巴特利公园城（见独立的案例研究）。因为泻湖规划和人造岛屿展示中这个工程的海岸线并不明显，于是在官方发展规划（ODP）中明确规定可以填海造地的区域范围。

因为1986年的世博会，这个地区已和市中心连接起来，通过世博专线天空列车（无人驾驶的快轨列车系统）和温哥华的东部连接。2002年千年线（Millennium）加强了这些线路的联系，2009年加拿大线（Canada Line）也是如此。加拿大线有了相当大的改善和提高，不仅对位于中心的耶鲁镇（Yaletown）之弘艺站（Roundhouse Station）和较旧的外围的主体育场即中国城各站提供更为集中的服务，而且把温哥华南部和机场连接起来。

鸟瞰图1：10000

建筑类型

在本书中，这个案例与巴黎的大规模建设相似（见歌剧院大街案例研究），是唯一创立自己的特点（温哥华风格）的发展规划并。没有官方指定，温哥华基本确定以综合建筑塔楼为基础的规划方案，有时涵盖整个城市街区。其特点是以矮楼为基础，以及通常为25 ~ 35层的中高层塔楼。温哥华的建设风格是成功的，并且影响了世界各地的开发，其中包括东京的六本木新城和迪拜海滨城（见迪拜市中心案例研究）。

以塔楼为基础的雏形当然不是新的（见拉德芳斯塞纳拱门案例研究），当地的建筑特征是在城市的传统基础建筑中注入空间，尤其在温哥华网状结构的街区中体现出来。垂直和水平元素的结合与功能分离的概念没有联系起来，即行人在上面行走，汽车在下面行驶。这正是现代视角，并不试图通过高层建筑取得高密度，没有破坏街景。就高层塔楼而言，它标志着与拥有街道的传统城市理念相反。目标是不引发高密度，大约每公顷土地200名居民。北福溪地可和巴黎的人口密度相比。尽管它提供了25%的开放空间，这一数字是巴黎的平均数，但是巴黎狭小的中低层建筑不能做到。除了明确规定了街道和人行道大小，建筑底层用于商业用途或作为联排

城市规划图1：5000

别墅。街区内部进行绿化，有相当多又窄又高的建筑，地下作为停车场，与传统意义上的城市街区开发理念形成对比，最小的规划和这些建筑的开发通常涵盖整个街区，而不是单个的一栋建筑。为了保留自然环境的风景，在总体规划中严格确定高楼位置，不像美国典型的市中心。这一类型的建筑案例可在马里纳塞德路新月区找到（见水瓶座街区平面图和剖面图）。

小 结

对开发商来说，从经济角度看万博豪园和北福溪地开发是非常成功的，而且对温哥华这座城市来讲，它制定了城市自身的规则并提供主要的公共便利设施。拥有大量的土地所有权或许是成功的一个原因，像天才设计师史丹利•郭、拉里•比斯利（Larry Beasley）和梅厄•戈登•坎贝尔（Mayor Gordon Campbell）的参与也是另一个原因。开发的积极形象在明确城市品质上，从长远角度看虽在一定程度上还有待证明，但城市品质是城市设计构想的结果。最初的情境并不那么有前景：许多业内人士希望高耸的大型建筑工程由外国的一位资金雄厚的投资者提供，并思考怎样会成为国际公认的样本？不断增长的公共财政赤字和选民更多的期望，在这样情况下，北福溪区的建设因具有很强的实用性

左图：沿着海滨步行大道的联排别墅，以此作为塔楼裙房开发的一部分。

右图：从滨海步道进入大卫大街的风景。

而大受赞赏。比起其他的案例，北福溪区以较低的公共成本为特征，政府允许城市改造和市中心重点地区增加居住密度。评论家们认为，正是这个真相掩盖了这一事实，即没有举行任何设计竞标会，整个运作过程由一家私人公司控制，对那样的一个重要建设工程来讲是非同寻常的。实际上工程征询了25000人的意见，这可能是个典范，但最终没能改变这些事实。另外一个事实是，大量的业主参与逐步的开发过程，创造了多样性机会。然而，公共成本是什么？时间跨度要多长？本书不可能研究这些问题，但提出了如何确定民众规划过程的问题，这是可以实施甚至令人满意的。万博豪园的例子仅仅表明一种方式，即城市当局和开发商挑选的设计团队共同合作，并且与公众进行广泛的讨论。对世界其他地区类似的工程不来说，公众的影响基本不存在。

甘比街（Cambie Street）大桥进入大卫街放大的风景图，右侧是水族馆塔楼，突出市中心网格延伸到北福溪地开发中去，成为总体规划设计的驱动原则。

萨珐蒂公园

地点：荷兰阿姆斯特丹德派普区
年代：1865—1900
面积：101.5 公顷（251 英亩）

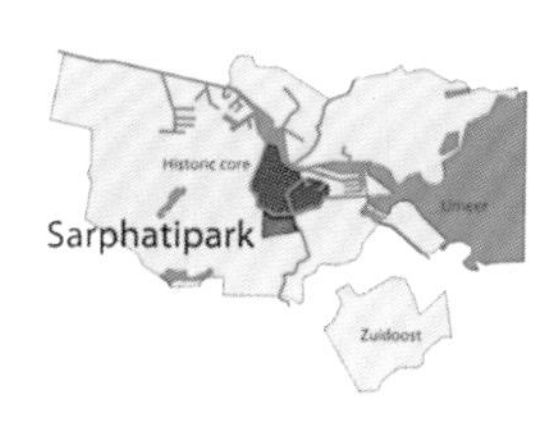

容积率：1.84
居住人口：23850
混合用途：84%居住，7%零售和餐饮，4%办公，5%其他

德派普的北部区域位于萨珐蒂公园附近，是最初的总体规划中向阿姆斯特丹南部扩展的目标。这个地区始建于1870年，最终由几家小公司的零星开发建成。这个地区的开发例证了一种开发方法：主要出于所有制的原因，基于最高的标准而非蓝图，全面由公众或私人掌控。

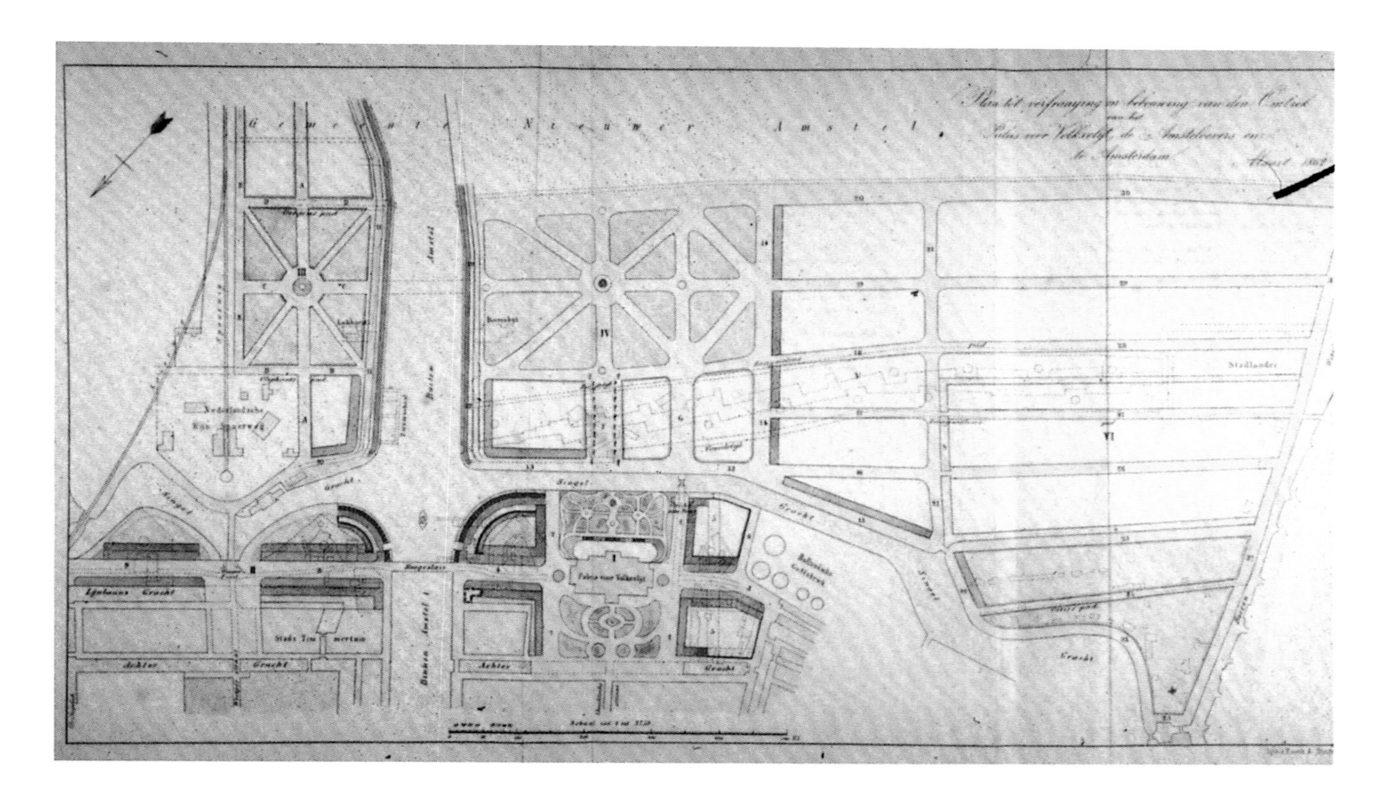

1862年塞谬尔•萨珐蒂提出的德派普东北部和人民宫总体规划图。

直到大约1850年以来的两个多世纪，阿姆斯特丹这座城市的人口规模增长适度。这在很大程度上是世纪之初开发的结果，并且与17世纪荷兰航海业的称霸和相对工业化进程发展较晚相关。像许多其他欧洲城市一样，19世纪末人口激增，因此对城市服务业产生了相当大的压力，而且给代表市政当局负责监管建筑的工程师也带来很大的压力。因为财政等诸多原因，保守派不愿为居民提供更多的服务，于是允许城市建筑设计师除了履行公共职责外，也可以作为开发公司的私人顾问。许多投资商和开发公司的董事是市政议会成员，他们代表了公众和私人利益的双重身份。

拿破仑时代重要的要塞已失去了它们的防御功能，19世纪60年代阿姆斯特丹恢复了空间增长进程。大片废弃的要塞用于建造种植园，工厂、监狱和营房用于驻军。城郊土地和运河外的土地用于修建道路、下水道、池塘、锯木厂、各种其他工业、乡村庄园、垃圾填埋场、茅屋和廉价居民小区。

新时代扩建始于塞谬尔•萨珐蒂（Samuel Sarphati）的宏大规划，他是一位医生兼开发商。1862年受到在巴黎和伦敦举行的当代城市规划大型展览的启发，对于涵盖以前重要军事要塞土地和城市南部郊区，他提出了发展规划。建设人民宫和一家大型酒店，并沿着阿姆斯特尔河建几个居民区，意在解决不断加重的卫生问题。因受到城市建设元老的赞同，规划得以实施，于是萨珐蒂成立荷兰开发公司。受到1853年海德公园水晶宫的启发，因此提出很前卫的人民宫项目，表达爱国主义情感，于是在初期集资很成功。然而，放贷者对于酒店工程和居民住宅方案的期望并不那么乐观。到1866年萨珐蒂去世为止，除人民宫外（人民宫在1929年的大火中烧毁）其他建筑没有按照设计计划完成，并大大缩小了酒店的规模。开发公司在现在的德派普建了一些独特的房屋，另

上图：1866年雅克布斯•万•尼福特里克提出总体规划草案。

下图：1875年卡尔夫设计的总体规划图。

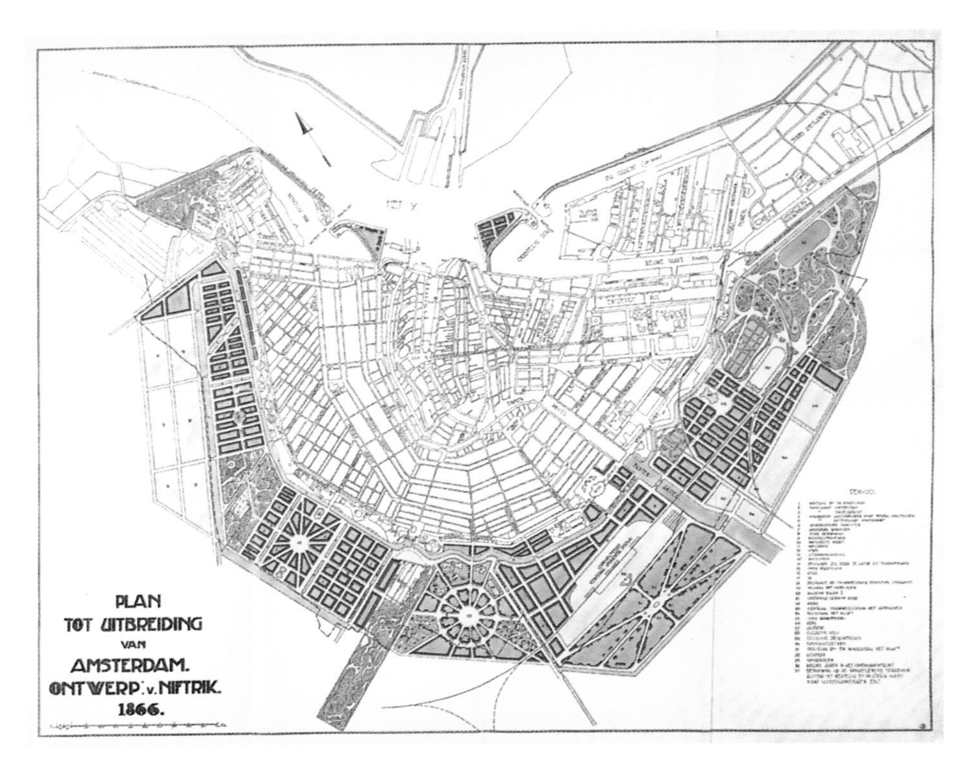

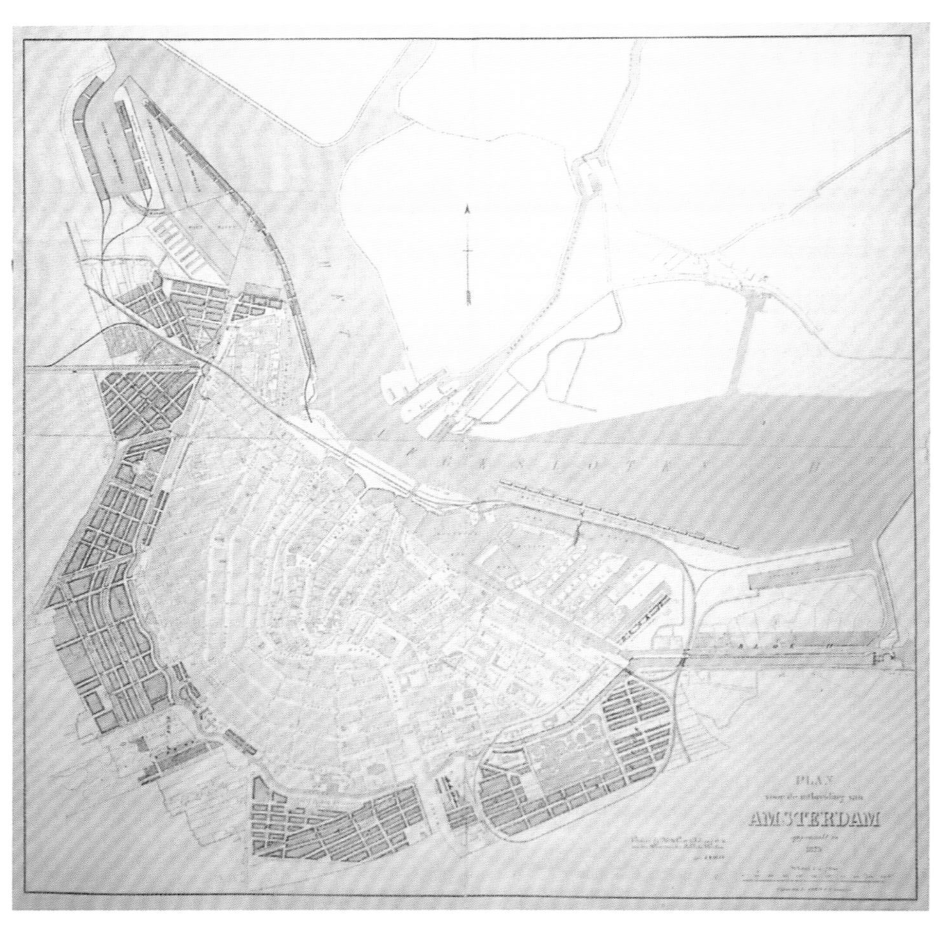

上图：出于优越的地理位置，萨珐蒂公园的建筑比德派普的建筑设计得更加精致雅观。

左下图：萨珐蒂公园北边的一栋楼，很陡的楼梯将第2个门与上一层的两三个公寓相连。

右下图：这些位于费迪南德•波尔斯大街（Ferdinand Bolstraat）的建筑，验证了这个地区许多建筑是以小规模方式开发的事实。

外还转售了以前属于个人和小开发商的一些土地，而创始人萨珐蒂设想的城市规划并没能实现。

1866年进行了新尝试，城市设计者雅克布斯•万•尼福特里克（Jacobus van Niftrik）提出了在阿姆斯特丹城外建中心区的综合规划。他的提案受到维也纳、巴黎和布鲁塞尔大规模现代化建设的启发，但设计方案很快遭到否定。提案被否定并非因为规划平庸，而是当时的市政委员会新当选的行政官员们固执地主张自由的市场竞争。他们认为提案不合适且有害，于是从财政角度呼吁立法者使用土地征用权的宪法权利。只有30%的土地和城外以前的军事要塞由市政当局或其管辖的公司掌管。当局认为尼福特里克的总体规划设计发展缓慢且效率低，位于今天的萨珐蒂公园的新火车站选址导致提案最终遭到否

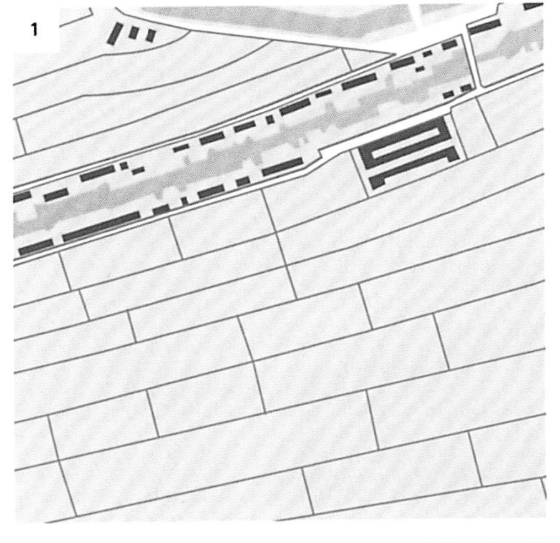

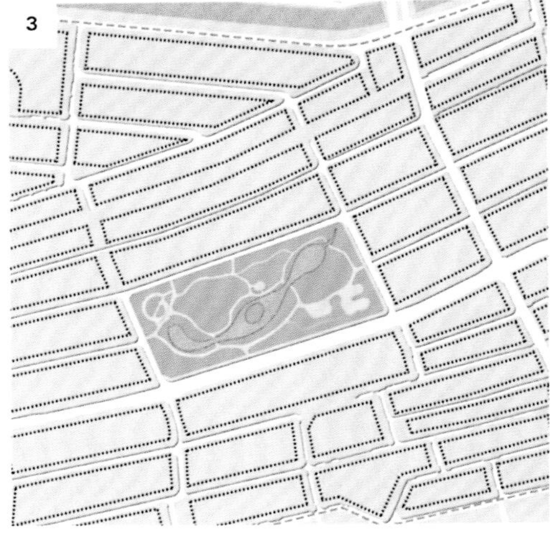

1 19世纪中叶干涉前的状况。

2 再次开发后土地细分和拥有权状况。

3 卡尔夫的总体规划，明确要关闭的街坊式街区，并确定新建街道的位置。

4 最终状态。

私人所有
公共所有
建筑围护
绿地
私人所有地块
公共所有地块
轨道

过程图

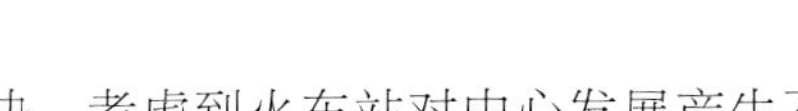

决。考虑到火车站对中心发展产生不利的影响，这座车站最后于19世纪70年代建在市中心的北边，与港口直接相连。

项目组织/团队结构

在问题讨论期间，为了更好地理解阿姆斯特丹的开发理念，很重要的是提出为了发展这座城市并不需要法定规划。官方否定尼福特里克的规划并不意味着开发活动的停止，甚至表明他的规划设计方案对在建的项目有重要影响。直到20世纪初期，该城以自由方式发挥着它的影响力和控制力。该城与开发商签署私法特许权，并没有大量详尽的规划文件。更为重要的是遵守安全规则，确保用于海平面以下的土地建设安全。

自由发展思路和严格技术控制在开发过程中是复杂的，在此过程中市政当局颁发建筑许可证，负责道路、地下排水管道的建设，提供街道照明，不断介入小规模基础建设。城市设计者的工作表明，尼福特里克作为一名城市设计者，虽不是总体规划者，但仍然在德派普西北部的建造中起着积极的作用，网格状工程使人隐约可见1866年他的设计特点。这种初期非正规开发模式迅速扩大并影响着喜

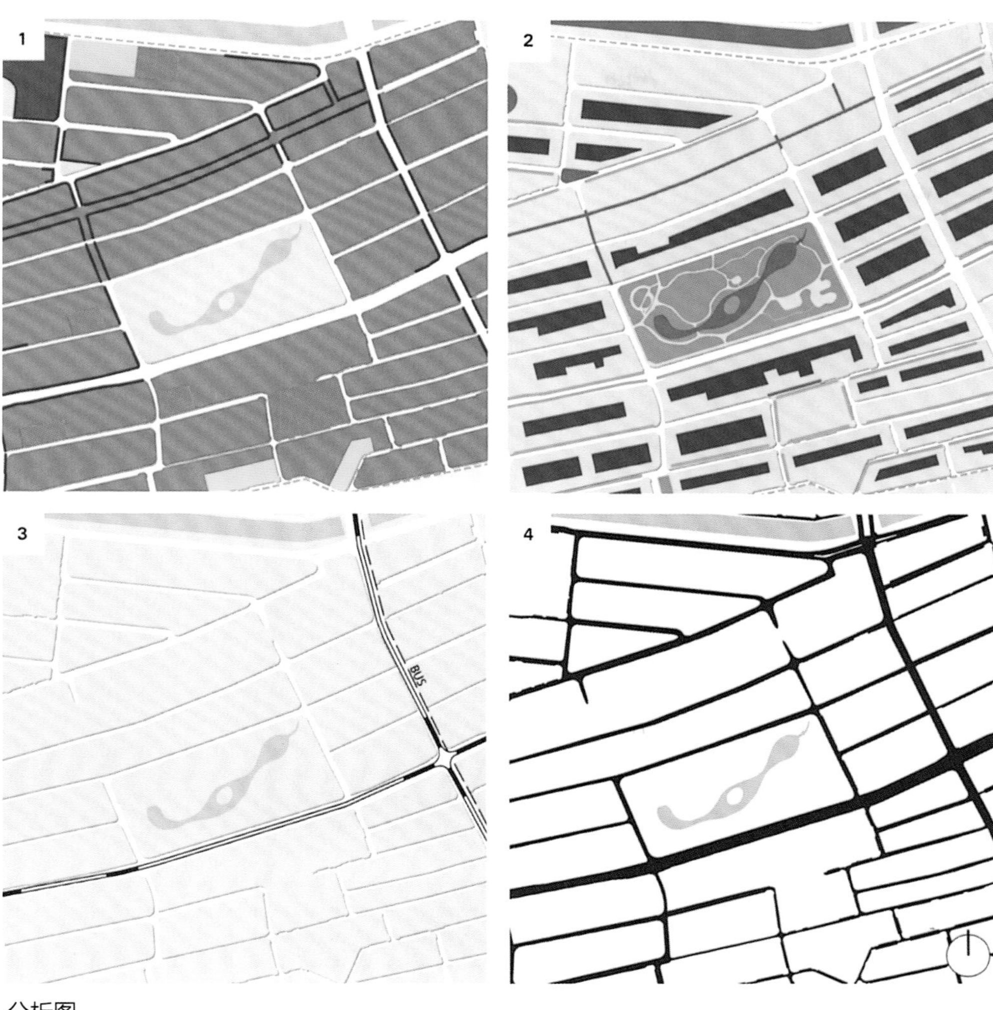

分析图

1 建筑用途
- 住宅
- 办公
- 混合使用
- 娱乐/体育
- 公共便利设施
- 交通
- 购物
- 一层的零售和餐饮业
- H 旅馆

2 绿地
- 绿地：公共/集体/私人
- 路边植被/绿色小径
- 步道
- 公共广场

3 交通
- R 轨道：地面轨道/换乘站
- U 地铁
- BUS 公交
- 电车

4 街道网络

力（Heineken）啤酒企业，该企业创建于1864年，购买了位于史特侯得斯加街的一家啤酒厂。喜力啤酒企业对于日益令人无望的住宅市场，不再等待城市规划师们的决定，而开始为企业的工人们建住房。市政当局没有理由阻止那样的初衷，于1875年批准卡尔夫的设计规划，而尼福特里克的规划图似乎是最合适的讨论基础。尼福特里克的总体规划和现实中已建成的杰拉德•道普雷恩（Gerard Douplein）进行了更为详细的比较后，开发商们坚持尼福特里克最初的规范方案，即建造更高密度的住宅，最终缩减已设计绿色街区的内部空间，修建更多街道，从而建设更多的住宅。

上图：从霍布马克德（Hobbemakade）望向德派普西部的风景。

左下图：这些建筑位于其中一个安静的街道上。几乎所有房屋都有进入一层房间的入口，另一个入口与通往楼上的楼梯相连。

右下图：费迪南德•波斯塔拉特（Ferdinand Bolstraat）拐角建筑的一家咖啡馆。

城市形态/连通性

1875年市长和市参议员向新成立的市政委员会承诺，将通知委员会议员们和开发商协商土地使用的指导原则。正是由于上述放权的方法，城市设计师才得以认真履行职能，发挥专业优势。市政委员会认为采取更加协调一致的政策框架是适合的，卡尔夫是新成立的市政工程部主任，这一敏感的政治工程委托给了他。他调整了尼福特里克的规划图，收集了以前一些规划和部分正在实施的开发提议，在此基础上编制了市政发展综合规划。市政委员和市政工程部成员认真讨论了这个很实用的草案，并于1877年采用了此方案。

对于阿姆斯特丹向南的扩展计划，除了上面提及的三角地带（该地区是1870年之后以尼福特里克的规划图为基础开发的），市政发展综合规划方案提出遵循中世纪以来现存的排污系统管道的几何形状，以此确定城市郊区的形状，简化土地细分和所有权问题，而这些通常是由排水管道确定的。于是土地管理和土地征用方面的新策略推迟了将近30年。私人投资者和小开发商能很容易从以前的土地持有人手中购得土地，与市政当局签订街道建设的股份协议。有时为解决棘手的情况，市政当局直接干涉，买下与当地规划不匹配的房屋，然后拆除并重建这些房屋。与斯庞恩开发形成鲜明对比的是，规划中把建筑的地基抬高到80厘米（31英寸）。作为建筑管理的一部分，控制土壤湿度这项要求是不错的措施。此外，这项措施也降低了潜在的被淹没的威胁：如果中世纪的排水系统能用于耕作和建造房屋，那么这些排水系统会下沉到海平面以下。

萨珐蒂公园本身作为基础设施是城市当局与开发商签订协议的结果。萨缪尔•萨珐蒂荷兰开发公司不得不放弃全部事业，出售公司的股权给其他政党，并把部分土地转让给公众。和卡尔夫规划的选址比较，萨珐蒂公园的面积大小在今天也相对较大，可能是对该地区的整体密度高和缺乏开放空间的补偿。向西开发冯德尔公园（Vondelpark），大约10年前由一家私有企业开发。中等大小的公园象征着该地区简单而务实的理念，在德派普规模很重要。如果冯德尔公园的秀美是中产阶层搬家的理由，萨珐蒂公园是让德派普接受劳动阶层和中等阶层的一种方式。

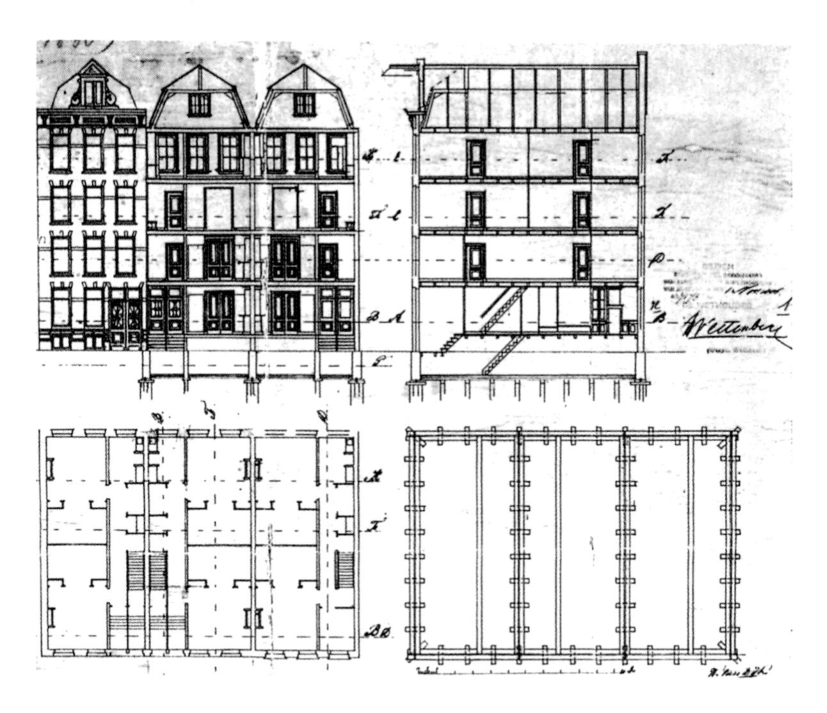

在德派普，位于扬•斯蒂恩街的一座典型建筑的平面图、剖面图和立面图。

建筑类型

通过比较冯德尔公园和萨珐蒂公园两个几乎同时代的工程，从长远角度间接表明，市政当局除了改变住房政策别无选择。相对而言，私人开发公司不能满足中低阶层的住房需求。像纽约、巴黎或伦敦一样，在德派普私人开发的房屋质量让人可以接受。解决住房问题只有通过转租个人的房子给民众，在实践中产生了卫生问题，最后可能引发社会动荡。自1902年以来，北欧的主要特征是大规模的公共住房并由此诞生了住房协会。

鸟瞰图1：10000

典型的荷兰建筑，不仅是指这一特定时期的房子，而且避免公共楼梯和大门。作为一个连栋房屋和小公寓楼的组合，这种狭窄的建筑至少由两个单元组成，但大多是四个单元。一扇门连通一层包括地下室，然而，另一扇门与公共楼梯相连并通向三层或四层。由于德派普中等的人口规模，经常把顶层设计为单个公寓用来出租，阁楼如不出租则公用和作为储藏室。在这一地区经常把一栋楼委派给一个单身人士。举例来讲，一位寡妇住在单元一层或二层，有自己出入的门，她出租上面的房间来作为自己的经济补贴。街区内部的户外空间归住在单元一层或二层的家庭所有。像很多英国连栋房屋一样，户外地面低于街道地面的高度。连栋房屋的宽度决定土地价格和建造技术，通常木梁有5 ~ 6米（16 ~ 20英尺）长。与17世纪沿运河而建的大进深的连栋房屋相比，这些房子的宽度是12米（39英尺），中等大小，仍然提供前后两个空间，包括两个小卧室。由于光线和通风引发的卫生问题，在1902年荷兰住房法案中德派普建设受到严重的质疑。拐角建筑和大街房屋的一层用作商业零售场所，二层用于业主的私人房间。

“德派普”这个名字的由来依然是个谜，或许大家普遍接受的原因是住房规划和建造街区简化，像狭窄的管道一样对

城市规划图1：5000

齐。近年来，这个名字一直备受争议，在17世纪的荷兰它是指排水口。

小　结

如果总体规划是通过确定未来的城市形态，由一个公司长期负责项目开发，那么德派普就是一个失败的总体规划。若和周边的冯德尔公园和贝尔拉赫区（HP Berlage）1897—1917的阿姆斯特丹南站（Amsterdam Zuid）的规划相比，就非常清楚了（见《城市住宅经典案例》，第244 ~ 249页）。准确地讲，人们更关注工程质量。

然而，这并不意味着德派普是少有的案例。20世纪初虽然大多数城市开发遭到反对，但依然不断发展，城市规划也是如此。本案例的特殊性在于荷兰独特的地势和几何状的排水管道。网格状结构而不是严格意义上的直角，与遵从农业细分土地的开发形状稍有不同。因没有排水管道技术，农业细分土地往往在形状上很少重复。这些排水管道确定社区事务和国家安全问题。就方法而言，排水管道和农业细分土地作为网格开发，必须遵从相同的理念。清晰和简单的规则涵盖在现存的所有权模式中，1811年曼哈顿行政人员规划是著名的、激进的例证。卡尔夫的设计理念进一步促进了这种重复，并且现存的所有

上图：沿着以前的排水管道而建造的典型街景。

权边界与新流通空间的位置有机相连。快速浏览详尽的覆盖图，可清楚地表明在现实中这个连接很难建立，街道经常远离边界。这可能回答了这一系统为什么不能应用到城市的延伸区域这一问题。有趣的是，我们对于萨珐蒂公园的研究在一个小层面上包含两种开发模式：一方面是尼福特里克规划遗迹喜力啤酒厂周边的人造网格，另一方面是卡尔夫规划的几何状排水管道。

在萨珐蒂公园的建造中，很容易判断出城市的成功之处是以总体规划的复杂标准为基础的，它的标准比德派普要低。然而，城市布局没有创造性并不意味着中等规模街区建筑设计或城市设计质量低。同样，曼哈顿建造网格住房以及上东城漂亮的公寓楼一样令人质疑。时间并不会简单地使人与人平等，像纽约或其他地方的工薪阶层住宅区。德派普也经历了20世纪70年代的旧城改造，证明了对于不断增长的人口而言，相对简单的城市布局和建筑是令人满意的。这样情况并不是偶然发生的：在阿姆斯特丹由于激烈的政治斗争引发拆毁整个地区。从这一角度看，德派普代表了一种想象的发展选择。作为“一个委托人，一名建筑师”的开发模式，纽约下东城的贫民区（Gashouse District）由史岱文森镇取而代之。

上图：杰勒德•道斯特拉特大街标出1866年雅克布斯•万•尼福特里克的人工网格规划和1875年卡尔夫排水管道布局之间的分界线。

下图：阿姆斯特丹南站大型街区的街景，19世纪由亨德里克•彼得勒斯•贝尔拉赫根据总体规划设计。大规模开发理念清晰可见，并且突出现代住宅建筑的基本特点。

丸之内

地点：日本东京千代田区
年代：1988 年至今
面积：120 公顷（297 英亩）

容积率：5.63
居住人口：0
混合用途：主要是办公、宾馆和展览空间，大约2%用于零售和餐饮

丸之内是世界上最有价值的地产之一，它是地区重新规划开发而没有明显改变土地所有权分配的相当稀少的范例，主要原因是很早建立的有实力的私人公司的存在。

丸之内的历史始于日本政府大规模出售土地时期。在大规模出售土地之初，大名（诸侯）和其他贵族成员住在江户周边，幕府时代将军是日本政坛的领导者。虽然这些大名住在由护城河保护的领地和江户城里，他们依然在幕府将军监督之下，每隔一年要离开自己的居住地。1867年明治维新以后废除德川幕府时代，不再需要强制安排，并且迫于外国势力的压力，永远改变了日本政坛结构。1890年政府决定出售用于军队营房和阅兵的土地，由于土地面积和报价太高，投标者发现无利可图。这些土地最终由商人横须贺川崎（Yanosuke Lwasaki）购买，他是三菱创始人岩崎弥太郎（Yataro Lwasaki）的哥哥。在那时江户城成为皇宫已有20多年了，东边紧挨江户城的丸之内仍然是最受人尊重的地区。川崎同意高价购买，因为他

左图：横须贺川崎的肖像，1890年他从日本政府手中购得丸之内地区。他是三菱创始人岩崎弥太郎的哥哥，岩崎弥太郎在哥哥去世后成为公司的第二任总裁。

右图：建造于20世纪20年代初的伦敦街区（London Block）的明信片风景，其名字符合其建筑特点。

是唯一一个有着清晰的开发视野的人。直到1991年这一地区成为日本最繁华的商业区。之后新宿西区成为整个日本最著名的繁华商业区，东京市政厅也位于其内。

自相矛盾的是，作为日本很多大公司总部的丸之内初期的成功也是很脆弱的。始建于20世纪70年代末，经济发展迅速而未能相应地提供现代化的建筑设施。快速成长的企业需要更多的空间，期望提供最新的建筑技术。这样的要求很容易满足，像东京新宿区的高楼鳞次栉比。在东京西部废弃的自来水厂建设这个地区，至少确定了丸之内区在世界建筑舞台上的一席之地。这里的地产可以和曼哈顿闹市区、伦敦码头金融区（Canary Wharf）或拉德芳斯相媲美，坐落于此的是国际金融机构，而不是日益强大的制造企业。丸之内紧邻皇宫，它是首都唯一受到建筑高度限制的地区，飞机的飞行航道限制了很多其他区域的建筑高度。因此，挑战在于彻底的零星修复，在此过程中既不威胁街区已建成的建筑地位，也不危害城市环境。

项目组织/团队结构

1988年大手町-丸之内-有乐町（OMY）区重建项目委员会成立，该组织的目的是保护拥有120公顷（297英亩）土地的70位所有人的利益。巧合的是三菱地产掌控着该地区地产的1/3，由此成为最大的土地拥有者。这个集团除拥有三菱地产外，还持有三菱建筑公司、三菱电器和东京三菱银行的股份。第二次世界大战以前，这些公司和很多其他公司仍隶属岩崎家族。该家族是以船运发家的。由于家族参与军火生意，家族对国家有超强的影响力，并且公司使用奴隶做这些事情。伴随其他相类似的案件，在同盟国的压力之下，该集团解散，并没收了岩崎家族的产业。然而，该集团现存的子公司数量大约有500家，并拥有员工超过5000人。更为有趣的是，尽管这些公司在法律和经济上是独立的，但所有公司仍遵循集团最后一位总裁制定的三项基本原则：企业对社会负有责任；以德为本；以贸易促进国际间的相互了解。

1 干涉前的情况。

2 重建之后基本未改变的土地细分和所有权。

3 建筑外围结构总体规划。在一侧增加了地面公共空间，建筑外围主要改变高度。

4 最终设计。

私人所有
公共所有
建筑围护
绿地
私人所有地块
公共所有地块
轨道

过程图

除了OMY区重建项目委员会以外，咨询委员会成员还包括第二大土地所有者即东日本轨道公司、东京市政府和千代田区（Chiyoda District）公共团体。咨询委员会精心设计了丸之内重建工程设计方案，设计方案与外国顾问相互协调，也没有法定权限。不过，作为君子协定，设计方针构成了千代田区建筑许可分配的基础。

城市形态/连通性

最有趣的是，就城市形态而言，自重建工程一开始，丸之内几乎没有任何改变。总体设计理念是不仅要重建，还要使现存的建筑结构建得更现代，增加尽可能多的房屋建筑面积。即便在历史上这块土地的范围划定都很清楚，为方便阅读还提供了以前江户城的形状图。往西依然紧邻皇宫护城河，往北部、东部和南部重建几个大型基础设施，并以弧形排列在以前的护城河外。鉴于这些改动非常有限，不可能有任何的宏伟设计，于是这个工程主要突出公共空间重要性，并且成为了最引人注目的城市特征。

在修建过程中，最突出的是那贺町大道-多利（Naka-Dori）景观美化工程，该大道是这一地区的中心。加宽人行道，在大楼底层周边引入高端零售业和餐饮业。历史上这条大街死气沉沉，一直是办公机构入口或银行营业网点。就该区的面积和财富而言，引入高端零售业和餐饮业很适合，但是这些也反映出在理解企业都市化生活方面的重大改变。以前该地区的开发目的仅限于提供高效的办公场所，但今天更多的员工在午休期间想娱乐一下或购物。这样的特色社区，员工们所在的公司是提供不了的。很明显这些要求不仅是建筑设计或建筑用途的问题，而且是“软总体规划”的环境设计理念，包括组织特殊活动、体育比赛和晨间讲座。随着时间的流逝，它在工程总体建设中取得重要的地位，最终使丸之内恢复活力和生机，摆脱过于保守的名声。由于三菱地产要获取巨大的经济利益，市政管理当局在楼体建筑面积和楼层高度上做了妥协，所以开发商和这一地区的其他土地拥有者介入了管理和设计规划的成本。这一事实也说明了其他土地拥有者不像三菱地产一样以商业活动为中心。

丸之内的法定容积率（FAR）达到13，在东京是最高的。考虑到公众利益，

Shin-Marunouchi大楼（2007）和红色的Tokio Marine & Nichido大楼（1974）的景观。这张照片拍自Hibiya-Dori，沿着东部的护城河。

1 建筑用途
住宅
办公
混合使用
娱乐/体育
公共便利设施
交通
购物
一层的零售和餐饮业
H 旅馆

2 绿地
绿地：公共/集体/私人
路边植被/绿色小径
步道
公共广场

3 交通
轨道：地面轨道/换乘站
地铁
BUS 公交
电车

4 街道网络

分析图

从东京火车站前面的广场望向日本企业俱乐部的风景，这一地区已并入新开发的三菱UFJ信托和银行大楼（2003，由三菱地所设计）。

左上图：作为新总体规划的一部分，令人生畏的高耸的大楼的间距已经过仔细的美化。

右上图：完善（Maruzen）购物中心的入口，丸之内OAZO开发的一部分，由三菱地所和日建设计株式会社共同设计而成。

有些规划的容积率甚至超出了这个标准。不仅丸之内是这样，东京也一样，这一现象说明为什么在建筑物拐角设计中经常出现很小的公共广场。在私人土地上提供公共的开放空间，使开发商能建造更多的房屋。这也使人理解土地依然是私人的，而重开发规划可能阻碍了公共通道。至少一半的额外房屋面积必须用于公众活动，包括商店、餐馆、博物馆或体育场。

交通枢纽是这一工程重要的制胜法宝，有几座地下车站和市中心火车站，使得东京和该地区很好地连接起来。提供穿梭巴士服务是为了不必步行走到其中一个地下车站，比起真正的需求，这更多的是营销工具。四通八达的地下人行道提供可选择路径，并且可直接到达其他大楼，这些交通枢纽令人很舒适。不仅零售业和餐馆很有特色，而且在闷热、潮湿的夏季和寒冷的冬季地下通道尤其受欢迎。

建筑类型

重建计划主要的建筑特征是以塔楼为雏形，这一特点也适用于新生代的高层建筑。这种形式的运用基于以下几个因素：增加现有大厦楼层高度的情况下，不必损失空间品质；借助展示以前的周边建筑，希望保留这一地区的城市历史风貌；真正的建设以保存完整的历史建筑为基础，如

鸟瞰图1：10000

日本企业俱乐部。这和曼哈顿1916年的分区法相似，二战前曼哈顿诞生了很多著名的婚礼蛋糕形状的高层建筑。采用这种布局另一个明显的原因是避免高楼影响街道风景和周边建筑物。

就规划布局和建筑风格而言，重点强调空间利用率而非创新，这似乎成为人们的共识。在外国观察员看来，这种冷静的有时简朴优雅的风格让人想起日本的汽车设计。强调实用主义的思想在企业建筑市场表现出来，这一市场由少数几家大公司掌控。最有名的公司是日建规划设计（Nikken Sekkei）株式会社和三菱地所设计（Mitsubi shiJisho Sekkei）株式会社。三菱地所设计株式会社是三菱地产子公司，开发商建的很多大楼都是由该公司负责设计的。2007年由霍普斯金（Hopkins）建筑事务所设计的新丸之内塔楼代表与众不同的发展风格。此建筑设计中出于美学的原因，在关键工程上邀请国外设计师协同工作，而由国内设计师决定规划布局。该地区另一个建筑亮点是1996年由拉菲尔•维奥利（Rafael Vinoly）设计的东京国际论坛大厦，他的设计在国际竞赛中获奖。

小 结

设计方案明确立场及其国家重要性也被认为建设中的一个负担，在这样的情境

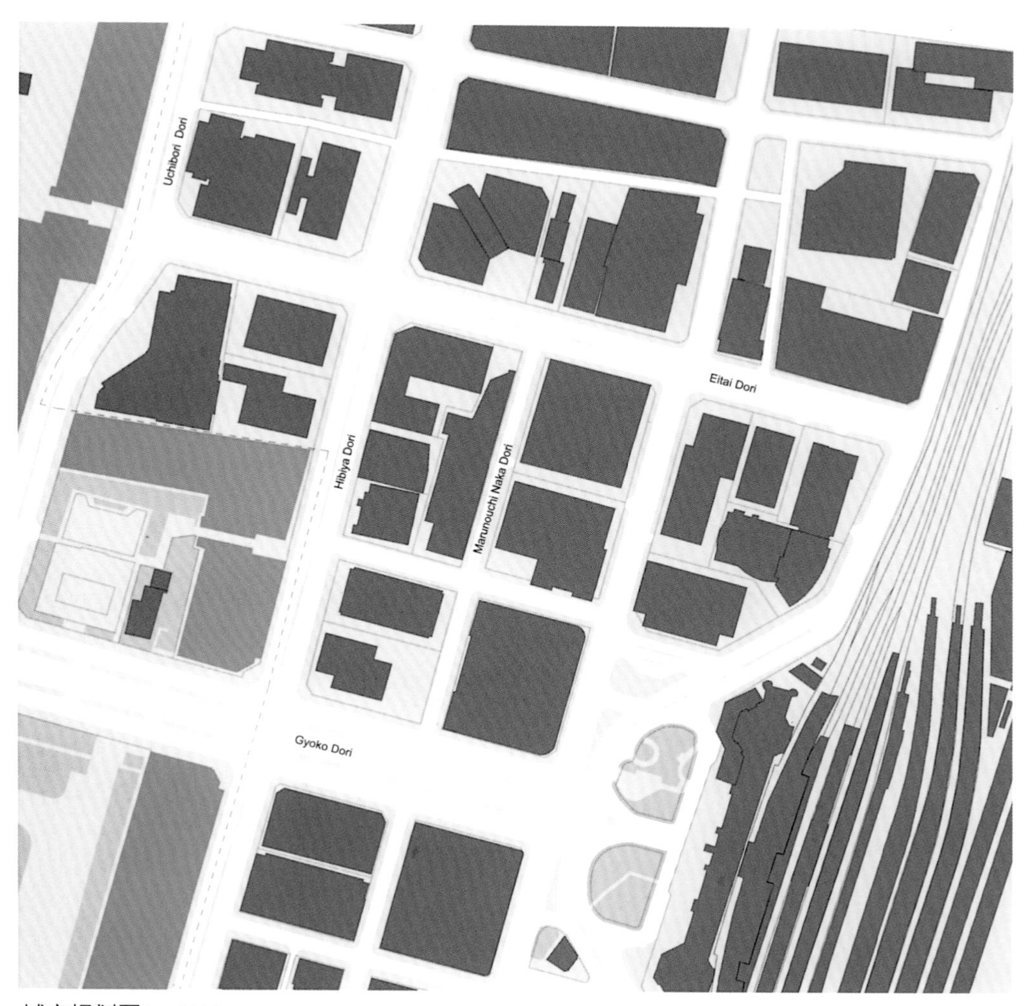

城市规划图1：5000

下，丸之内失去的要比获得的更多。和其他城市干预相比较，在这方面三菱地产是积极的，没有引起该地区的衰退或房地产价值下降。这也意味着倾向于冒险。如果丸之内重建大幅度增加办公空间，强调经济利益，通常来讲，客户会很同意。不需要大肆宣传，所以也就不足为奇。不像东京其他地方，该地区并不是以建筑景点闻名遐迩的。

就土地使用来讲，从工程方面丸之内尽管宣称其是ABC（礼仪商务中心）不是CBD（中央商务区），但作为竞争性的城市化方案，它与巴黎拉德芳斯和伦敦布罗德盖特最具可比性。伦敦布罗德盖特案例的重建想法是在改造的基础上限制高度，拉德芳斯及其未来城市化地位和国家重要性依然很明显。构建完全不同的城市法则要追溯到20世纪50年代末，而不是19世纪90年代的丸之内。和今天的观点一样，增加建筑高度是为了保持竞争力。就工程来讲，很难判断日本70名土地拥有者的通力协作比构建拉德芳斯的国家地位更复杂还是更简单，拉德芳斯在政治上分成三个独立区域。尽管丸之内有总体规划方案，但现今可以看到拉德芳斯和丸之内都是零敲碎打的重建理念，而不是整体重建。因此，多年来在总体规划开发上，人们都认为丸之内是优秀的案例研究，并不只是最

左上图：丸之内那贺町大道-多利完全重建后的街景。加宽了人行道，减少了机动车道。

左中图：由于该区人口密度大，并且在地面存在很多交叉路口，通往东京火车站的路并没有成为主要的麻烦事。

左下图：位于丸之内南边银座的一个十字路口景色。

右图：这一地区的西边是日比谷通里街道设计，左侧是护城河和皇宫外面的花园。

近的城市重建例子。自丸之内土地出售120多年来，这一区域的土地拥有结构和地籍理念对组织结构的演变有着重要影响。

下一页：那贺町大道-多利中心已成为豪华的购物场所。街道艺术是该地区总体规划的重要元素。

左图：丸之内地下网络规划图。它提供很多零售和餐饮区，并直接把城市的火车和地铁相连接。

右图：东京中心车站对面的丸之内塔楼，由三菱地所设计株式会社设计，于2002年竣工。它是这一地区最大的开发项目和新总体规划的典型案例。

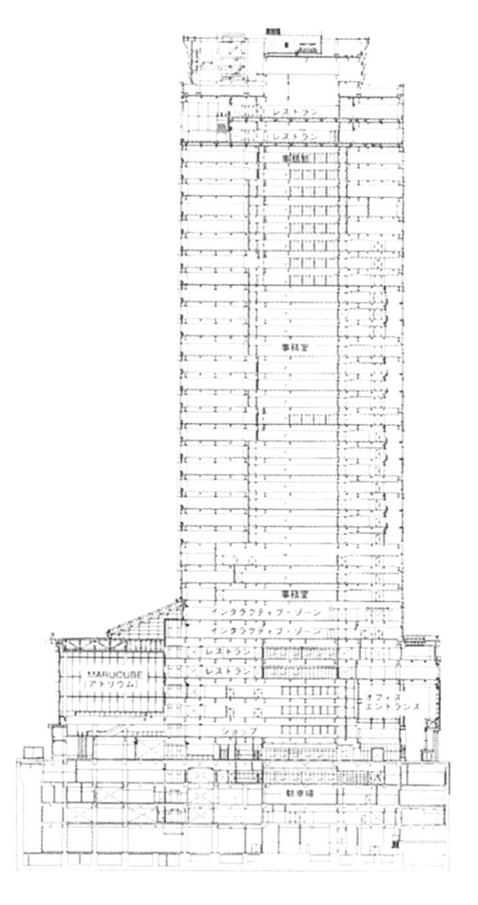

欧洲里尔

地点： 法国里尔
年代： 1987—2012
面积： 126 公顷（311 英亩）

容积率：0.82
居住人口：8000
混合用途：43%办公，27%居住，16%零售和餐饮业，10%公共设施，4%宾馆

很难找到比欧洲里尔与运输更紧密相关的工程了。如果新欧洲高铁网络建设没有使里尔成为重要枢纽，那么欧洲里尔像现在这样的发展是难以想象的。象征城市希望的欧洲里尔，尽管城市结构发生了成功的重大改变，但人们依然将它与过去辉煌的工业时代相比较。

1981年法国和英国签署高铁建设协议，协议中约定通过英吉利隧道，把伦敦和巴黎连接起来，使它们成为欧洲最大的城市带。1986年这些研究证明在技术和经济上是可行的，并签订了合约，将古老的梦想变成现实，而这个方案是1802年由法国工程师阿尔伯特•马修法维耶（Albert Mathieu-Favier）提出的。在弗朗索瓦•密特朗领导下，总理皮埃尔•莫鲁瓦（Pierre Mauroy）于1981年签署协议。自1973年起皮埃尔•莫鲁瓦一直担任里尔市长，在签署协议后，他感到利用工程产生的经济动力是振兴里尔这座城市千载难逢的机会。

位于法国北部的里尔车站的特殊重要性在于，巴黎和伦敦高铁线的连接把通往和荷兰的高铁线路连接了起来，是这个轨道网中最具战略地位的一个，是欧洲连接点。虽然在1986年签署协议时并没有把该车站的具体位置确定下来，但莫鲁瓦发挥其政治影响力，确保车站建在里尔，而不

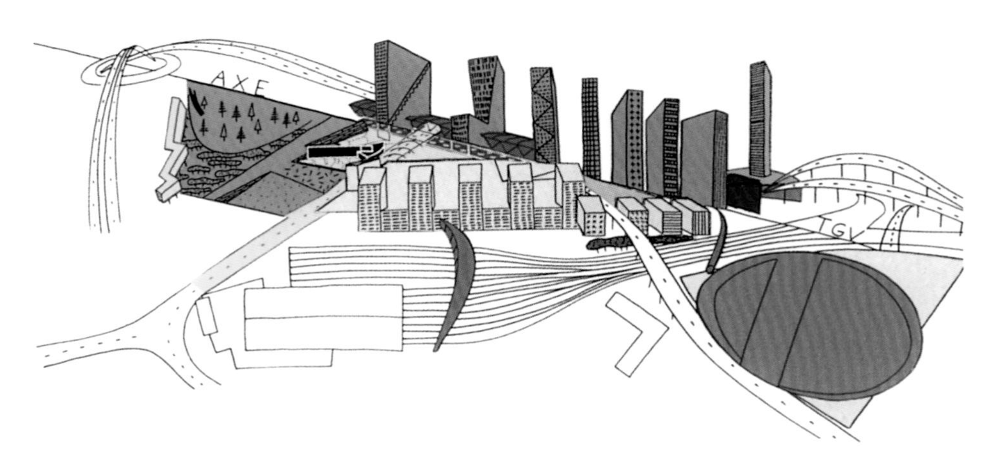

下图：OMA设计的里尔草图。

底图：当今里尔三个地区的总体规划图。

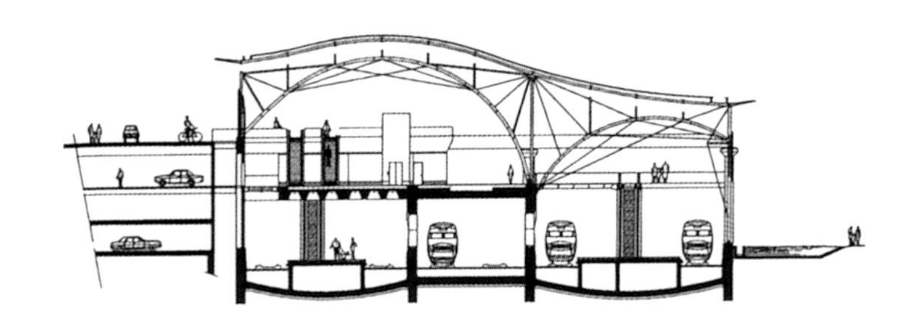

里尔欧洲车站剖面图。车站顶板结构的细部是与来自英国奥雅纳（ARUP）工程顾问公司的彼得•莱斯（Peter Rice）合作设计的。

左图：设计大师让玛里•杜迪杨（Jean-Marie Duthilleul）设计的里尔车站南边入口（1994）。为了与地下高铁建立视觉联系，车站广场下沉。

下图：车站内部往西看的风景。

1 干涉前情景，即基础设施未大规模开发之时。

2 重建后土地细分及土地所有权情况。

3 建筑外围总体规划。

4 最终效果图。

私人所有
公共所有
建筑围护
绿地
私人所有地块
公共所有地块
轨道

过程图

是建在主要竞争对手亚眠市（Amiens）。此外，他确保把车站建在市中心，而不是里尔城市带的任意一个地方。这一都市区与运输枢纽相连，有着紧密的经济交流。官方提出居住人口在110万的基础上至少再增加50万人。这一都市区边境直接延伸到了比利时的边界线，然而乘坐火车基本上仅用90分钟。对于拥有5000万人口的城市，里尔成为这一区域的中心，这一数字高于位于巴黎北部的省会城市。

皮埃尔•莫鲁瓦担任里尔市市长时还没有里尔都会区。莫鲁瓦提出建设这座车站的最好地点是里尔市中心，而不是以前规划的三个主要卫星城之间的任意地方。从技术上来讲，把车站建在市中心让事情变得更加复杂。法国国家轨道公司SNCF估算会产生8亿法郎的追加成本。为了实现他的想法，莫鲁瓦成立了一家私人公司，还仔细制订了一个可行性方案，但反对莫鲁瓦在市中心修建重要交通枢纽的呼声最终胜利。在1987年决定把车站建在老车站里尔弗朗德勒（Lille Flandres）旁边，即里尔

顶图：让•努维尔（Jean Nouvel）设计的里尔弗朗德勒火车站（1994）及其后面道路的景观，以及克劳德•瓦斯科尼（Claude Vasconi）设计的里尔欧洲之旅大厦（1995）。

上图：让•努维尔设计的里尔购物中心内部。

市东边。这一区域占地约130公顷（320英亩），土地由该市所拥有。自从1668年起，沃邦（Vauban）要塞环绕整个里尔城，在这一要塞被毁坏之后并未修复。那时的工程，在以前的区域并不包括轨道线和城市外围的环路。

项目组织/团队结构

1987年签署把车站建在里尔的协议后，约定车站于1994年投入使用，通过步行、乘坐当地电车和地铁均可到达。上面提到的SNCF（法国国营轨道公司）估算共计8亿法郎的追加成本，由里尔市承担13300万法郎，因此增添了相当大的财政压力。在短期内似乎将该开发区出售给一个投资商更切合实际。然而，该市最终拒绝了法国有影响力的建设和开发公司布伊格（Bouygues）的请求，该公司提供了由里卡多•鲍菲尔（Ricardo Bofill）设计的方案（见安提戈涅案例研究）。欧洲里尔大都会是莫鲁瓦成立的私人公司，继承人遵循公司计划并邀请8支团队提交提案，其中4队来自法国国内，即伊夫•莱昂（Yves Lion）、克劳德•瓦斯克尼（Claude Vasconi）、让-保罗•维吉埃（Jean-Paul Viguier）、米歇尔•马卡里（Michel Macary），4队来自国外，即大都会建筑事务所、维托里奥•戈里高蒂（Vittorio Gregotti）、奥斯瓦德•马赛厄斯•格尔斯（Oswald Mathias Ungers）、诺曼•福斯特（Norman Foster）。因为工程进展和实际方案并行，将新车站建设与国际商务中心开发结合起来。招标要求设计团队展示他们的愿景和看法而不是实际提案，任何草图和图纸一律不被采纳，而且每队竞标者必须与评审委员会成员讨论90分钟。评委们毫无争议地选中了大都会建筑事务所的荷兰建筑师雷姆•库哈斯（Rem Koolhaas）的作品，尽管那时他没有什么建筑方面的经历。他在论述中提到一直关注团队管理问题，他也是理解高铁潜在影响的最佳候选人，并努力展示对这一愿景的追求，以至于其他人在背地里都认为他是一个狂妄自大的人。因工程复杂，不得不把现存的环城公路改为平行于火车的隧道。否则城市和车站之间的连接没有任何意义。

大都会建筑事务所（OMA）设计的里尔会议展示中心，背景是让·努维尔设计的欧洲里尔购物中心。

如上所述，工程头两年由莫鲁瓦成立的私人公司承担，起初是Lille Gare TGV公司，然后是欧洲里尔大都会公司。在此期间银行是主要的风险承担者，之后从1990年起该工程遵循法国共同开发机制，并且由里尔的一家公私联营开发公司SEAM掌控。在这家公司里，莫鲁瓦任董事长，让•保罗• 贝埃特（Jean-Paul Baietto）任总经理。不同于很多其他公司，欧洲里尔是一

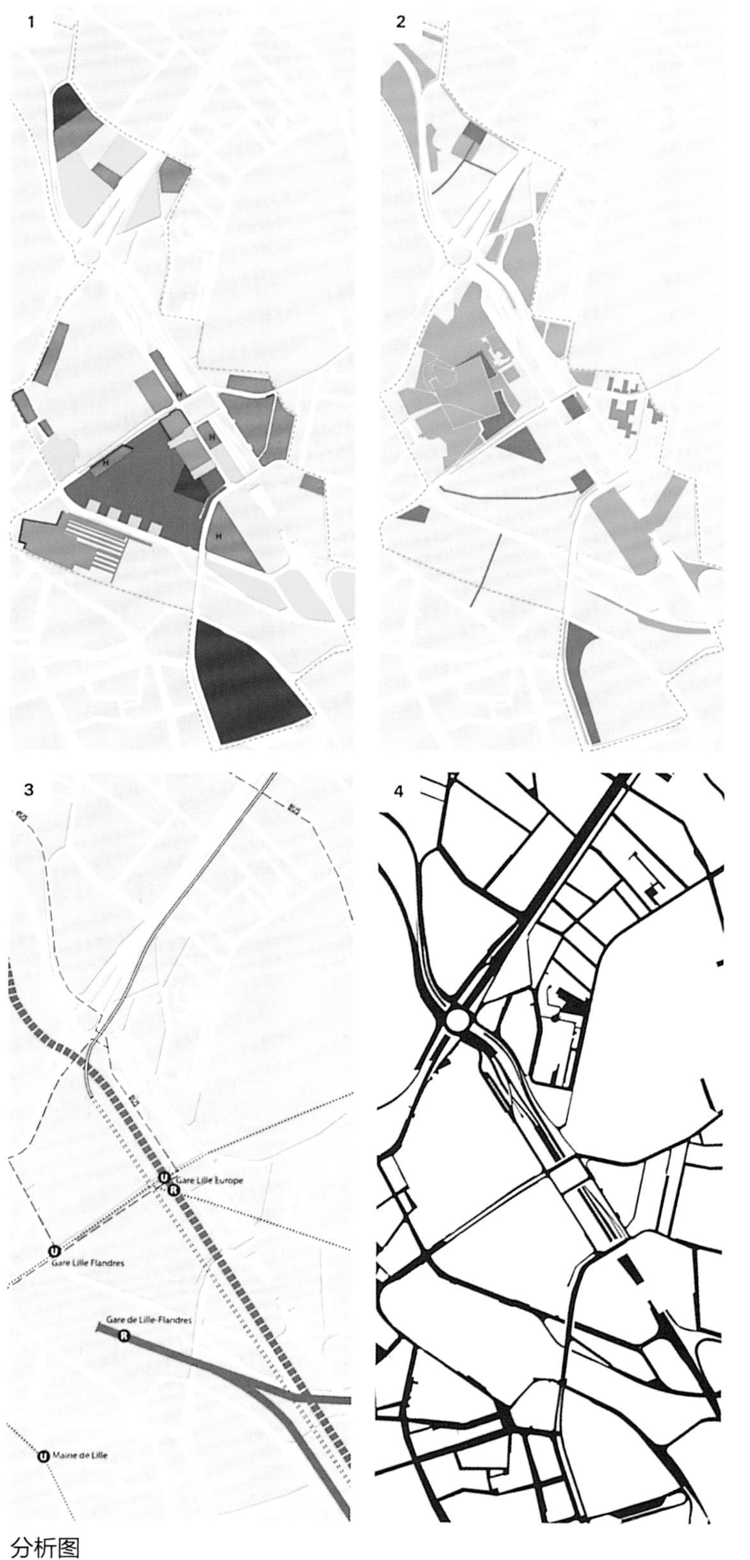

1 建筑用途

- 住宅
- 办公
- 混合使用
- 娱乐/体育
- 公共便利设施
- 交通
- 购物
- 一层的零售和餐饮业
- H 旅馆

2 绿地

- 绿地：公共/集体/私人
- 路边植被/绿色小径
- 步道
- 公共广场

3 交通

- R 轨道：地面轨道/换乘站
- U 地铁
- BUS 公交
- 电车

4 街道网络

分析图

家真正的合营公司，国家仅持有51%的股份。总投资约50亿欧元，其中私人投资占38亿欧元。

对私人企业强烈的依赖性以及项目规划理念的不确定性，吸引地方、国家和国外公司参与建设，并且对工程事宜努力做好沟通工作。在例会期间，业务主管、各方代表对具体话题进行论证。欧洲里尔是意志主义行为，展现未来的愿景，并不是反映具体事物，正如本书中展示的很多城市工程案例一样。设想便利的交通连接会让国内外的公司入驻里尔或里尔都市区，要是这样的话会对里尔经济发展有利；然而，在全球化背景下，选择入驻里尔明显没有入驻布鲁塞尔、巴黎或伦敦这样的地球村更吸引人。

城市形态/连通性

欧洲里尔工程到现在依然在建，工程完全由“欧洲里尔”规划管理及经济发展公司（SAEM Euralille）开发建设，由三个独立完整的开发区构成。欧洲里尔一期的总体规划由大都会建筑事务所（OMA）设计，欧洲里尔二期的总体规划由迪萨潘•勒克莱尔（Dusapin Leclercq）设计，欧洲里尔三期（Porte De Valenciennes）的总体规划也是由迪萨潘•勒克莱尔负责的。总面积达126公顷（311英亩），并且混合用途区的面积有88万平方米（950万平方英尺），而36万平方米（390万平方英尺）的土地主要用于办公。我们的描述主要关注第一期建设和商业阶段，二期和三期还在建设中。此外，它们可被视作城市的一个独立部分，并且遵循一套不同的城市规则，这在一定程度上是由于其与基础设施中心的距离和住宅使用上的优势。

欧洲里尔是20世纪末城市工程知名度最高的一个。就欧洲里尔的位置边缘性而言，作为现存的主要交通大动脉，低密度很值得研究。如果该方案要作为市场营销工具，那么对这个城市而言，作为19世纪主要的纺织业和冶金中心，它已逐渐失去吸引力。于是“大”字出现在规划方案中，建造完成的结果是能够提供宏伟的建筑。最终中等规模的开发计划完成。大都会建筑事务所（OMA）精简设计规划的内容后，其灵活的理念不仅有意义，还成功地融合了很难在内城建造的小规模建筑结构。在这个方面，施工地点的边缘位置也有了更多的机会。商业塔楼和欧洲里尔超大的建筑结构似乎是一个巨型帐篷的支柱，巨型帐篷扩展延伸至里尔整个东边地区。它不仅开发了一系列高质量的住宅而且汇集了大量的开放空间，其中包括吉勒斯•克莱芒（Gilles Clement）、弗朗索瓦•格蕾特尔（Francois Grether）和邓肯•路易斯

左下图：由安普瑞安特（Empreeinte）和克劳德•库尔特屈斯（Claude Courtecuisse）设计的马蒂斯公园（Parc Matisse）。

右下图：由米特比利斯（Mutabillis）和邓肯•路易斯（Duncan Lewis）设计的巨人花园（Giants' Garden）。

鸟瞰图1：10000

（Duncan Lewis）的设计作品。因此，全球化背景和当地现实之间明显紧张的关系似乎在这些设计作品中很好地表达出来。

建筑类型

OMA的总体规划任务并不包括对建筑师的挑选，也不对此项目做明确规定。然而，这家荷兰公司提出建议，建筑师的选择同他们最终的设计方案一样，都是讨论的结果。讨论是在城市与建筑质量圈中进行的，该组织由弗朗索瓦•巴里（Francois Barre）担任主席。城市与建筑质量圈这一组织是为欧洲里尔项目而成立，它的成员来自各种不同背景的知名和不太知名的人士。正如让•保罗（Jean-Paul）所言，该组织的目标是让所有总体规划成员参与其中，它也为法国建筑公司、开发界、当地社区和荷兰设计团队提供帮助和联系。除了总体规划任务，OMA也接受建筑委员会的里尔会展中心设计任务，提出把火车站与停车场和地铁网络连接起来的拉内西（Piranesian）空间概念。欧洲里尔车站是整个项目的核心与动力，由SNCF（法国国营轨道公司）的总建筑师杜迪杨设计，而来自英国公司奥雅纳的彼得•赖斯设计了精美的车站屋顶。

该工程最主要的挑战转变为一亮点，因为在地下隧道和地下车站建设上投入了

城市规划图1：5000

大量设计和资金努力，使工程内部和外部完美统一。国际商务中心的两座塔楼属于初期规划，位于车站上面：一个是里昂信贷银行（Tour Credit Lyonnais，1995），现为里尔之旅酒店（Tower de Lille），由克里斯蒂安•德•波特赞姆巴克（Christian De Portzamparc）设计；另一个是世贸中心（1995），现为里尔欧洲大厦，由克劳德•瓦斯科尼（Claude Vasconi）设计。两座塔楼的建筑形式可能是不同的，但已经表明其和车站的建筑形式是一样永恒的。波特赞姆巴克把两座塔楼称为“天空之靴”，或许是总体规划中最杰出的建筑。

让•努维尔（Jean Nouverl）设计的里尔购物中心，沿维利•勃兰特（Willy Brandt）大街建造了多用途小型塔楼，特点是房顶倾斜度大而无法到达，目的是将新旧两座车站正式连接为一体。OMA的总体规划是在大项目的概要下努力的结果，从今天的视角看，购物中心屋顶的形状似乎是工程最薄弱的环节。从初期设计角度看，它不能掩盖内部的商场设计这一事实。通过下沉式广场把地下车站西侧入口和世贸中心连接起来，规划已经产生了技术要求，而这些最终很难协调一致。

小　结

里尔在城市近代史上占有突出的位

欧洲里尔2区，由迪萨潘•勒克莱尔设计的总体规划中的博伊斯•阿比特（Bois Habite）区。

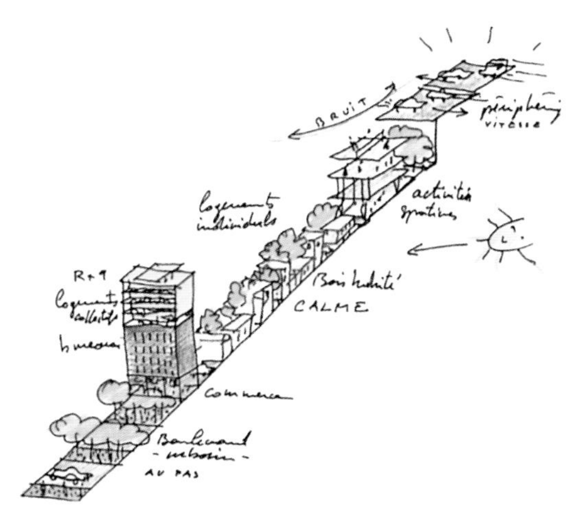

左图：博伊斯•阿比特区手绘图，居民区位于开发区中心，免遭周围大规模基础设施的破坏。

置，衡量它成功与否是一项特别复杂的任务，因此评估并不是本书的目的。像许多同样规模宏大的城市工程一样，1999年金融重组之后经历了大动荡和战略改变，同时法国房地产市场开始复苏。在1998年1月，由于让-保罗•贝埃特（Jean-Paul Baietto）突然猝死，于是任命让-路易斯•叙比洛（Jean-Louis Subileau）接任欧洲里尔SAEM公司的总经理。1999年向法国布伊格（Bouygues）公司销售4栋大楼是这个地区7年来的首笔办公场所交易，这一事实表明经济压力是多么严峻。经历痛苦但成功完成工程的一期后，驳回了20世纪70年代末评论家们所说的只能提升运输状况的观点。新管理层关注的是消除工程中的主要问题。欧洲里尔工程包括向南扩展延伸，近年来里尔当地居民将其视为里尔这座城市真正的一部分。最初的经济预想是高铁车站竣工后会有许多跨国公司进驻该城，但没有实现。从国家层面上看，作为地区商务中心，里尔都市区表明了它的吸引力。和以前的预期相比，里尔也能够吸引相当多的外国游客。在贝埃特和莫鲁瓦坚定的领导之下，由于工程品质和大量交流活动，激发了强烈的团队合作精神，以至于1995年申办2004年奥运会。虽于1997年败于对手雅典，却由此成功提名2004年度欧洲文化之都。这些远远脱离了欧洲里尔城市设计的初衷，但人们能想象，更为传统的设计方案可能不会在国际市场上引发相同的反响。或许没有争议的设计规划方案无法引发人们同样的热情。

下一页：拉内西空间构成紧邻里尔欧洲车站北面入口的内部立体交叉道路。

马德罗港

地点：阿根廷布宜诺斯艾利斯
年代：1991—2015
面积：131 公顷（324 英亩）

容积率：2.00
居住人口：21800
混合用途：主要用于居住和办公，大量的零售店、餐馆、宾馆和博物馆

在本书所讨论的所有工程中，马德罗港或许和欧洲里尔在城市地理位置上是最有影响的。因为马德罗港是一个新型多用途中心，与布宜诺斯艾利斯市中心拥挤不堪的状况形成鲜明对比的是马德罗港地广人稀，这样的城市布局代表着阿根廷迈入了21世纪。

最初的马德罗港（Puerto Madero）建设，在大规模开发的风险和复杂性方面，该项目提供了经验教训，远远超过最近重建该项目。大体来讲，建设高效且位于中心位置的港口的想法要追溯到这座城市的初建时期，该城与普拉特河（River Plate）入海口密切相连。但为什么花费那么长时间建这座港口？很大程度上这是由于入海口河水浅，人们需要经过大量努力和协调，在港口大约中央位置挖掘一条足够深的运河让船只通行。几百年来，货物必须用小船来转运或通过陆路运输，并且很长时间因为当地没有生意竞争对手，同时使用廉价奴隶干活，所以运输费用并不高。因此在1813年废除奴隶制以前，人们修建港口的愿望并不强烈。

由于18世纪末期天然港口蒙特维多（Montevideo）升级改造给当时马德罗港带来了极大挑战，自1776年以来布宜诺斯艾利斯一直是首都，于是参议员们认识到要是没有现代港口设施，未来的布宜诺斯艾利斯几乎难以想象。第一次进行改造始于1802年，建成了中等规模的长35米（115英尺）的港口，1855年又扩建到200米（650英尺）。该港是建立在两个相对立的港口设计基础之上的，一个是在19世纪70年代由工程师路易斯•韦尔戈（Luis Huergo）提出的设计方案；另一个是在19世纪80年代初由商人爱德华多•马德罗（Eduardo Madero）提出的方案，这两个方案的讨论结果奠定了该港口的基础。政府经过几年的徘徊犹豫，由于残酷政治斗争和面临资

金瓶颈，议会选用马德罗提案，他的设计受到欧洲设计理念的启发。1884年年底总统罗卡（Roca）签署了这份合同。1889年第一座码头落成，紧接着在1898年四座码头竣工并开发了通往运河北部和南部的两个出入口。马德罗的规划方案是受到大型港口伦敦或利物浦设计的启发，但是其命运悲惨，不能适应贸易急剧增长和船只的大吞吐量。它仅仅使用了10年，因设计限制带来的低效迫使市政当局不得不着手计划建设一个新的港口。努埃沃港（Puerto Nuevo）于1925年建成，该港很多建设理念来自最初的竞争对手韦尔戈（Huergo）的想法。这样使得马德罗港的吞吐量急剧下降。

接下来的几十年，很多投资者和顾问提出重建马德罗港的宏大规划方案，其中包括勒•柯布西耶（Le Corbusier），但没有一个方案得到实施，因此极佳的地理位置荡然无存。马德罗港东面自然保护区搁浅了工程的开发，该自然保护区是由河流沉积到这片土地上而形成的，在规划搁浅前人们对这片土地一直在进行开发改造。中心区位置有一个面积超过348公顷（860英亩）的重要生态区，这一生态区的缺点是阻断了河流和城市直接相连。这种阻断在20世纪初就存在，那时沿着南河沿（Costanera Sur）有一个主要的海滨长廊和海滩。

项目组织/团队结构

安提瓦马德罗港开发公司（CAPMSA）于1989年的11月成立，它是一家私人公司，中央政府和布宜诺斯艾利斯市政府各持相同股份。公司目标是开发马德罗港，唯一起始资产是土地本身。该公司和国家港务公司、国家列车公司和国家粮食公司签署合同。这些国有机构以前使用马德罗港部分地区当作仓库，并给安提

顶图：20世纪初马德罗港航拍图，那时港口刚刚投入使用。自然保护区还不存在，沿着南河沿这座城市和这条河流有着直接联系。

上图：20世纪90年代初期总体规划图，城市规划于约15年后竣工。

上图：从历史中心区一栋新办公楼的三层眺望第二码头的风景，这个码头另一边的砖楼拥有很长的历史，列为马德罗港首批重建项目。

下图：开发区西北边俯瞰码头图，从这个角度看两座塔楼好似一个整体。

瓦马德罗港开发公司提供启动资金，目的是想租回以前的仓库。另一轻松到手的收入是出售旧材料和停车场，该停车场位于港口西部，即五月广场（Plaza de Mayo）和四个码头的砖楼之间。几部电视连续剧和电影在这一地区拍摄，如《挑战者》（Highlander）和《贝隆夫人》（Evita）。这一机缘巧合有助于安提瓦马德罗港公司的市场开发。综合分析比较炮台公园（见独立案例研究）、伦敦码头区和巴塞罗那办公规划后（在城市综合改造上有经验），于1991年6月举办了一场创意比赛。三支获胜团队每对派三名队员，组成一支专业团队，每支专业团队结合他们最初的理念

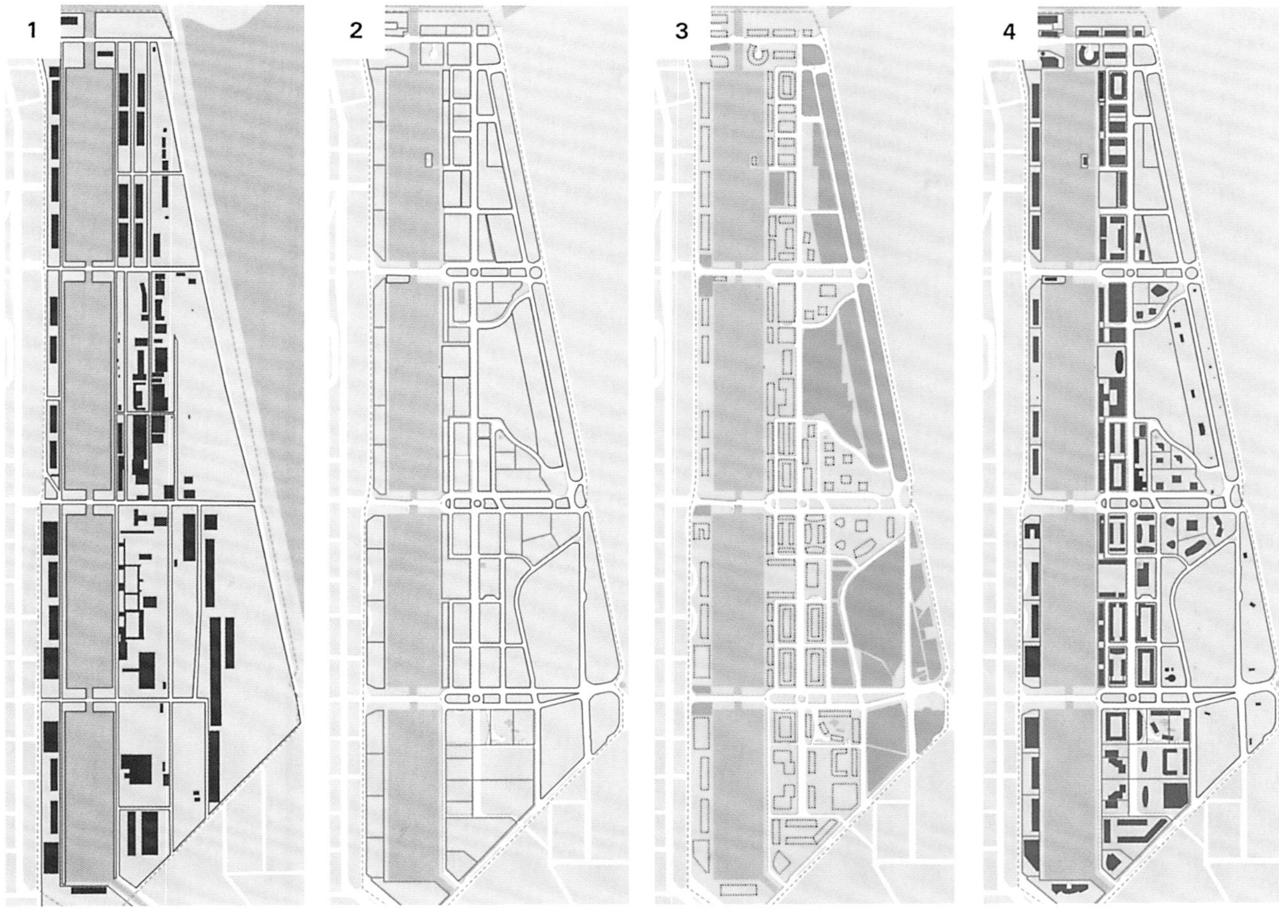

过程图

1 干涉前的情况。

2 重建后再次划分和土地所有权。

3 建筑外体总规划方案。

4 最终效果图。

私人所有
公共所有
建筑围护
绿地
私人所有地块
公共所有地块
轨道

构建官方总体规划方案。在这样的情景之下，作为常规，开发公司已决定通过竞赛不提名任何一个获胜者。针对当地建筑团体的反对，开发公司倾向于对设计过程长期控制，实现更大程度上的多样性和灵活性。开发面积、预计开发完成时间和工程强大政治背景，使得设计不断调整似乎在所难免，满足这些情况更需要一支大的专业团队。

比城市总体规划规则引发更大问题的是发展动力。突出地理位置并不能保证项目开发成功，很多大的投资者不愿意投身于他们不能完全掌控的项目。不仅建筑工地规模大，而且因为公司作为核心元素，开发结构也非同一般。从政治层面看，把整个建筑工地出售给一个私人开发商的想法，以前一直在讨论。唐纳德•特朗普（Donald Trump）曾经是一位渴望得到这个工程的开发商，但最终意见一致认为私人开发公司缺乏多样性，可能会比安提瓦马德罗港开发公司的小规模建设开发有更具风险性。

为了加快工程进展，改善公司资金短缺状况，工程西部由英国建筑师设计的砖砌仓库和实际总体规划图分开，出售了一小块工程用地。重建工程的招标比预期吸引了更多人参与竞标。因此公司能够挑选最佳设计方案和建筑规划，同时获取相当多的利润。限制开发商改变现存建筑外观，保留历史遗迹，这些或许明确决定了未来成功的宏伟规划。以城市历史为基础，接受与周边环境在社会、文化和建筑

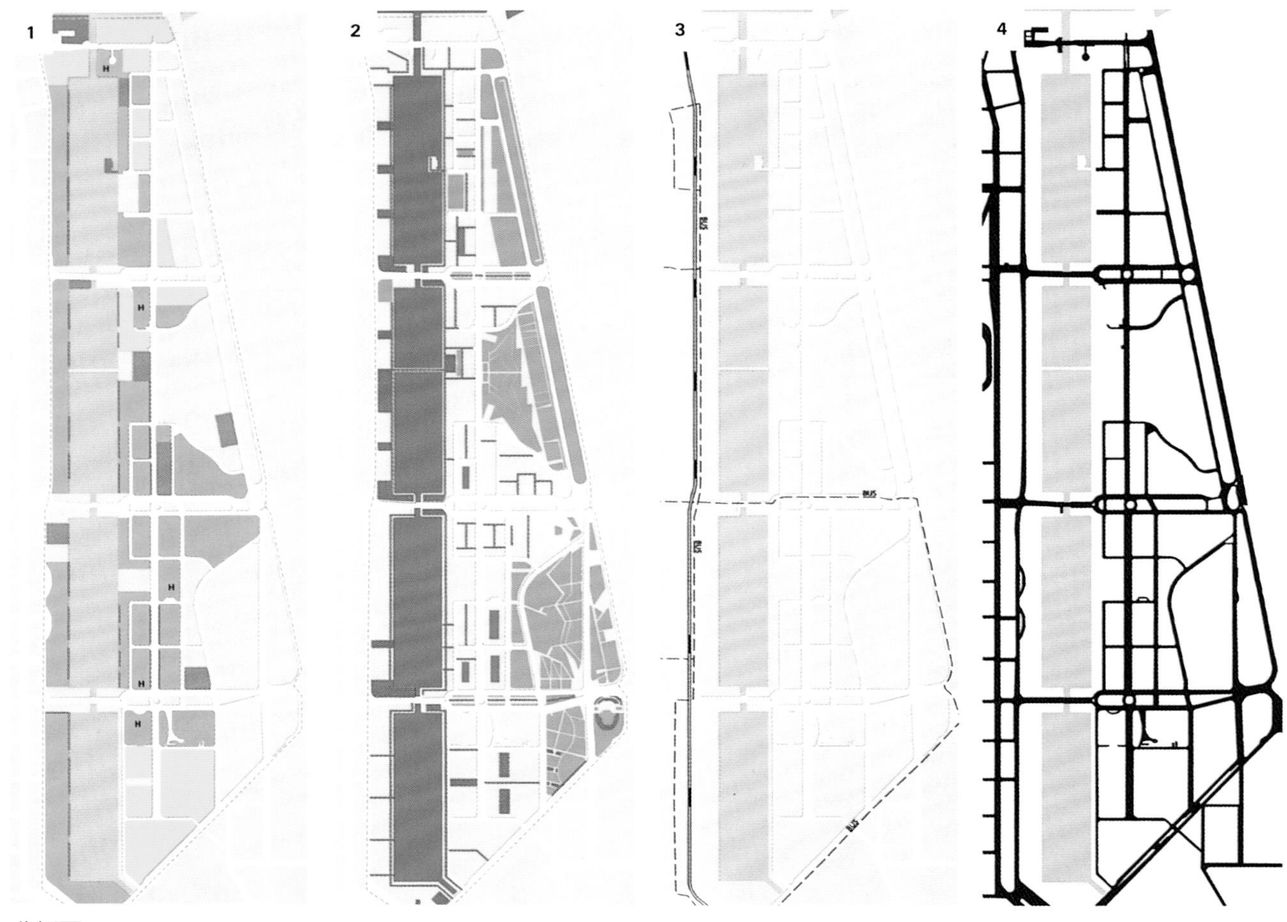

分析图

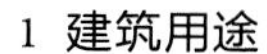

1 **建筑用途**
- 住宅
- 办公
- 混合使用
- 娱乐/体育
- 公共便利设施
- 交通
- 购物
- 一层的零售和餐饮业
- H 旅馆

2 **绿地**
- 绿地：公共/集体/私人
- 路边植被/绿色小径
- 步道
- 公共广场

3 **交通**
- R 轨道：地面轨道/换乘站
- U 地铁
- BUS 公交
- 电车

4 **街道网络**

没有什么共同之处的新区。开始出售工程最北部三角地带，这一区域紧邻城市金融核心区,并作为主要营销策略。马德罗港看起来是布宜诺斯艾利斯的中心，为几家大公司，如雷普索尔YPF公司、铁狮门房地产公司（Tishman Speyer）和法埃娜集团（Faena Group），提供建设工程。在这样的背景下，值得一提的是几家小型开发公司奠定了其开发基础，它们发现砖砌楼群和港口历史遗迹对未来增长有潜在影响。

城市形态/连通性

从技术角度看，马德罗港这一地区特殊性的主要原因是它的地质结构，很明显与填海造地和以前用作港口有关。在港口东面，CAPMSA（安提瓦马德罗港开发公司）决定把这一区域再细分为一块块土

上图：欧尔佳•克赛蒂尼（Olga Cossettini）大街上从人行横道通往码头的风景。这些办公大楼是马德罗港部分新建工程（见建筑规划图）。

下图：波特诺（porteno）广场办公大楼正面图（2000年）， 由MRA+A设计。它是码头东部新开发一个范例。位于海滨和欧尔佳•克赛蒂尼（Olga Cossettini）大街之间，离圣地亚哥•卡拉特拉瓦的埃尔蓬特女人桥不远。

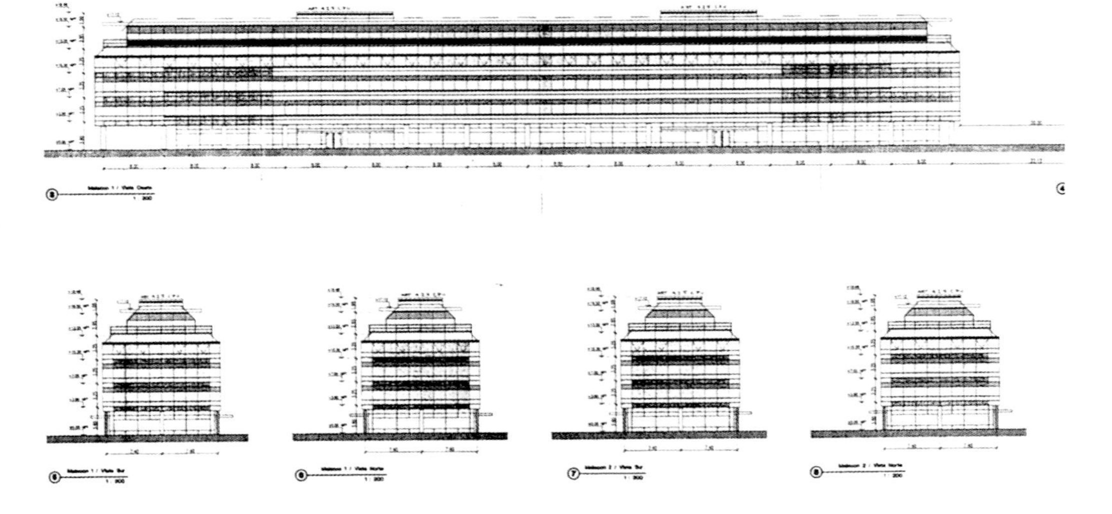

乌瞰图1：10000

地，与写字楼的市场需求相适应。这些区域的写字楼因建造楼面面积大且没有高层建筑而闻名。通常对于开发商们来讲，在中心区可以获得那样的小块土地是极具吸引力的，他们关注的项目是在狭小地块上建造典型的布宜诺斯艾利斯街区。新开发的办公楼越来越多，于是街区本身变小。

整个工程的关键原因即开发过程中政府的干涉限制了马德罗港潜在发展，并且减少了市中心到郊区的投资。市政官员竭力强化市中心的地位，期望有钱人从那里获得投资利益，同时盼望开发公司在没有什么特权的环境下，在城市重建中盈利。尤为重要的是，并没有计划把马德罗港建成为一个新的CBD（中央商务区），而是综合用途，其中包括公寓、餐馆、商店、宾馆、博物馆和一所大学。与市中心和五月广场实质上的连接是显而易见的，同时是矛盾的。一方面，从政府所在地卡萨•波萨达（Casa Posada）走路到五月广场只需5分钟，包括通过圣地亚哥•卡拉特拉瓦（Santiago Calatrava）人行过街桥埃尔蓬特女人桥（El Puente de La Mujer）。这座桥是五月大道的延长。另一方面，这样的近距离并不能掩盖城市历史上对大海的封闭，因为马德罗港位置依然低于海平面，并且通过基础设施带和市中心隔离开来，基础设施带由电车轨道、停车场和两条拥

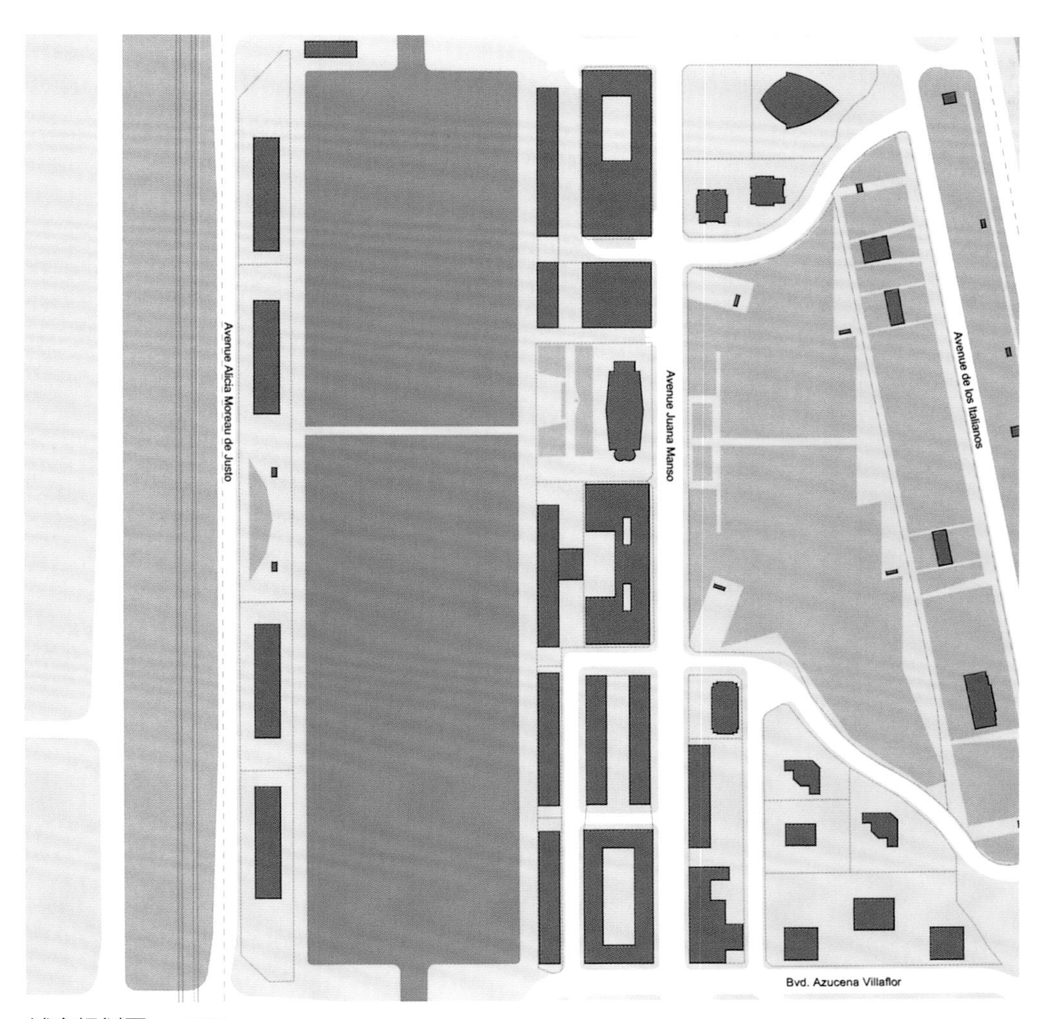

城市规划图1：5000

挤的交通街道组成。

总体规划明确了简单而清晰的规划布局。四个码头的几何中心作为主要开发轴线，把围绕这一区域的水域转变成城市主要的一个景点。东边大的地带采用三角形由四座大公园和两栋塔楼组成，北面主要用于商业，稍大一点的南部主要用于居住。五月大道在中心轴两边是对称的，两座高耸的塔楼似云朵在更广阔的的城市背景下起着重要作用，从旧城中心唯一可见的是这两座塔楼。

建筑类型

将马德罗港街区建筑结构方案和世界其他地区同一时期建成的建筑方案相比较，是很有意思的事。港口东部地区矗立着很多栋楼，这些楼组成了一个个小街区。尽可能避免了界墙和狭窄空间，它们似乎努力去避开过于复杂的城市规则和建筑规则。比较同时期一些巴黎的工程，像位于贝尔西（Bercy）的弗龙公园（Front de Parc）或新国家图书馆附近的居民开发区（见马塞纳•诺德案例研究），这两者是研究的典范。它们在规划方案中提到了周边街区和街面，但用一个简单方式展现出来。与法国模式开发机制形成鲜明对比，马德罗港方案改造并试验了几十年，原因在于国有住房公司的影响。在这个完全特

左上图：砖楼东面宽阔的人行横道，树木使行人免受街道噪声的侵害。

右上图：欧尔佳•克赛蒂尼大街北端，左侧是居民区，右侧是佛尔塔巴特艺术博物馆，2008年由拉菲尔•维诺里设计。欧尔佳•克赛蒂尼大街和码头是平行的。

下图：从西塞尔•佩里的雷普索尔YPF塔楼（2008年）看向五月广场和玫瑰宫（中央政府所在地）的景色。

殊的工程背景下，CAPMSA不可能依靠来自当地客户一方的理解。因此分成不同公共空间，这些使得简单街区结构紧密结合在一起，在主干道与辅路、人行道和混合车道、公众和社区空间之间成功创造了强大的空间张力。人口稠密和地面结构改变令人想到更为复杂的城市结构。在几个案例中，周边街区内部庭院存在着空间，位于板楼之间的这些空间对外已成为小的公共广场。这特别适用于北部和以前的开发地区，而南部地区遵循大规模开发方案。

小 结

研究布宜诺斯艾利斯的历史和该城与普拉特河（River Plate）的关系，可以解释说明生活方式的改变和城市经济如何影响城市的形成和城市发展动力。而阿根廷首都的例子似乎更加矛盾：港口城市却没有

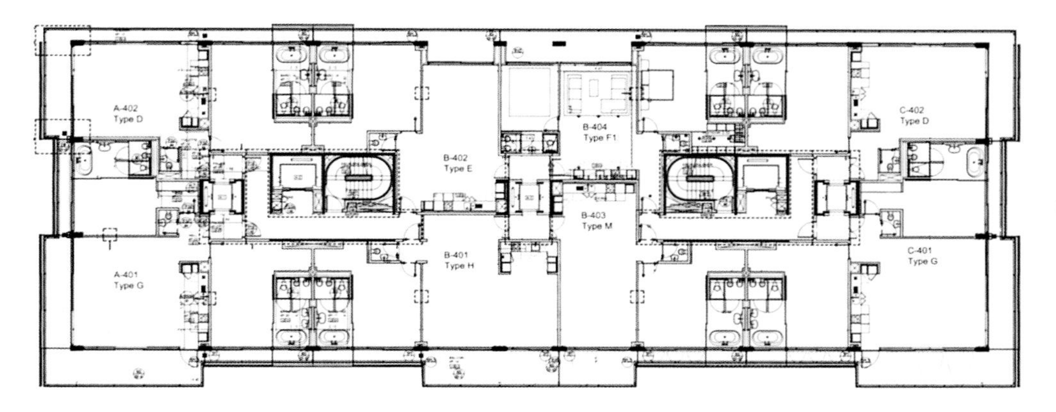

上图：发埃娜地产公司（Faena Properties）开发建设的阿列夫大楼（Aleph building）平面图，该楼由福斯特（Foster）及其合作伙伴设计而成。

下图：福斯特及其合作伙伴设计的阿列夫（Aleph）居住工程艺术展示图，法埃娜艺术和科技区部分工程还在建设中，预计于2013年对外开发。北草坪覆盖的集市广场是城市新广场的中心。

天然港，极佳的地理位置却没有一条真正的河流。很多沿海城市对淡水的需求在城市发展历史中是反复出现的主题。在最初的技术条件下，要解决复杂路堤、堤坝和运输问题，改善公共卫生，保护历史军事要塞，最终以最有效的方式利用城市的沿海地带，实现解决这些问题的可能性。

在当今不断变革的需求下，对城市的理解，是把它作为知识竞争中心而不是冷冰冰的机器。和内陆比较，水质要素是唯一不同的。像巴塞罗那、马赛或温哥华一样，布宜诺斯艾利斯抓住宝贵的机会巩固它的地位，成为拉丁美洲最具吸引力和多元化的首都之一。这么做是以港口历史遗迹为基础，不是采纳城市严密的网格状，而是重点突出形态上的差异。

下一页：法埃娜宾馆，2004年由菲利普•史塔克（Philippe Starck）将以前的一座工业建筑改造而成。它坐落于东南第三码头。

上图：从雷普索尔YPF塔楼看到的阿根廷女人公园。布宜诺斯艾利斯古老军事要塞作为设计主题，历史上该要塞位于更远的内陆地区。

下图：从雷普索尔YPF塔楼看到的自然保护区。它是天然沉积结果，始于填海工程开发失败后。

哈默比滨水新城

地点：瑞典斯德哥尔摩
年代：1996—2017
面积：160 公顷（395 英亩），不包括 40 公顷（99 英亩）水域

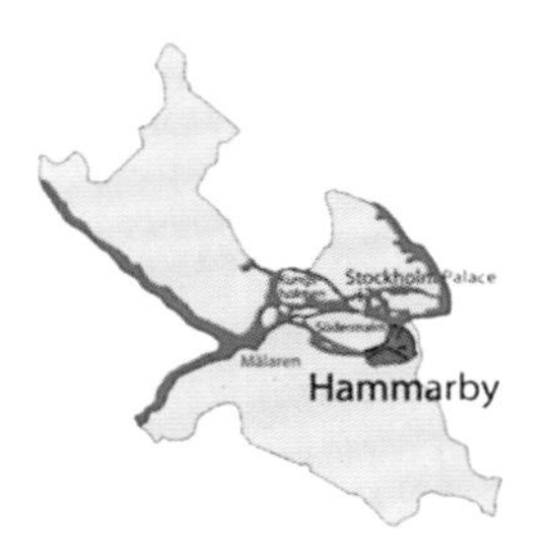

哈默比滨水新城作为可持续性发展区域，已经证明是极具吸引力的理想环境。该地区距离斯德哥尔摩皇宫南部不到3千米（2英里），哈默比湖（Hammarby Lake）区周围是悠闲地带，有2万多人居住，比起市中心环境，那里更让人放松和休闲。

容积率：1.43
居住人口：24000
混合用途：80%居住，18%办公和公共福利设施，2%零售和餐饮

哈默比滨水新城的过去并不是现在田园般美丽，追溯到20世纪它是无人踏足的地区。但1917年为了建一个新港口和工业园，斯德哥尔摩市政府购买了该地块。该地离市中心很近，有充足的水源，通过一条运河与波罗的海（Baltic Sea）相连，这些是建造港口绝好的条件。首批进驻者之一是通用汽车厂。重建计划始于20世纪90年代初，工业生产还在进行中。现在认为的中心区，即当时开发的重污染区，那时市政当局优先选择条件是满足住房需求。

选择这个地区其中一个主要原因是市政当局在很大程度上对这个地区的土地有拥有权，此外，这个地区只有非常少量的登记在册的建筑物。由此促进了实施过程，避免了花大量时间去征地。瑞典市政当局除了规划垄断外，还有优先购买权和征地权。因为1996年斯德哥尔摩申办2004年的奥运会，这使得工程获得发展动力。建设提案中包含可持续发展设计规划，并把哈默比作为奥运村。尽管1997年它的候选资格失利，雅典获胜，但当局保持了其可持续发展规划理念，并成为了以家庭为中心的住宅区持续规划的重要主题。

上图：1864年由埃伦弗里德•瓦尔奎斯特（Ehrenfried Wahlqvist）画的哈默比湖田园油画，大约在它成为重要工业园50年前。

下图：哈默比湖重开发前的鸟瞰图，向东可看到纳卡（Nacka）市。

项目组织/团队结构

哈默比滨海新城项目部始创于1997年，它是斯德哥尔摩市开发管理局下属的一个组织。和市规划局共同负责设计和完成这一地区的总体规划方案，其中包括城市规划、资金、土地去污和桥梁、管道、街道和公园的建设。政府紧紧控制这该地区的整体开发，但在时间和指导上始终不一致。因红绿派联盟接替了任期1998—2002年的保守派联盟，于是政治上的变革引发了工程原则的重大修改。土地是公众拥有还是私人拥有，是资产租赁还是合作，每家每户的停车位数量，单单这几个问题就成了政党斗争的核心问题。即使可持续性目标在某种程度上规定很模糊，如必须比通常开发要好两倍，于是该目标成为了建议而不是规定。

政府部门负责管理总体规划的设计过程和开发，初稿草图由来自斯德哥尔摩城镇建设办公室的扬•英奇-哈格斯特龙（Jan Inge-Hagstrom）负责之下的建筑师团队共同研发完成。紧接着下一步工作是把大工地分成12个小工地，每一个工地直接委托给由三四家私人建筑公司组成的团队，并要求他们对初稿草案进行检测并进一步改善和提高。因有直接来自建筑师和开发商们的意见，市政当局协调这些建议

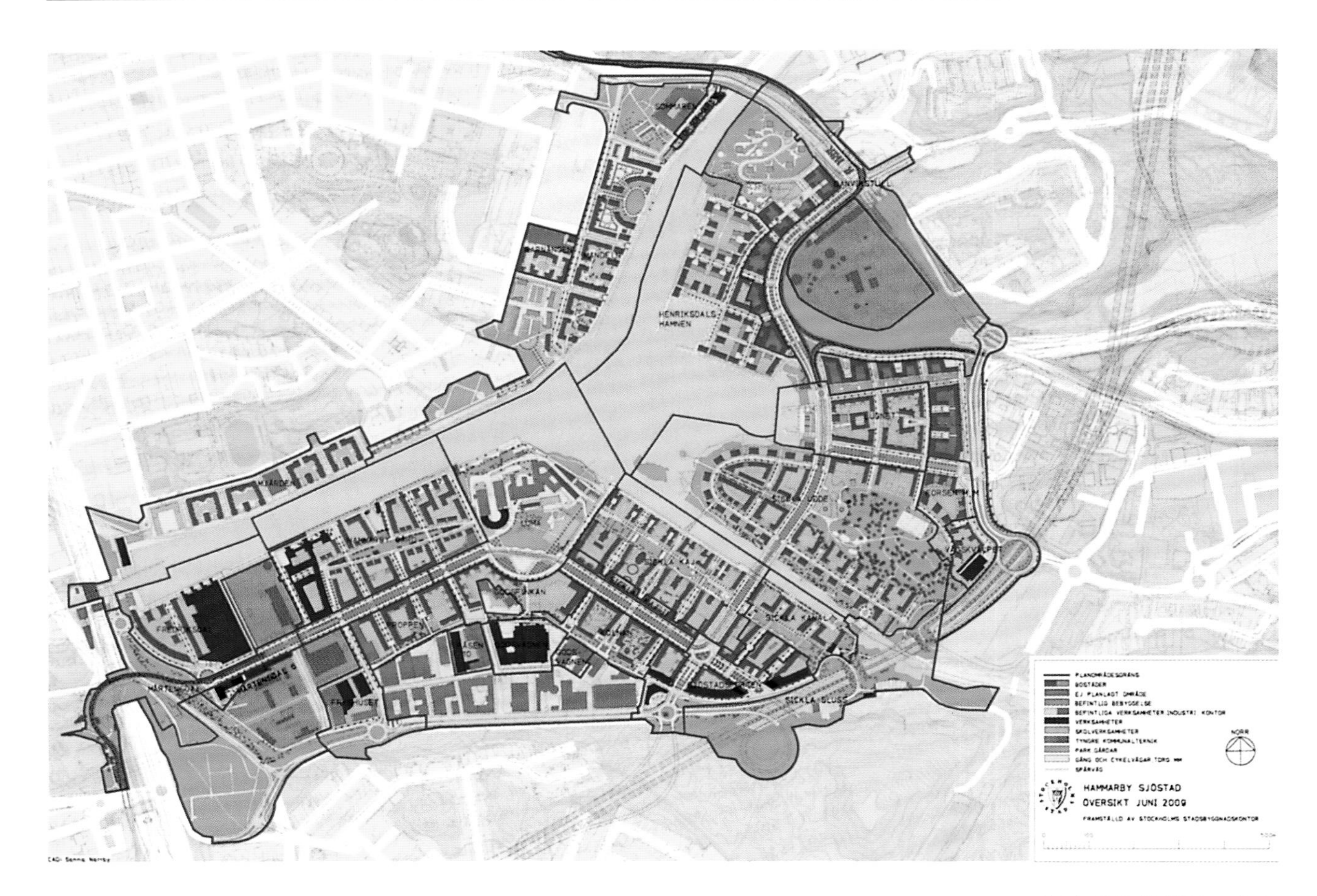

官方总体规划及12个小区的2009年版本。不同建筑队伍在这些区域已详细标出，不只是阶段性方案。根据总体规划做的设计取决于城市规划服务，而不是由作为临时咨询师的私人建筑实践决定。

后，这就成为每个工地的设计指南，通常有4 ~ 11个要求。因为初期有专业人员的参与，这些设计指南非常详细且涵盖方方面面：城市和建筑形式、停车位、开放空间、甚至公寓入口和垃圾道之间的最大距离。最后，这些规划图交给国有地产开发商或私人开发商和他们的建筑师，要求这些建筑师在建造过程中在指南左边空白处完成最后设计。由于开发面积大，规划过程延期大约10年；又由于上述政党意见不一致，造成土地出售或有时只能租赁，出售土地是右翼党更喜欢的事情。

在很长的开发过程中，理解设计指南、避免规范更改是很重要的，而不是由市政府规划部门执行个人设计思路。在很多案例中，设计指南建立是以建筑师（团队）工作为基础的，并且他们以后还可以申请个人建筑许可证。所选的哈默比滨水新城案例本身是与其他案例完全不同的，哈默比滨水新城总体规划设计者明确了设计指南，而没有加入设计实体大楼的那些建筑师的任何思路（见马塞纳•诺德案例研究）。瑞典开发模式主要以协作为主，这样的工作方式在其他政治文化中是不可能轻易建立起来的。工作方式部分可由这一事实解释，即开发商在工程建设之初要对他们所建的大楼面积付费，而不是地块本身。结合上文提及的规划垄断，这表明没有市政府的批准，开发商们不可能期望获得任何利益。最糟糕的情况是，市政府可以重新拥有这块土地，而持有附加条件合同的开发商只能等到工程被批准。

制定哈默比滨水新城整体可持续性规划以前，位于这一区域东部的斯科拉•乌德（Sickla Udde）半岛是首批开发的地区。斯科拉•乌德是其中最具挑战性的一个工地，因该地是重污染地区，起初所有权并不是政府拥有的。哈默比模式优势和特殊性是初期综合治理的方法，由能源供应商富腾集团（Fortum）、斯德哥尔摩自来水公司和斯德哥尔摩废弃物管理局共同开发而成。解决可持续性问题来自可持续循环观点，规划目标是不仅要建造节能设施来使用少量资源，而且对当地所有废弃物、水和能源循环使用。举例来讲，焚烧、收集并分类垃圾，其产生的热能用于发电和供热。净化废水的热能注入同一系统内，剩余冷却水用于空调制冷。由于这些方法和其他措施合并使用，大约50%的当地用电和热能来自再生循环方法。很多技术并不需要创新，瑞典（尤其在斯德哥尔摩地区）持续开发可持续的基础设施，集中供热、冷却和高效焚烧垃圾。目前这些系统以商业模式运行和持有。

城市形态/连通性

在城市扩张的背景下，市政当局决定保存该区域的自然特性及其绿色走廊，并且通过创建新的绿色空间而弥补一些损失。为了达成这个目标，市政当局手着净化褐色地块，同时进行旧城改造而不是城市扩展。这和很多其他国家形成鲜明对比，尤其是美国。虽然瑞典城市的扩展问题还存在，但很少依靠家庭模式（one-family typology），补充这一点可能是非常有用的。

最初讨论有关可持续性城市形式突出强调斯德哥尔摩传统的市内街区结构作为最具希望和受人喜爱的模式。因此设计师们采纳讨论稿的建议，设计方案具有相似的城市面积、密度和高度。然而，为了反映当代市场需求，最终的方案明显改变了。但那些初期的想法依然不仅存在于街区结构中，同样在某种程度上理念一样。尽管把开发地区细分成12个小街区，但实际上

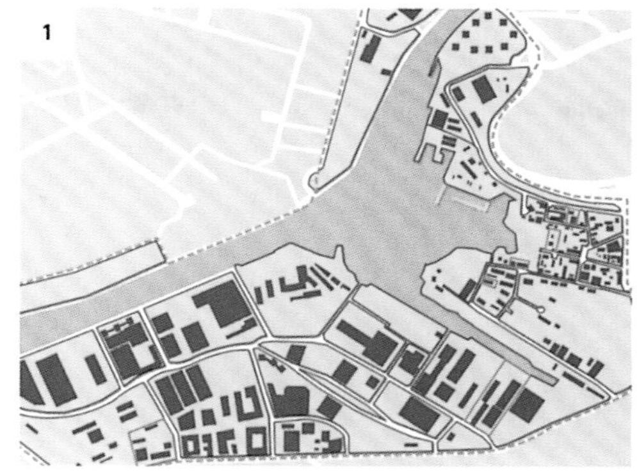

1 干涉前的情况。

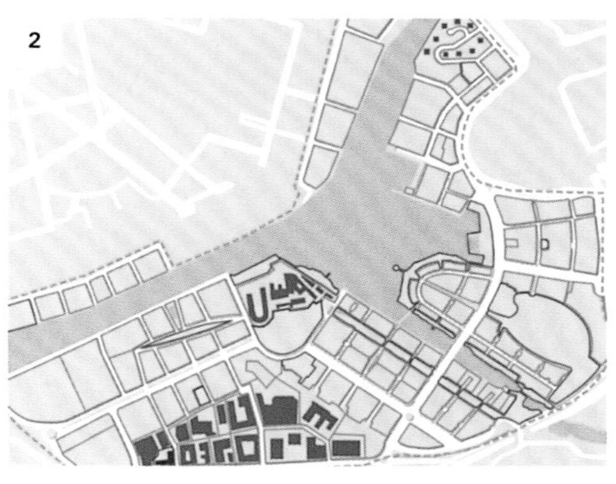

2 重建后再次划分和土地拥有权。

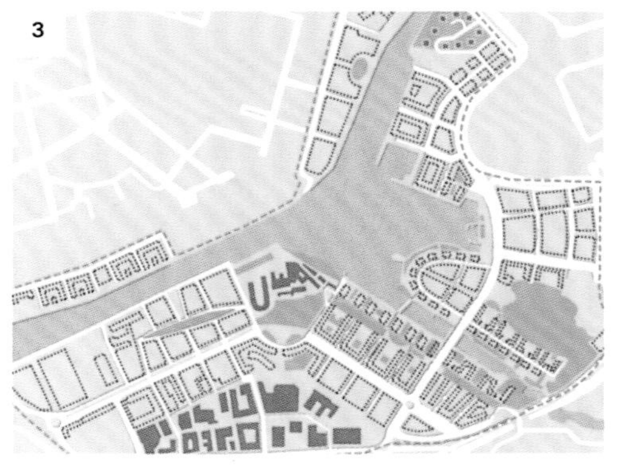

3 建筑外体总规划方案。

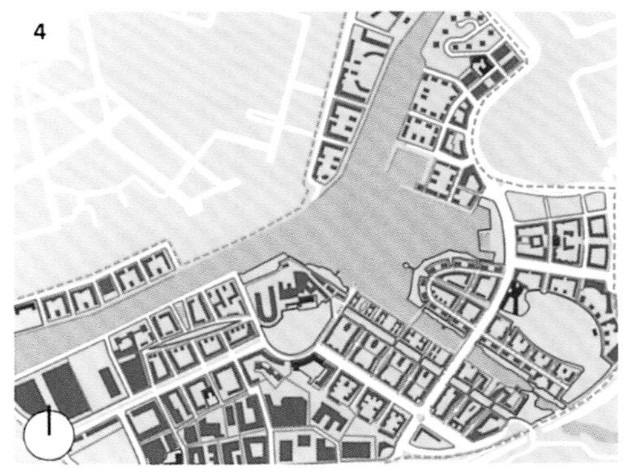

4 最终状态。

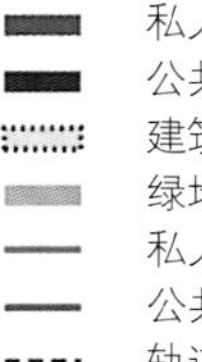

过程图

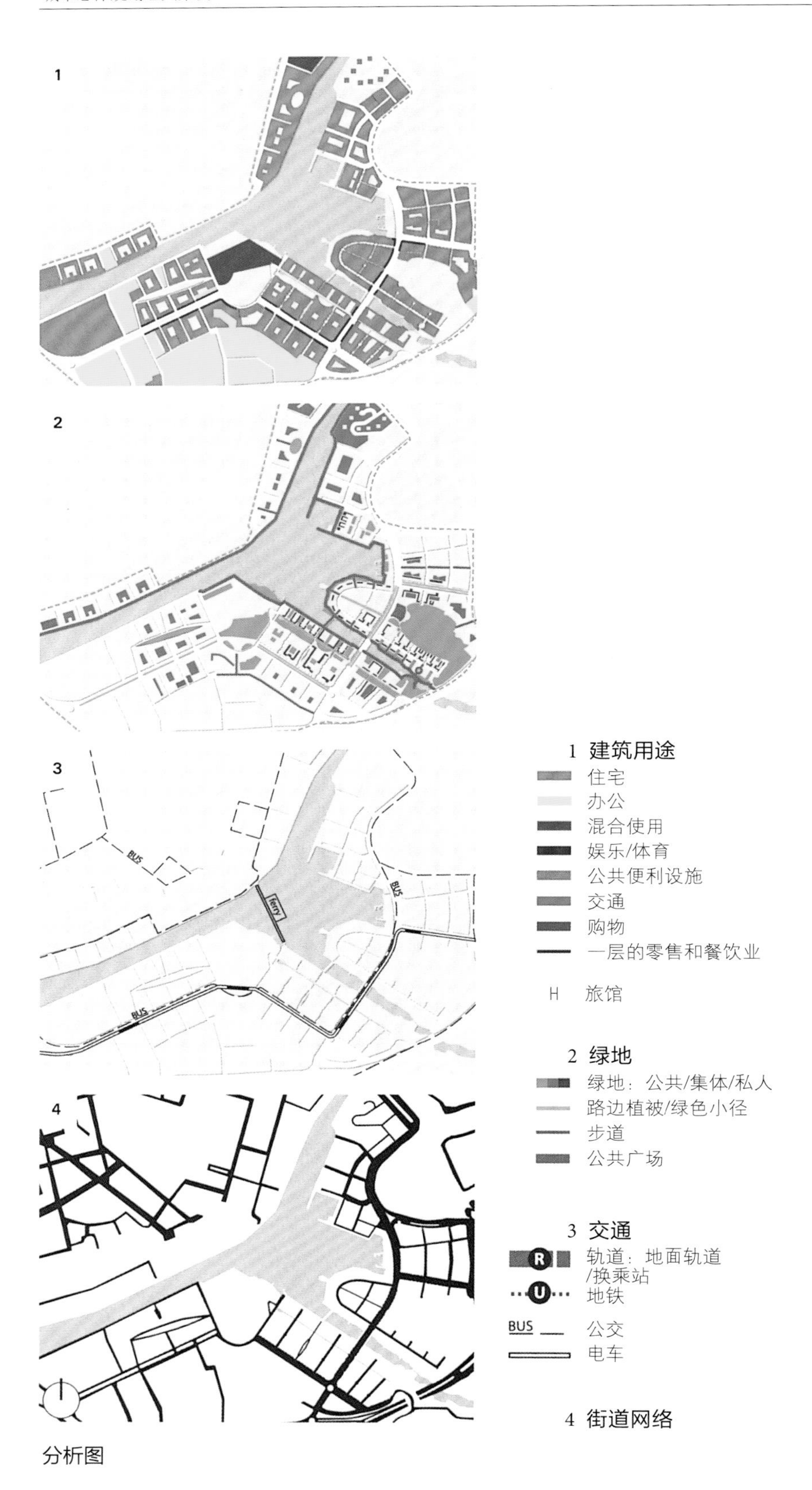

分析图

下一页上图：从工地的东南边看向湖的东北岸的风景。这些是哈默比的部分建筑，这些建筑是早期开发的，并不是按照可持续性哈默比模式新的总体规划。

下一页下图：沿着斯科拉•乌德水边，从别墅区的人行天桥看到的风景。

哈默比还是一个整体，这归功于快速发展步伐、团队合作方式、共同的态度，即哈默比的成功不依靠独具匠心的标志性建筑，而是依靠特殊背景下深的思熟虑和通力协作开发。没有任何外国设计公司参与这进一步突出了这一共识，同时说明了一个事实，即当地开发界是相当有管理能力的团体。

从空中俯瞰该地区周围的景象,看到城市多样性和它的建筑雏形。这表明市政当局决定集中关注街区类型的不同变化，既不是偶然也不是必然的，而是综合比较调查研究的结果。

为了限制私家车的出行使用率到20%，市政当局提供高效的公共交通是至关重要的。延长有轨电车线路，连接公交站点，并且修建了两个轮渡码头。也有一套称为城市汽车的拼车系统，这套系统由

左上图：一个居民小区的公共庭院。

右上图：位于斯科拉•卡伊（Sickla Kaj）小区的“U形”居民区的庭院。

下图：从同一庭院楼后平台看到的风景。小镇别墅围合了开放的U形边缘的空间。

左上图：平行于海滨步行道，居民楼中经过开发地带的一条小径。

右上图：斯科拉•卡伊美丽的景观，与滨水路平行。

下图：新有轨电车线进入斯科拉•乌德居住区街道的风景。

个体和专业人士使用。更有争议的是南环线，哈默比南部郊区一个高速公路工程几乎有5千米（3英里）隧道，这项工程具有可持续性特点。它缓解市中心交通压力，这条新的环线公路是雄心勃勃的规划中的一部分，而且对于开发最大的小区亨利克斯塔尔山南（Henriksdalshamnen）提供了间接条件。

结果通过隧道交通改变方向，哈默比地区得以重建，这一地区的重建在以前是不可能的，那时认为现存的道路对居住环境有危害。

建筑类型

和老城中心区封闭的街区相比，哈默比街区更加开放而且人们居住的密度较

鸟瞰图1：10000

低。这种设计使更多自然光进入公寓中的庭院里，在这种情况下，也通过湖景最大化来优化房地产价值。街区常常呈U形并以一两栋小的矮楼限定边界。提及到的锡克拉•卡伊（Sickla Kja）小区，位于斯科拉•乌德半岛对面以及改建过的电灯泡厂的东侧，为了优化湖区景观的视觉效果，后面群楼较高并且突出配楼的特色。

有趣的是，总体规划设计指南提及风格问题，把传统街区模式和有特色的当地新型街区相结合。这一新型设计能提供大楼面和更多外部空间。提及国家现代开发建设，将空气、光、大自然、平房顶和光的颜色这些作为有灵感的特性，但必须和高密度、清晰的空间分类结构和具体地点结合。大的楼面、宽敞的阳台显示出可持续性和高效能源与客户需求发生冲突。至少在第一期开发过程中，建筑能源消耗依然是每年每平方米100千瓦小时（每年每平方英尺9千瓦小时），远远高于每年每平方米60千瓦小时的目标（每年每平方英尺5.5千瓦小时）。上面提到的工程总体能源效率是通过上面提到的回收利用方法而不是建筑绝热来实现。随着工程的发展，可以预期建筑能源消耗解决办法将会与优秀的综合工程一样出色，但如果市场不接受小的玻璃窗，工程就很难获得成功。公寓面积大小问题反映出相似的问题，这个问题通

城市规划图1：5000

过居民住房比例来填补。由于瑞典国家富裕繁荣，人口长寿，离婚率高，年轻人独立居住，瑞典居民的住宅数量是世界最高的。就每公顷人口而言，在中等开发规模背景下，居住密度低，而在这点上该地区明显超越了城市可持续技术领域。

小 结

人们几乎一致认为哈默比建设是一个优秀范例，它是少数吸引各阶层人口的新城区之一，只要他们把公寓居住作为一种选择。团队合作方式、瑞典建筑的高质量以及初期开发商和建筑师们的参与使得开发成功，并极大地提升了房地产价值。位于弗莱堡的沃邦是德国最近的生态开发规划方案，将生态开发作为城市最终的选择。尽管居住密度相似，即每公顷居住人口约130 ~ 150人（每英亩居住人口50 ~ 60人），但沃邦的面积是哈默比的1/4。令人吃惊的是，瑞典这个范例中大量商业活动并不能解释这些数字，并且整体密度高，这些数字是以现存的基础设施和大的绿色空间（大公园）为基础的。这些公园空间很大，与建筑规划相对密集的建筑物恰恰相反。在沃邦典型的城市并不拥挤，整个地区似乎都是一个接一个的别墅区或生态村，并不是城市的延伸。对公共绿地的需求不太明显，绿地费用也比较便

芦格娜特斯•阿莱（Lugnets Alle）有轨电车站附近的开放空间。

宜。比较建设初衷，哈默比滨水新城和沃邦工程建设截然相反。但两者的土地使用都是在国家控制下：一个作为欧洲的一个首都拥有人口80万，另一个作为区域中心仅拥有20万人口。通过这样的比较，哈默比滨水新城的城市布局因建设大型公共基础设施而凸显资金问题。

哈默比滨水新城和沃邦规划方案另一不同之处是居民的影响程度。德国沃邦是自下而上的，建筑面积不大，对建筑群的要求以具体法律形式出现，否则建筑设计与人口的特征没有因果关系。而哈默比滨水新城这种情况是不可能的，开发商建完公寓后是按计划出售或出租的，这也说明了该项目几乎没有受到批评的原因之一。而追求可持续性最大化这种观点并不总是得到居民的支持。举例来讲，调查表明较少的数量停车位，消费模式改变，大多数人认为这是个缺点。沃邦绿色生态区并不代表大城市的发展理念，这是该地区发展的一个优势。

下一页：从美亚尔登（Mjarden）小区到亨利克斯塔尔斯博格特小区（Henriksdalsberget）东面的风景。楼区左边可以看到规划线。白色立柱式独立建筑划定了街区庭院向南的界限。

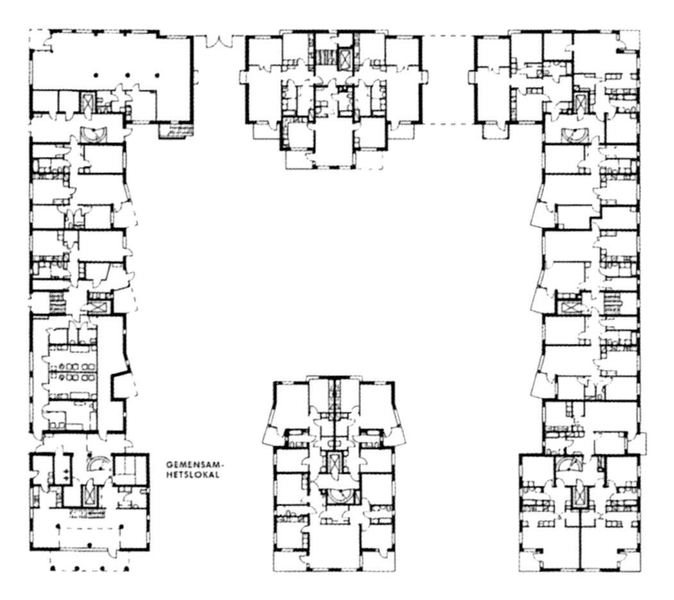

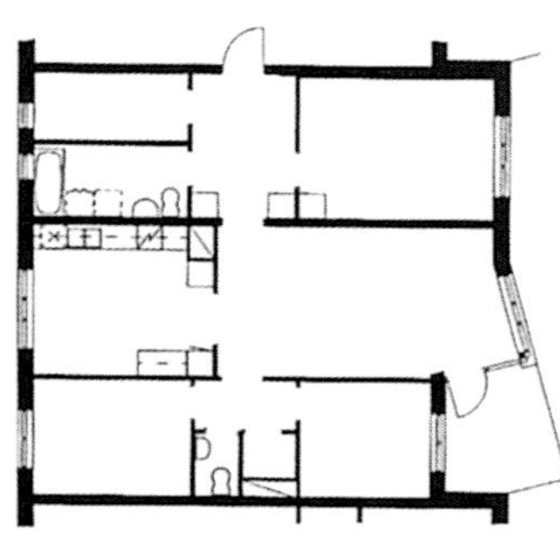

左上图：美亚尔登“U形”居民区平面图，位于哈默比西北边缘地带。这些建筑是由始于20世纪90年代中期的怀特建筑事务所（White Architects）设计的，是哈默比最早开发的建筑。以后的建筑有类似的空间结构。

右上图：同一栋公寓楼的一个三居室详图。棱形阳台面向U形楼区的内部，突出湖景。

迪拜市中心

地点：阿拉伯联合酋长国迪拜
年代：2004—2013
面积：200 公顷（494 英亩）

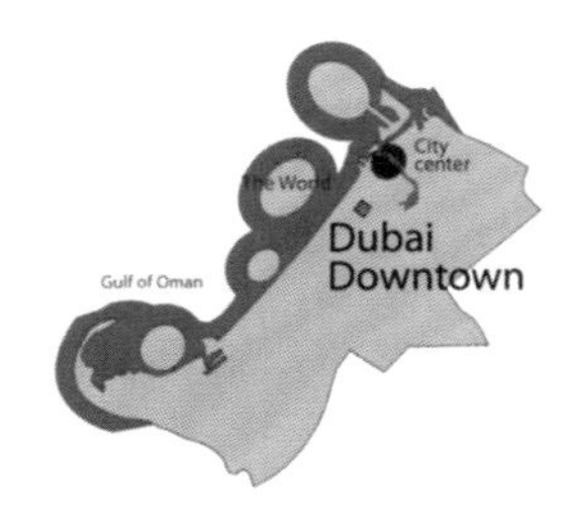

容积率：
居住人口：3万
混合用途：居住为主，提供充足的零售、餐饮店和宾馆，还有一些办公楼

现在所展示的迪拜市中心在城市迅猛发展中标志着迈出质的一步，市中心突出开放空间、综合利用、与公共交通网相连，这些是有竞争性的优势，由此帮助其度过遭到重创的房地产危机，使其得以发展。

对于每个欧洲人或美国人来讲，迪拜是重要的全新旅游和购物目的地。十多年来，在迪拜一座座神奇的建筑工程拔地而起，如第一个七星级酒店阿拉伯塔酒店（Burj Al Arab，1999年建造）、世界人工岛、世界第一大购物中心（2008年完工）和超大型主题公园（迪拜乐园），这些工程迎接着世界各地的客人。每一座建筑工程表达

着永不满足的志向，它们似乎都是最出色的，并且迪拜一直以来引领建筑业之最。

积极有效的旅游政策，使游客数量从1999年的仅仅60万人猛增到2007年的650多万人，这一数字往往掩盖了酋长国在其他经济领域相当大的业绩。然而，在阿拉伯联合酋长国，除迪拜外，紧挨着迪拜的阿布扎比是唯一拥有否决权的。迪拜的经济并不完全依赖石油出口，石油出口只占其国内生产总值（GDP）的5%以下，这一数字在海湾国家是最低的。有别于周边国家相对保守，迪拜相对开放自由，而沙特阿拉伯在这一方面是最保守的。迪拜的石油储量于1966年开始发掘，相对较晚，但并不能确保几代人的繁荣富裕；20世纪80年代末，石油的产量迅速下降，而迪拜通过国际贸易而非石油出口来创造财富，这有着很长的历史传统。自1833年以来，迪拜一直在阿勒马克图姆（Al Maktoum）家族统治下，迅速由一个靠采集珍珠为生的渔村发展成为一个真正的全球中心。从前工业时代到工业时代再到后工业时代的转变，迪拜用了大约短短50年，比很多西方城市发展要快得多。

从多次不同干涉到促进经济活动，其中两次干涉尤为重要并且建立了法律保障。为了吸引外资和学习先进知识，他们列举了这个小酋长国如何制定开放政策。最初遭到周边酋长国对规划和经济政策的反对，尤其是阿布扎比，而这些独创性措施后来在整个地区纷纷得以效仿。最初迪拜港口的迅速发展始于一条普通的天然小河湾，这是最早的定居地。因1972年拉希德港（Port Rashid）的建成，迪拜成为该地区乃至世界上最重要的港口之一，一年以后UAE（阿拉伯联合酋长国）摆脱了英国统治而独立。紧接着1977年阿里山港口（Jebel Ali Port）投入建设。紧邻阿里山港口（Jebel Ali Port），位于自治区35千米（22英里）天然港湾的西南，于1985年创建自由贸易区。该区允许建立完全独立的外资公司，在以前UAE的法律下，这样的做法是禁止的，外资企业的主要股份由当地人持有。外资公司完全持有股份成为现实，最初与港口具体建设活动联系在一起，以后又成立了20多个自由贸易区，覆盖迪拜这座城市的大约三分之一土地。

上图：迪拜塔公园到迪拜哈利法塔（2010年）的风景。占地1.5公顷的绿草覆盖空间位于人工湖的一个岛屿上，在世界最高建筑的前面。

下图：海滨长廊与左边的哈利法塔相连。右侧是地址酒店（2008年由阿特金斯设计），背景是迪拜购物中心（2008年由DP建筑事务所设计）。

项目组织/团队结构

经济改革第二重要的一步是能让外国

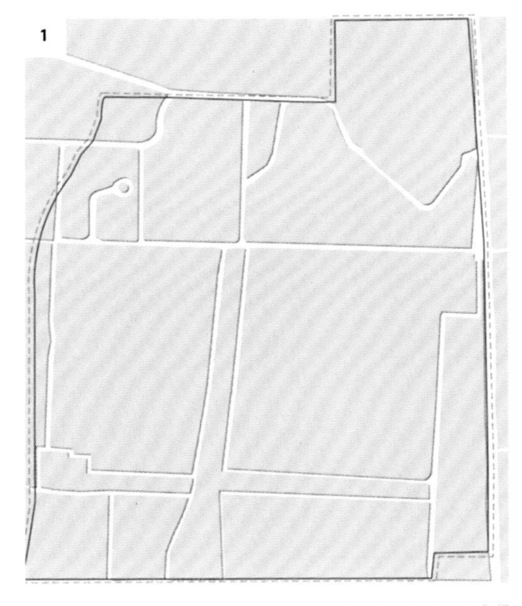

1 干涉前的情况。

2 重建后再次划分和土地拥有权。

3 建筑外体总规划方案。

4 最终状态。

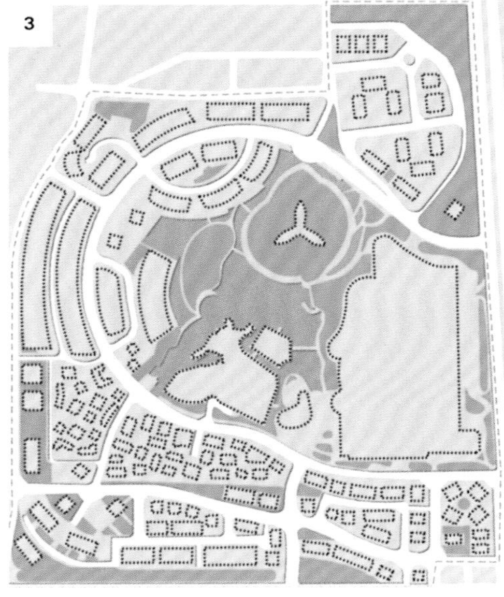

私人所有
公共所有
建筑围护
绿地
私人所有地块
公共所有地块
轨道

过程图

人对土地拥有持有权，由此也奠定了房地产快速增长的基础。而开始法律上并不明确，直到2006年才确定下来。最初的规划提供99年的租赁期，续租只需1美元，避开当时政府不可能提到的不动产所有权。习惯上来讲，政府把土地给公民是为了让他们建造自己的家园，在有限范围内可以把住宅区外的土地出售给当地的开发公司。随着新法规的建立，创始人兼董事长默罕默德•阿拉巴（Mohamed Alabbar）的艾马尔开发公司于1997年第一个完成了酋长山庄（Emirates Hills）郊区别墅的建造。至此迪拜的经济前景达到了另一层面，即财富有了巨大增长，但是个极不稳定的地区，买家蜂拥而至，纷纷投资房地产。如果我们考虑该对外国人开放，这种相对开放性就更加清晰。当地阿联酋人口只占230万居住总人口的17%。这个市场巨

从右侧的哈利法塔，到最左侧凯达（Aedas）广场住宅小区（2010年）一座新办公塔楼的风景区。

大，吸引力如此之大，以至于很多投资者注入资金而丝毫不关心大楼最终的使用者可能是谁。

大量投资客的资金注入解释了阿联酋一幢幢建筑拔地而起的原因，前者即外国独资公司涉及在自由贸易区的地位，在一定程度上说明了规划系统的复杂性和超越自然的城市结构。迪拜市政当局作为规划主体，受到美国自由贸易区的启发。根据特殊标准，开发了该城大部分土地，由此使得城市化进程出现困难。迪拜惊人的发展速度和城市面积爆炸式扩大，即从1993年的150平方千米（58平方英里）到2015年的605平方千米（234平方英里），进一步强调出现的问题，造成不同地区、其他城市与该城市内部连接受到限制。众所周知，该地区气候恶劣，人行道不仅连接不畅，而且街道网络主要依靠的干道谢赫扎耶德路（Sheikh Zayed Road）也是如此。

由上市的依马尔地产集团开发建设的迪拜市中心工程不是自由贸易区，受到很多条件的制约，例如高楼上层壁面的缩进、批准的容积率（FAR）、停车场标准、建筑最高高度、防火规范，关于这几个要素与迪拜市政当局签订协议。工程建设地点恰恰挨着多哈大街（Doha Street）和谢赫扎耶德路的交会处，这块地以前是军事基地，依马尔地产购买了它并自己开发，之后出售中高层公寓，但很少再把土地卖给其他的开发公司。依马尔地产借助子公司经营迪拜购物中心和几家酒店，在迪拜市中心最著名的是地址酒店和阿玛尼酒店。阿玛尼酒店是和意大利时尚集团合资建成的，他们还计划在世界其他地区建造类似的酒店。

城市形态/连通性

像很多新近在迪拜开发的工程一样，市中心商业区建设并没有遵循网格规划模式，即像旧城部分建在迪拜河的南北两

1
H
H
H
2
3
U
BUS
BUS
BUS
4

分析图

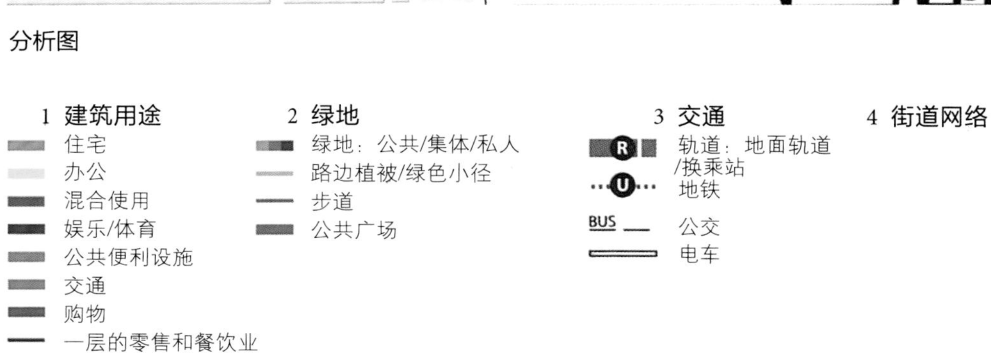
1 建筑用途
住宅
办公
混合使用
娱乐/体育
公共便利设施
交通
购物
一层的零售和餐饮业
H 旅馆
2 绿地
绿地：公共/集体/私人
路边植被/绿色小径
步道
公共广场
3 交通
R
轨道：地面轨道/换乘站
U
地铁
BUS
公交
电车
4 街道网络

岸。本着建造超大型花园城市的想法，迪拜确立中心思想，即围绕景观中心建造一条环路，以世界最高塔楼为关注焦点。大量利用人造景观和城市自身形态，令人想起大型高尔夫球场开发，私人房屋建造紧靠设计美观的人行道和开放空间。与前面提及的由依马尔地产在10年前开发建设酋长山庄的规划相比，有着类似的街道网络形态和连接方式。然而，除了相似之处，广泛的综合使用和高密度因素为迪拜商业中心城市提供了建造经验，这些显然不能与上述郊区别墅区相比。

直径几乎1千米（2/3英里）的环路本身设计成为城市大道，为行人生活注入活力，它被称为依马尔大道。对于以高楼林立的居民区为主的新区来说环路是必要的，它连接多哈大街（Doha Street），并与谢赫扎耶德路平行。这个环路可与巴黎的香榭丽舍大道、巴塞罗那的兰布拉大道和纽约的公园大道相媲美。零售和餐饮业位于环路北端，在迪拜零售和餐饮业将不得

上图：依马尔大道街景图，其中包括公共艺术，右边是旧城区，左侧是旧城岛区。

左图：不同于大量兴建的塔楼，旧城区建设灵感来自当地建筑传统。

左图：旧城岛和湖滨人行漫步道。紧邻哈利法塔的是由凯达建筑事务所设计的一个林荫广场办公塔楼。

上一页：位于整个区域核心的世界上最高的塔楼，这些居住塔楼开发（2007年）由伍兹贝格建筑事务所设计。这些高层塔楼让人记起了温哥华的高楼（见北福溪地案例研究）。

不与那些提到的世界著名购物场所竞争。依马尔大道的成功取决于城市的高密度和用户选择，它区别于围绕人工湖的中心区，例如迪拜塔公园、迪拜塔台阶、迪拜塔广场。这些地方位于人工湖的四周，世界上最先进的音乐喷泉变换乐曲和多姿水柱使这些场所充满生机。然而，和众多当地竞争对手相比，市中心区开发真正的变革和优势是有迷人的户外空间的存在，它们或延着环路而建，或位于市中心。在该区最终完工之前，涌入众多的游客表明以前的大量开发低估了外部和行人因素。艾马尔地产以前修建了迪拜码头，作为为数不多且是当地最早的地标性建筑。

2009年9月迪拜第一条地铁线开通，标志着在城市发展、社会和技术层面上迪拜迈入一个新阶段。沿着谢赫扎耶德路迪拜市中心设置地铁车站，通过公共交通，市中心与城市主要景点和机场连接起来。公交线路沿着艾马尔大道并且通往开发区的最南端，这是步行很远才能到达的地方。此外，在地铁站、哈利法塔和购物中心之间，迪拜市政当局还计划建造带空调的自动人行步道。

建筑类型

不言而喻，由SOM建筑事务所设计师的艾德里安•史密斯（Adrian Smith）设计的高度为828米（2717英尺）的哈利法塔（Burj Khalifa），是迪拜最壮观的建筑。在本书研究背景下，尤为有趣的是看到哈利法塔极为优雅、精细的脊柱形大楼主要用于居住。这一特征与世界大多数高层塔楼形成鲜明对比，因为世界上大多数高层塔楼用于办公，提供尽可能大的楼面。从经济角度来看，哈利法塔比它本身的收益具有更大价值，因为它是整个市中心地区的核心和主要营销法宝。市中心地区也是由艾马尔地产开发的，这又是前所未有的，突出了建造市中心的雄心及其大规模的特点。能和它相比较的只有位于东京的由莫里（Mori）设计的六本木新城（2003年）

鸟瞰图1：10000

或位于纽约的洛克菲勒中心（1939年），但纽约洛克菲勒中心并不用于居住。

由于大量建造塔楼，在近来的文学作品中迪拜港和迪拜市中心常被比作温哥华万博豪园（见福溪北岸案例研究）的建筑，代表都市化生活。实际上艾马尔地产公司聘用了加拿大建筑工程中的几位合作者，其中包括斯坦利•郭（Stanley Kwok）。在高层塔楼建造中有相似理念，即开发中提供大量开放空间和宽敞的海滨步道。这代表它与水有着非常重要的关系，就迪拜而言，在城市内部人工开发了很多水路作为海滨。此外，由于本身景观并不突出且缺乏山景，它并不能拥有像温哥华一样迷人的自然景象。

市中心建造多样性的两个依据是老城和建在湖南部边界的老城岛地区。这两个地区楼层不高，但密度大，很多狭窄的人行道横贯其中。南非DSA建筑师事务所设计了这一地区，他们把该地区经常被人忽视的传统建筑和迪拜热衷的高层建筑连接在一起。复杂空间这一迷人的特性让人想到塔楼，尽管它有明显优势，即高密度、视野广，但总产生一些问题，如复杂空间的层次和高差。前面提及的裙房极大地改善了这一不足，但不能完全改变。除了哈利法塔和老城项目工程外，艾马尔地产公司在杰出的建筑方面不断受到关注，可能

城市规划图1：5000

是因为聘用了RMJM事务所、DP建筑事务所和伍兹•贝格（Woods Bagot）事务所，他们都是国际上获奖的建筑事务所。位于市中心北部紧挨地铁站的标志性建筑受到人们的关注。如果艾马尔广场首批开发的6栋中高层办公楼特点是简单并具有传统风格，那么最近由凯达设计事务所设计的两家林荫广场酒店的特点就是外形纤细、造型奇特时尚。

小　结

迪拜宣称市中心是最先进的工程，这点很难概况。在某种程度上强调“当代中心”这一口号，迪拜高速的发展速度让世界惊叹。对未来的变化做出预测，以及出现风险进行调整，是缔造发展奇迹的重要因素。工程一旦完工，问题不仅是新区域将如何使用，而且一旦迪拜已建立并确保了世界之城的地位，人口涌入后，城市的生活将如何改变。有多少人是来自外国？多少是游客？中低阶层将居住在哪里？有多少居民将愿意使用公共交通？除了通过主要的高速公路，为了使城市化走出困境，如何将居住区内部便利地相互连接起来？其他地区或更早期开发地区的经验可能会给迪拜提供帮助，但在快速变化的经济框架下，迪拜将必须找到自己的解决办法。与19世纪晚期欧洲新兴城镇相比，在

左图：迪拜购物中心内部空间。

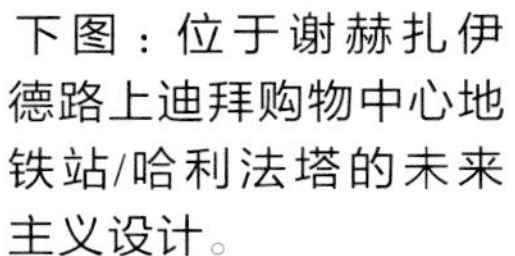

下图：位于谢赫扎伊德路上迪拜购物中心地铁站/哈利法塔的未来主义设计。

在旧城区公寓看迪拜市中心的风景。

迪拜新的人口涌入受到严格控制，非工业化增长令人感兴趣。这点也解释了过于拥挤的人口并不是一个问题，或者对于到访的游客以及中产阶层和上层社会的规划也不是问题。与工业城市相比，迪拜城市化是总体规划的奠基石，是财富的创造者，而不是创造的结果。从某种程度上来讲，过于稠密的人口和城市生活是目标而不是威胁。在这一问题上，市中心工程拥有引人注目的开放空间是一个重要因素。

下一页：该地区南边一座塔楼上向北看的风景。左侧的建筑实际上是一座冷却站。

北京中央商务区

地点：中国北京
年代：2000—2020
面积：399 公顷（986 英亩）

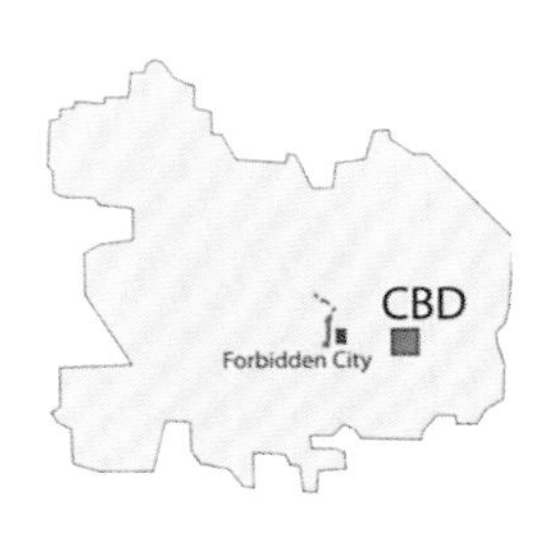

容积率：2.51
居住人口：62500
混合用途：50%办公，25%居住，25%零售、餐饮和公共设施

北京中央商务区（CBD）是本书展现的最大的工程项目之一，它是多个小区的组合而不是单单一个。对初期总体规划设计的不断调整和修改表达了该项目的经济目标，要吸引世界上最重要的金融机构，设计出具体城市布局，并且具有独特的地域特点。

在中国首都北京，创建金融区是政府1993年制定北京城市规划的一部分，一经宣布，接下来的几年几家大型企业在这一地区相继开办办事处。只是在1998年城市规划部门才正式划定中央商务区范围，这违背了最初的规划初衷，影响了建设进程。于是在2000年成立CBD管理委员会，负责该项目的规划调整。在该委员会成立的第一年，便组织了总体规划国际竞标，邀请8个团队提交设计方案，其中参与竞标的中方团队只有两家。

对21世纪初期迅速发展的中国来讲，北京CBD是城市规划典型和非典型（atypical）同时存在的例证。作为一个案例研究，它一方面代表了主要大城市经济的快速发展，从工业经济向服务型经济进行转化，但另一方面也体现了政府行政权力的影响和作用。作为新兴超级大国，首

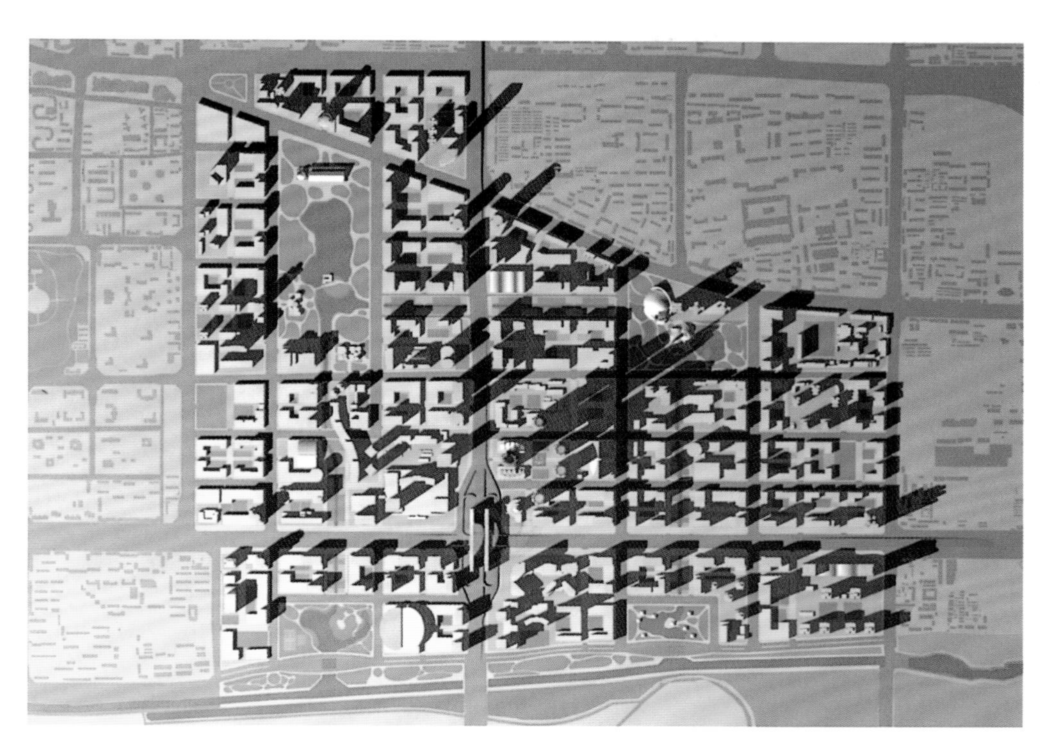

上图：2000年获奖的约翰逊•费恩（Johnson Fain）总体规划方案的模型。

下图：贝聿铭建筑事务所（Pei Cobb Freed & Partners）的CBD核心区设计获奖提案示意图（2006年）。

都CBD的规划拥有特殊地位和关注度。与上海浦东陆家嘴工程（始建于1990年，见《城市塔楼手册》，第170 ~ 177页）相比，除了面积相似外，两项工程遵循着完全相同的建设管理条例。由于引入了市场经济，在财政收入方面中国已经发生了重大改变。以前大部分国家财政收入来自国有企业税收；现在则相反，房地产开发在国家财政税收方面已发挥主要作用。传统上来讲，中国土地一直是公有制，政府出售租赁，而购买者不能拥有所有权，并且在有限期内允许个人使用土地，到期之后个人使用权由国家收回。在目前的制度下，对于商业用途的土地使用期限是40

年，办公用途的是50年，居住用途的期限是70年。2003年以前当地政府和开发商可直接签署协议，这些土地出让并非通过竞拍所得。

对于更多国内和国外公众而言，新CBD具体工程人们可能并不了解，但是通过建设中央电视台新址大楼，它获得全世界的关注。该大楼由OMA建筑事务所荷兰建筑师雷姆•库哈斯（Rem Koolhaas）设计（见欧洲里尔案例研究）。中央电视台新址大楼的巨型结构及独特的外形成为城市地标建筑，在北京可与之媲美的是由赫尔佐格和德默隆（Herzog & de Meuron）两名建筑师设计的鸟巢，即2008年奥运场馆。

项目组织/团队结构

CBD管委会把规划开发区域确定后，拆除原有建筑，修建新的基础设施，并对私人开发商的销售环节进行管理。只是在特殊情况下，例如公共区域内的设施和景观，由管委会完成开发。和本书中其他案例相比，其突出的特点是开发区域面积大并且还有很多民用住宅。部分过期土地停止使用并且进行土地的重组，另外还涉及大部分国有工业企业。虽然这是相对简单的过程，但这些土地大约占有开发用地的50%。然而，对当地居民的重新安置需要花费大量时间，这解释了为什么在工程进行中不能按计划顺利进行的原因。在本书

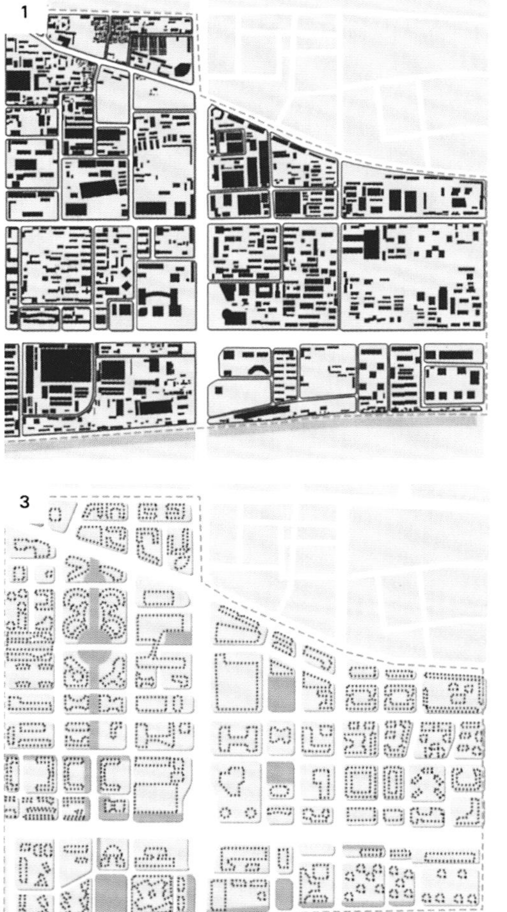

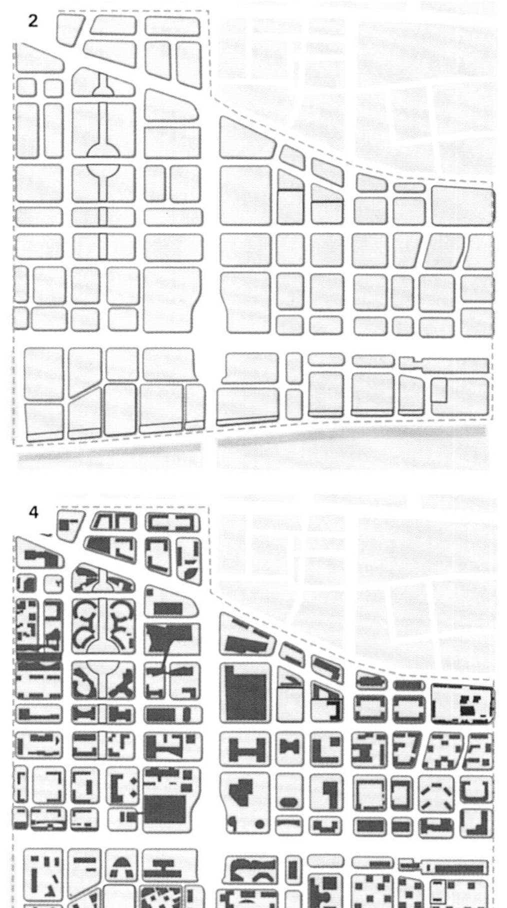

1 干涉前的情况，多数是国有工业厂区和工人居住区。

2 重建后再次划分和土地拥有权：CBD管理委员会通过拍卖出售土地。

3 建筑外体总规划方案由最初的总体规划确定，后来对每一地块提出建议，并考虑购买者的要求。

4 预期的2010年最终状态。

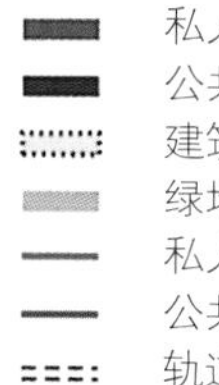

私人所有
公共所有
建筑围护
绿地
私人所有地块
公共所有地块
轨道

过程图

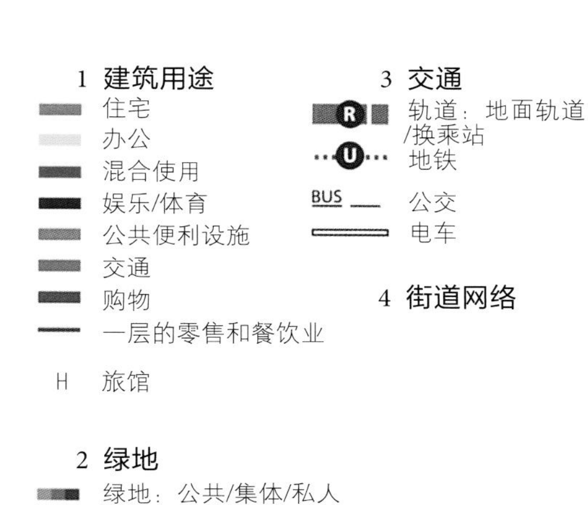

中，北京CBD和占地130公顷（321英亩）的巴黎塞纳河左岸（Paris Rive Gauche）具有相似之处，但CBD比巴黎塞纳河左岸的面积大三倍。即便斯德哥尔摩的哈默比算上水域共计40公顷（99英亩），也只有北京CBD的一半面积。比较这些面积是非常重要的，参照中东及远东工程标准来讲，北京CBD的开发似乎需要更长的时间。法国案例中，大量持有公共设施和公有住房的股份增加了规划的优势，即不仅可以调控供给，还能控制部分需求；而北京CBD建设可能几乎完全靠私人投资，对需求方面相对没有影响。法国和瑞典两国的工程都是建在工业用地上，即旧场房被清除后修

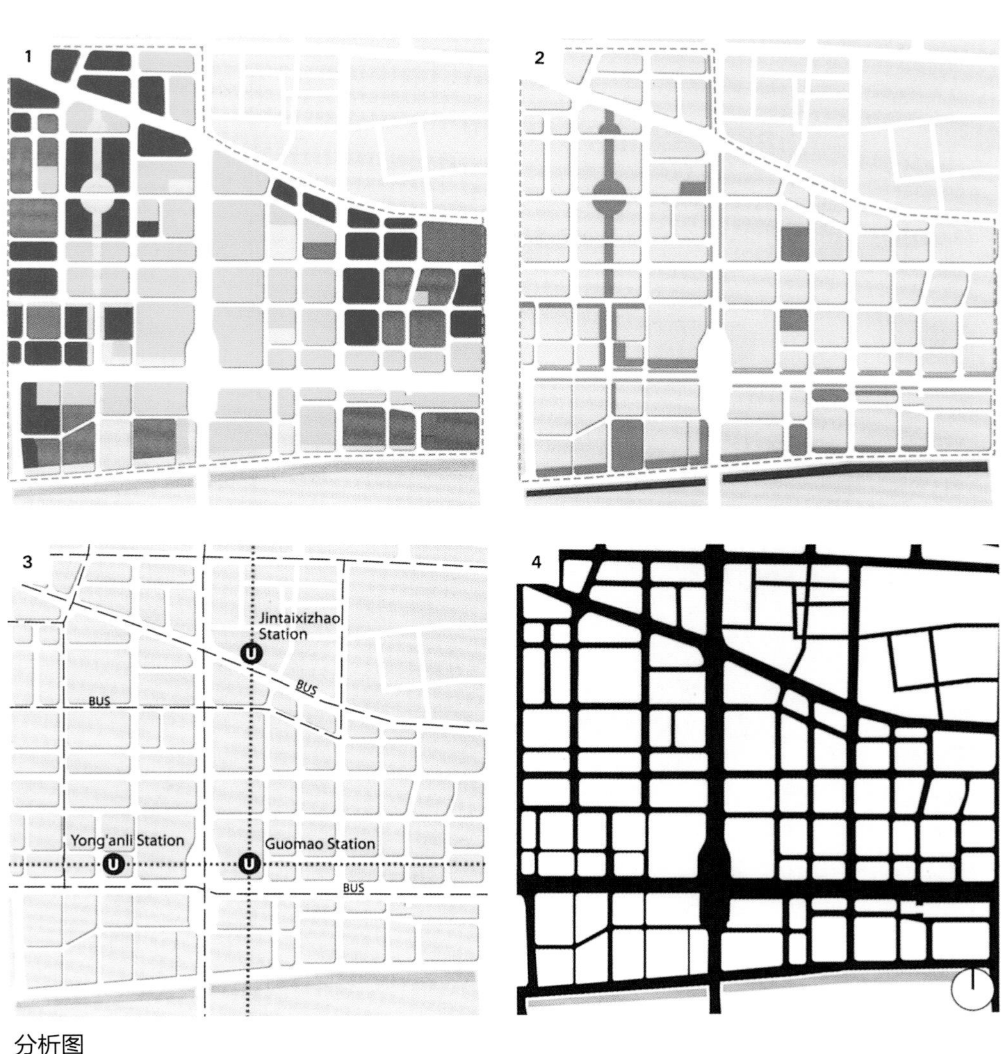

分析图

建新的建筑物，大约只有北京CBD一半的面积。这一事实也引出另一个比较，即巴黎西部郊区拉德芳斯商业区（见独立案例研究），在这一工程建设中有两万多人必须转移安置。

因此，事实上北京CBD的施工速度取决于土地实际供应量和销售进程，并不是按照计划时间或地块位置。如上所述，就城市整体规划而言，北京CBD案例依然显现出不足之处，这点首先可以通过最重要的事实解释。2000年约翰•费恩（John Fain）在总体规划竞标中获胜，那时有几个地块已出售或在签订协议中。这意味着大楼高度和公共区域或者重要连接处并没有根据获胜提案执行。中央电视台新址的建设直到2002年才决定，现在所在的建设地点覆盖几个街区，淡化了城市概念，并且阻碍了横贯东西的一条重要绿化带。与上海陆家嘴的规划相类似，理查德•罗杰（Richard Roger）的设计在竞标中获胜，但并没有实现城市的可持续发展。设计大赛中的规定并不意味着法律法规，恰恰相反，这些规定反而给CBD设计单位北京城市设计规划院提供了灵感。

城市形态/连通性

像巴黎左岸区域规划建设一样，北京CBD细分和沟通并不清晰，因此北京CBD是几个规划结合而成的一个总体规划。举例来讲，建外SOHO位于该地区的最南端，占地16公顷（40英亩），由日本建筑师山本里显（Riken Yamamoto）为SOHO集团设计。不像中央电视塔和这个区域的许多其他新高层塔楼设计那样，这个规划是邀请私人竞标的结果。建外SOHO的特点是有很强的城市概念，超过了大型建筑物总和。另一个分区位于区域中心的建国门街道和三环路交会处的东北角，占地38公顷（94英亩），几乎和巴特利公园城的面积一样大。它是北京CBD核心区，2006年其总体规划由贝聿铭建筑事务所设计，与建外SOHO相反，这块区域的产权本身由几家共同拥有。为了完成2000年约翰逊•费恩（Johnson Fain）的设计构想，CBD管委会

左下图：在CBD世贸天阶天幕下望向东部的风景，它由独特的写字楼、商业零售店及阶梯广场组成，是世界第二大天幕。

右下图：建国门外大街和三环路交会处是北京最重要的交通枢纽之一。

右图：万达广场（2007年）是由德国GMP建筑师事务所设计。位于建国门外大街，集公寓、酒店、写字楼及零售为一体。

下图：位于CBD西部的这条南北向风景带，按照2000年约翰逊•费恩设计的总体规划中的开发空间建造而成。背景中弧形建筑是居民中心公园的一部分。

建外SOHO开发的两栋塔楼和一栋别墅的剖面图。

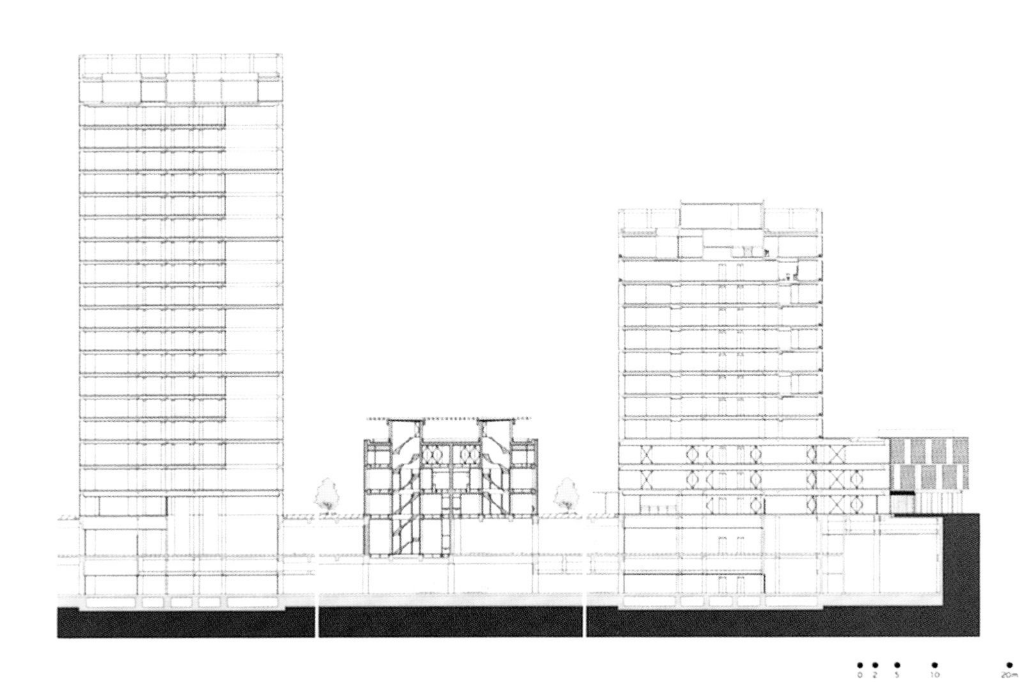

下图：建外SOHO北部的风景，背景是由OMA建筑事务所设计的中央电视塔。

组织了竞标，最终的建设结果与贝聿铭建筑事务所的方案有很多不同之处。

在重新开发之前，工业用地占了整个开发用地的一半以上，其余的主要是为工人建的南北通透的低矮居民板房，这一点与20世纪20年代德国的哲伦堡（Zeilenbau）相似。这些工业工地和居民建筑构成了大的城市街区，街道是直角网格，内部稠密，街区一边长达1千米（1英里的2/3）。从宏观层面上看，这样的布局遵循城市传统理念，与城市中心区布局有很大区别。城市中心在二环路内，大街区内部由狭窄和蜿蜒的小径（胡同）建成。这些小径沿着四合院围墙。四合院是中国北方带院子的平房，它与周围的大路连在一起。由于CBD施工工地是战后工业遗址，这也作为特殊因素存在。由于城市脉络保存下来，在内部街区并没有重复，因此与历史上有名的胡同很相似，很明显是城市巨大网格的一部分。新总体规划改变了北京城市的建设理念，把网格状分成更小的街区和区域。虽然一些复杂的空间不见了，但规划用最有效的方式简化了众多大型建筑和周边基础设施之间的联系。内部是直线而不是弯曲的几何形状，这样的街区建筑和上海陆家嘴的街区很相似，意味着在每个街区中央可以为人们提供更大的活动空间。

CBD地区不仅连接城市的两条主要干道，而且还与规划的三条地铁线路和公交线延长线相连，把整个公共交通网络连在了一起。与地面上大型建筑平行的几条地下地铁线路将整个开发区域大的场所交叉连接起来，同时提供各种公共设施和紧急避难场所。

建筑类型

由于缺乏区域范围的明确限定，在这一阶段只有基本的城市概念，独特的建筑比城市范围和开放的空间更加突出。在这点上它与世界众多的金融区是相似的，于是对于大多的投资者和开发商而言，塔楼是他们最想要的。高度330米（1083英尺）的中国世贸中心三期是这一地区和北京城市最高的建筑。或许CBD向东扩展规划中的一个或几个项目将会超过世贸中心三期建筑的高度。对于CBD向东扩展的总体规划，2010年SOM建筑设计事务所在竞标中获胜。与上海形成对比，高层建筑是北京新近的建筑特点。除了需要足够的空间并作为交通枢纽，北京禁止在市中心建高层建筑，这也是CBD没有建在市中心的

建外SOHO大楼的底部（2007年），由法裔日本设计师Mikan设计，界定了城市空间并提供综合用途。

鸟瞰图1：10000

原因。与亚洲或欧洲的多数城市相比，北京的市政规划更彻底，其规划服务需要处理建筑范式的完整转变。在过去的政治和经济背景下，传统建筑遗产几乎无法填补庭院建筑和表现企业实力和形象的塔楼之间的空白。不久的将来，可能会开发新型的塔楼并把西方元素和当地传统元素相结合，但现在的事实并不是这样，或许还不是目标：中国在过去30多年突飞猛进的发展速度，表明至少有一些地区或阶层达到了西方富裕程度。通过建造大量建筑地标更能有效地显示出经济的快速发展，引入适应当地发展的成功开发模式，而这一模式的规则一直由西方制定。进一步来讲，不应忘记CBD的目标是全球客户，满足他们的基本需求，这一事实大大限制了特定规划的调整范围。在这一背景下，CBD的各项建设逐步成为各种“之最”，即从20世纪90年代城市中最高的塔楼，到世界最高的世贸中心，到修建世界最长的地铁。

小　结

从西方视角看，仅仅根据政治、经济的巨大变化，人们极易认为当今CBD建筑缺乏历史年代感，并高估与西方规划方案的差异性而不承认两者规划方法的相似性。这些西方规划方法超出了一般意义上的“全球化”概念。如上文已提到，对于

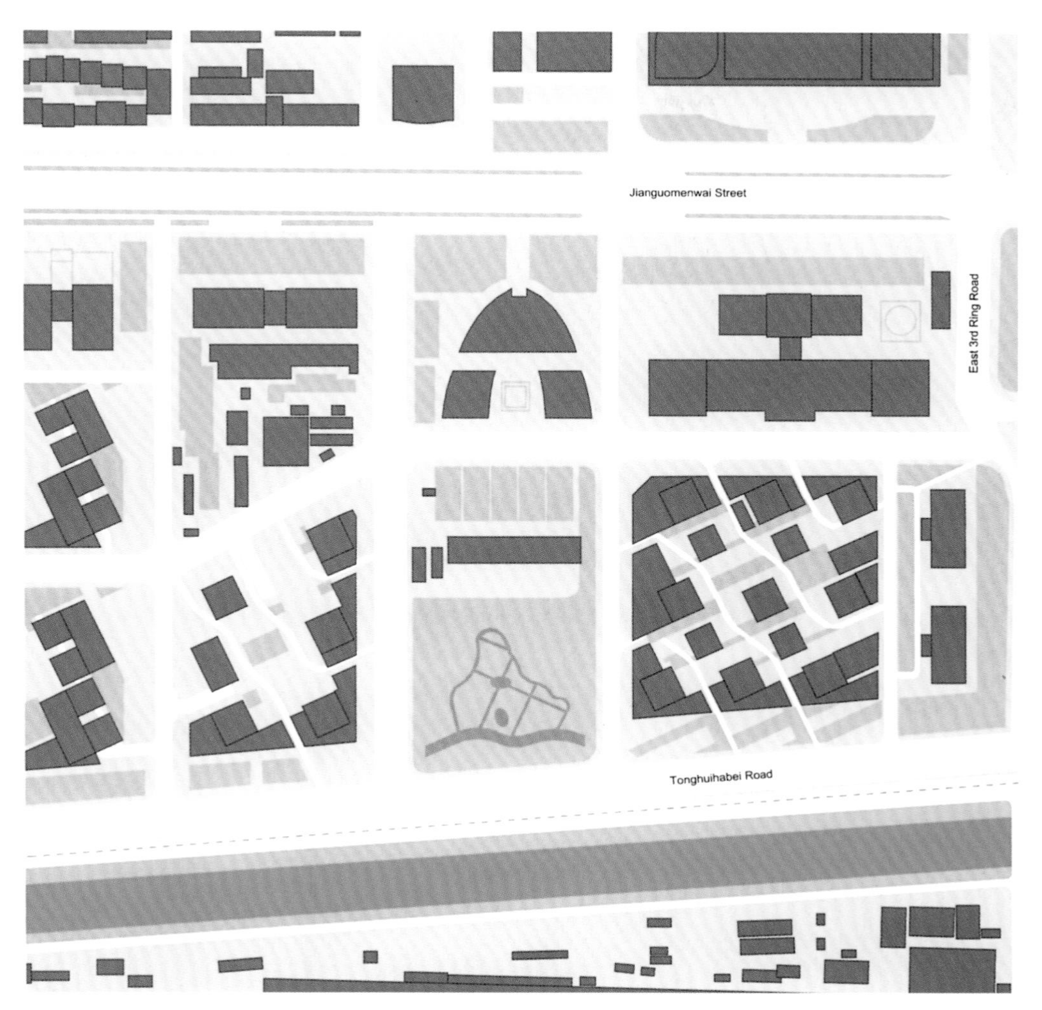

城市规划图1：5000

如此大片的土地在开发和实施城市规划过程中，CBD管委会遇到的一些复杂情况实属正常。想一想动荡年代建造的工程，如巴黎的拉德芳斯和伦敦的金丝雀码头当时的复杂情况，所以通常会认为北京CBD总体规划中写字楼开发的复杂情况是必然的。规模较大的建筑工程往往在资金上容易出现问题，不仅考验投资者的抗风险能力，而且检验承租人和用户的承受能力。于是与相对稳定的住宅方案相比，大型建筑在开发中往往经历更多的功能性调整。对于法国巴黎的拉德芳斯这一案例不应忘记工地施工面积和不清晰的城市裙房理念，使工程开发长达15年之久。

现在开发期限已过半，对于北京占地399公顷（986英亩）的施工场地，确定“标志性”城市概念依然很困难。然而，尽管工程建设还在进行，调整改进不断，但可能要求与规划一致是不恰当的，更简化和更复杂在很长一段时间内将会同时发生。这种整体规划基本上是按照美国传统CBD的模式，最终与周围环境相融合，因为它是建立在相同城市形式原则之上的。曼哈顿中部、市中心和芝加哥卢普区在这一类型上可能是最有名的。CBD地区的特征主要取决于高容积率（FARs）和异常密集建筑群，并不单单依靠一个总体规划。北京CBD的问题是网格状和拥有悠久历史的四合院建筑的差异。院落建筑结构与当前公司设计模式有很大差别。在这种情况下，细化空间概念解决了建筑因素、城市街区和与周边之间的关系，它们就像建筑创新和景观美化一样重要。它们为新型形态学研究提供了崭新的视野。

上图：CBD西北部边缘的景观细节。

下图：CBD南部边界线沿通惠河北路的建外SOHO风景，总规划和塔楼由山本理显（Riken Yamamoto）和菲尔德•肖普（Field Shop）设计。

下一页：世贸中心三期（2007年，由SOM设计）顶层向东看的景色。许多以前的工业厂房和居民楼依然矗立着，不久要在这些地方建现代高楼。

2010北京CBD国际商务节隆重开幕
建设国际商务中心
26000元/m²

拉德芳斯塞纳拱门

地点：法国大巴黎区（南泰尔、皮托、库尔布瓦和拉加雷讷白鸽城）
年代：1958—2020
面积：564 公顷（1394 英亩），拉德芳斯：160 公顷（395 英亩）

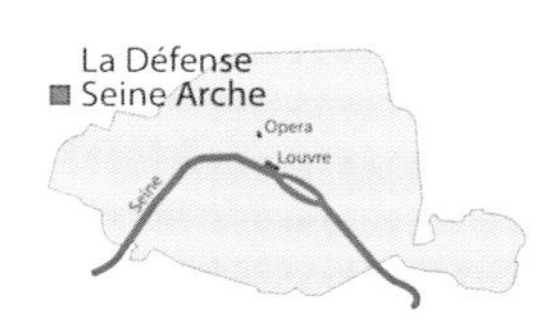

容积率：0.83
居住人口：25000
混合用途：73%办公，20%居住，5%零售和餐饮，2%其他（这些数字与重新开发规划相关）

欧洲最大商业区高层建筑因占地160公顷（395英亩），在国际上享有盛誉。国家开发公司拉德芳斯区域开发公司（EPADESA）实际上把这区域扩大了几乎三倍。因建设工地极为复杂，一系列主要基础设施划分得很详细，这体现出未来大巴黎区面临的机遇和挑战。

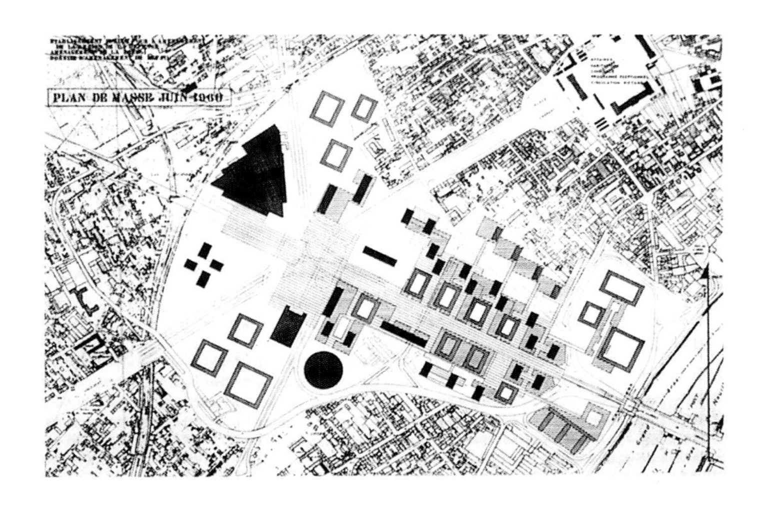

左图：1960年拉德芳斯总体规划设计图。

下图：拉德芳斯区域开发公司现在的土地范围，包括TGT建筑设计事务所为塞纳拱门向西部分和拉德芳斯重建工程向东部分所做的高层总体规划图。

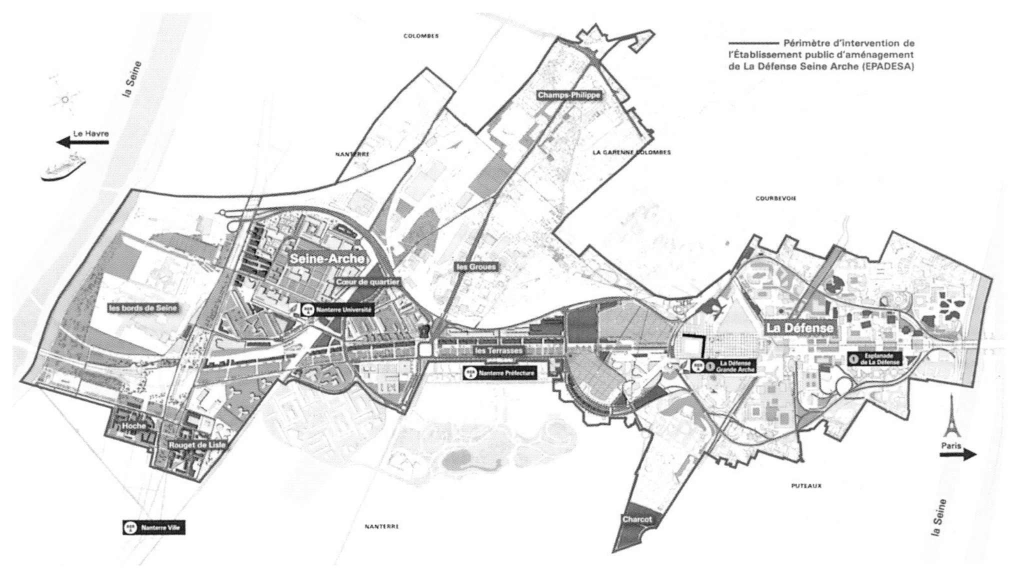

从卢浮宫的西面到城堡和圣日耳曼昂莱（Saint-Germain-en-laye）猎场，它们处在史上皇家中轴线上，在大拱门（Grande Arche）附近区域，长期以来一直是国家规划的重点。其中1901年提出从巴黎到圣日耳曼（Saint-Germain）修建10千米（6英里）的城市林荫大道，作为香榭丽舍大道的延伸，并在此大道中心建一条自行车道和有轨电车线。第一次世界大战后，作为规划动力，国家综合规划开发体系使建设工地更加具体明确。1924年颁布法令作为未来开发展望，要求所有法国社区都要建立地区性具体划规。基于这个法令这也是初期都市向郊区延伸原因，自20世纪头十年一直在进行。在以前的农村地区，家庭房屋的建设杂乱，因这些地区尚未分区和得到保护。

半径35千米（22英里）的区域包括不到657个政治实体，在亨利•普罗斯特（Henri Prost）的领导下，大巴黎区规划详细周密，虽几次延期，但最终于1939年采纳了该规划方案。方案中除限定城市区域和保护绿地外，主要目标是减轻城市中心的交通压力，规划交通线路，并组织规划产业发展。为了妥善解决中心核心区的卫生问题，城市核心区外的住房密度受到

拉德芳斯大拱门（约翰•奥托•冯•施普雷克尔森设计，1989年），右侧是CNIT大厦（让•德•梅丽、罗伯特•卡米洛特和伯纳德•泽尔夫斯共同设计，1958年），左侧是四季购物中心（阿特利耶LWD设计，1981年）。购物中心上面是爱丽舍办公大楼（索波特和朱利安设计，1982年）。

限制。通过拉德芳斯延伸凯旋大道是此规划的一个部分，然而实质上向西修建高速公路。规划在1956年的附录中更加具体细化，拉德芳斯正式作为未来办公区。在1954—1955年期间正经历严重的住房危机，住宅依然是个严峻问题。

1955年在城市重建部长尤金•克劳迪亚斯-珀蒂（Eugene Claudius-Petit）和他的朋-勒•柯布西耶、尤金•克劳迪斯亚-珀蒂的领导下开始了首次征地。位置在该地区的东部，是拉德芳斯的第一个主要施工工地。拉德芳斯因在1870—1871年的普法战争中保卫巴黎而得名。国家利益下的开发项目界定具体区域，很显然并没有引发土地公共所有权之争，但所有权问题今天依然是很主要的。

项目组织/团队结构

1958年国有开发公司拉德芳斯区域开发公司（EPAD）成立，由安德烈•普罗坦（Andre Prothin）任第一届董事长，任务是要求这家公司购置并准备土地，设计修建基础设施和公共设施，转售已开发的地块和开发权，并推动和促进该土地项目的开发。公司凸显国家地位，与本书中列举的其他法国案例不同（见马塞纳•诺德和欧洲里尔案例研究），因其他案例是由综合开发公司实施完成的，而其下属的一个或几家地方公司积极参与建设。为修建查尔斯•戴高乐和奥利两家巴黎国际机场，以及位于马赛的欧洲地中海项目，成立了其他几家国有开发公司。成立这几家公司的背后的理念不仅是提供更多的财政帮助，而且能规避地方政府之间的政治斗争，主要考虑施工工地与几家地方政府相关。拉德芳斯建设区域涵盖三个市镇，包括库尔贝瓦、皮托和南泰尔。对于上面提到的征地过程和在20世纪50年代至60年代期间大约两万居民的安置，可以想象由国有机构承担比地方政府要容易得多。

因为开发公司是国有制，这些地方政府开始并没有完全掌控他们的土地。拉德芳斯区域开发公司（EPAD）董事会的18个席位中，地方政府占据9席，其中包括3位

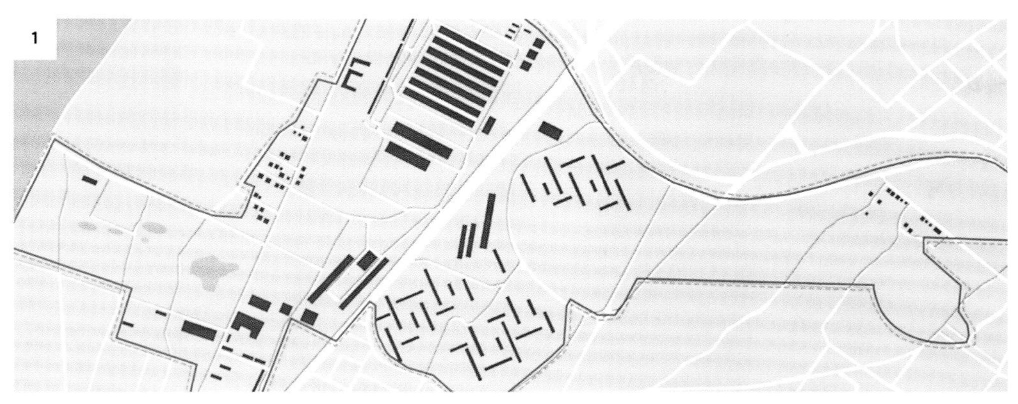

1 干预前1958年历史现状（仅仅是塞纳拱门施工工地）。

2 根据TGT建筑设计事务所最近的总体规划，再开发后的土地细化和所有权。

3 建筑外围总体规划指南。

4 最终状态。

过程图

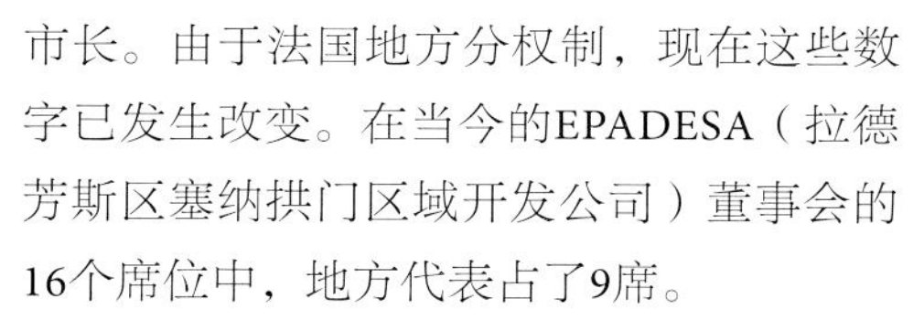

左上图：洛林（Lorraine）巴黎皇家宫殿型少数几个完工的居住区之一，它构成了早期总体规划设计的重要部分。该居住区由卡米洛特（Camelot）和费南利（Finelli）设计，建于1969年。

市长。由于法国地方分权制，现在这些数字已发生改变。在当今的EPADESA（拉德芳斯区塞纳拱门区域开发公司）董事会的16个席位中，地方代表占了9席。

2001年成立了独立机构EPASA（塞纳拱门区域开发），接着引发了南泰尔市（City of Nanterre）期望更好地管控自己的区域土地的愿望，包括以前拉德芳斯区域开发公司（EPAD）工程涵盖范围。这件事也反映出与1991年国际竞标“使命大斧”（Grand axe）与西方开发规划的差异性。由丹麦建筑师奥托•冯•施普雷克尔森（Johnn Otto von Spreckelsen）设计的拉德芳斯大拱门（1985—1989年）的建成不仅标志这一地区第一阶段胜利竣工，而且规划的开放性和独创性也提出了中轴线向西延伸的问题。中轴线向西延伸的问题作为规划中的首要条件，政府决定于1990年修建一条国家级公路、A14高速路的隧道部分和地铁RER A列车线。因政治上的分歧，EPASA（塞纳拱门区域开发公司）和EPAD（拉德芳斯区域开发公司）两家独立的公司于2010年合并成立EPADESA公司。原来480公顷（1186英亩）的土地加上上文提到的三镇（它们是拉加雷讷白鸽城的一部分），土地面积扩大到564公顷（1394英亩）。自2007年2月以来，EPAD地产160公顷（395英亩）土地的维护和规划更加具体，包括裙房的复杂空间。EPADESA因此更多关注战略任务，其中一项是唯一的收

右上图：环形大道南边部分，划定拉德芳斯高层建筑的界限。由于中心平台上升，借助人行过街天桥使该地区延长。

右下图：夏娃摩天大厦（1975年）由乌里耶（Hourlier）和居里（Gury）设计，通过两座人行过街天桥与中心裙房相连，它是该地区罕见的一个综合使用建筑。

入来源——出售施工权。从金融角度理解是很重要的，由此解释了政府扩大开发的原因，在1988年到期的30年开发期限内，该任务分几步走，这与加大开发权直接联系起来。

就实施来讲，因国有开发公司地位，施工过程按照规划进行，并且EPADESA公司施工下属部门也是如此，这些在本书其他案例研究中已讨论过（参见马森纳•诺德、安提戈涅或欧洲里尔项目）。对高层建筑地区来讲，情况并不是这样。目前，重建基础是扩大现有开发范围，对于环形林荫大道和与之相连的周边裙房进行零星修缮，并不是对整个周边地区再次进行综合设计。这些微小干涉并不影响它的合法地位，但是必须体现在当地三镇的规划中，即南泰尔、皮托和库尔布瓦。

城市形态/连通性

拉德芳斯东部位于大拱门前面，该地区已被大量报道过。作为一个都市化裙房（podium urbanism）突出的案例，长1.5千米（约1英里）的裙房建筑把市中心众多基础设施、中心停车场与通往主要高楼的步行大道分开。连接封闭、对称的环形大道，表明城市版图快速建成，这一版图并没有反映出历史发展的现状。1955年年初的规划图由著名建筑设计师及罗马建筑大奖的获得者让•德•马伊（Jean de Mailly）、罗伯特•卡麦洛特（Robert Camelot）和伯纳德•泽尔夫斯（Bernard Zehrfuss）三位共同设计CNIT（国家工业科技中心）。他们并没有实际突出裙房特点，设计了大型板楼之间的对称，并在其两侧建设城市高速公路。过去保存下来了历史上著名的环岛，但是在本书的研究中用小裙房取代了它。小裙房与CNIT（国家工业科技中心）和周围空间看起来浑然一体，并修建一座摩天大楼作为该地区的中心。在1964年批准该计划即裙房成为工程结构中的一部分，这个规划中所谓的具有皇家风格的庭院建筑用于居住，与紧邻的长42米（138英尺）、宽24米（79英尺）、高100米（328英尺）的塔楼同样发挥着重要作用。

凯撒的大拇指雕塑，右侧是由瓦洛德和皮斯特尔设计的T1大楼（2008年），左侧是由卡斯特罗•丹尼佐夫设计的埃热摩天大楼（1999年）。

有趣的是，人们发现工程规划和开始阶段的建造与市场利益发生了冲突。于是局部开发方法（piecemeal strategy）取代了整体规划实施，它必须调整和适应投资者的具体要求。在此过程中，从经济学观点看，居住用途很快滞后，因不能支付巨大的裙房建设费用。地区超前的城市化开发加剧了公众批评，这使得事态进一步恶化，于是与商业开发权相比，导致了居住开发权大大降低。与中等规模的公寓楼

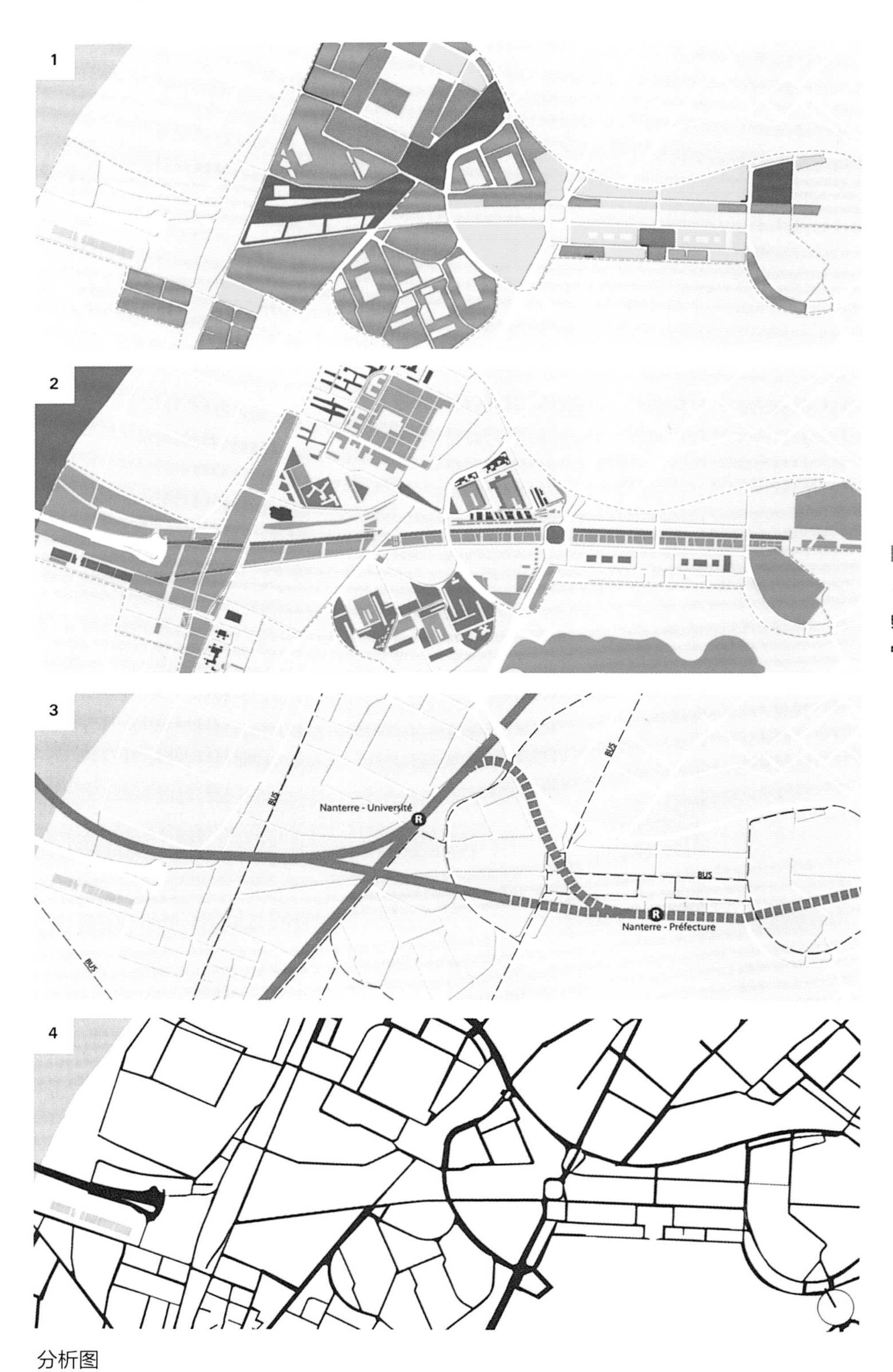

1 建筑用途

住宅

办公

混合使用

娱乐/体育

公共便利设施

交通

购物

一层的零售和餐饮业

H 旅馆

2 绿地

绿地：公共/集体/私人

路边植被/绿色小径

步道

公共广场

3 交通

轨道：地面轨道/换乘站

地铁

BUS 公交

电车

4 街道网络

分析图

相对比，企业文化宣传需要更大的楼面空间，这一点政府能够提供公共规划上的援助。然而，即便在理论占据优势的情况下，复杂工程和相对保守的高层建筑市场限制了建设速度。20世纪60年代末，只建完了三栋高层建筑。第一个完工的图尔•埃索（Tour Esso）大厦（现已推倒建成其他大厦）建成于1963年，它符合最初的总体规划设计团队德•梅利、卡米洛特和泽尔夫斯的设计开发理念，结合罗伯特•奥泽勒（Robert Auzelle）和保罗•埃尔布（Paul Herbe）的想法，因此缩短了建设周期。1964年规划临时调整了城市基本要素，有效地限制了不断对建筑施工和工程进行干预的行为。

EPADESA公司开发的西部又被称为塞纳河大拱门（Seine Arche），与开发的其他地区几乎没有任何区别。该地区与高速公路、轨道交通分开，部分地块仍然是工业用途，到目前为止它仍是唯一腹地。法国巴黎第七大学位于拉德芳斯南泰尔并拥有35000名学生。如今情况已发生改变，该地区包括一系列持续开发项目，用于居住

左上图：贝聿铭建筑事务所与SRA建筑事务所的建筑师设计的图尔EDF大楼（2001年）为背景，右边是德尔波、谢诺、维罗拉和德拉朗德设计的图尔•富兰克林（Tour Franklin）大厦（1972年），左边是让•巴拉杜尔设计的SCOR大楼（1983年）。

右上图：拉德芳斯大拱门和渣甸拱门西面的风景。

左下图：从渣甸拱门上方向东看的风景。一座人行天桥延伸到裙房，沿着皇家中轴线通往拉斯•德•南泰尔。

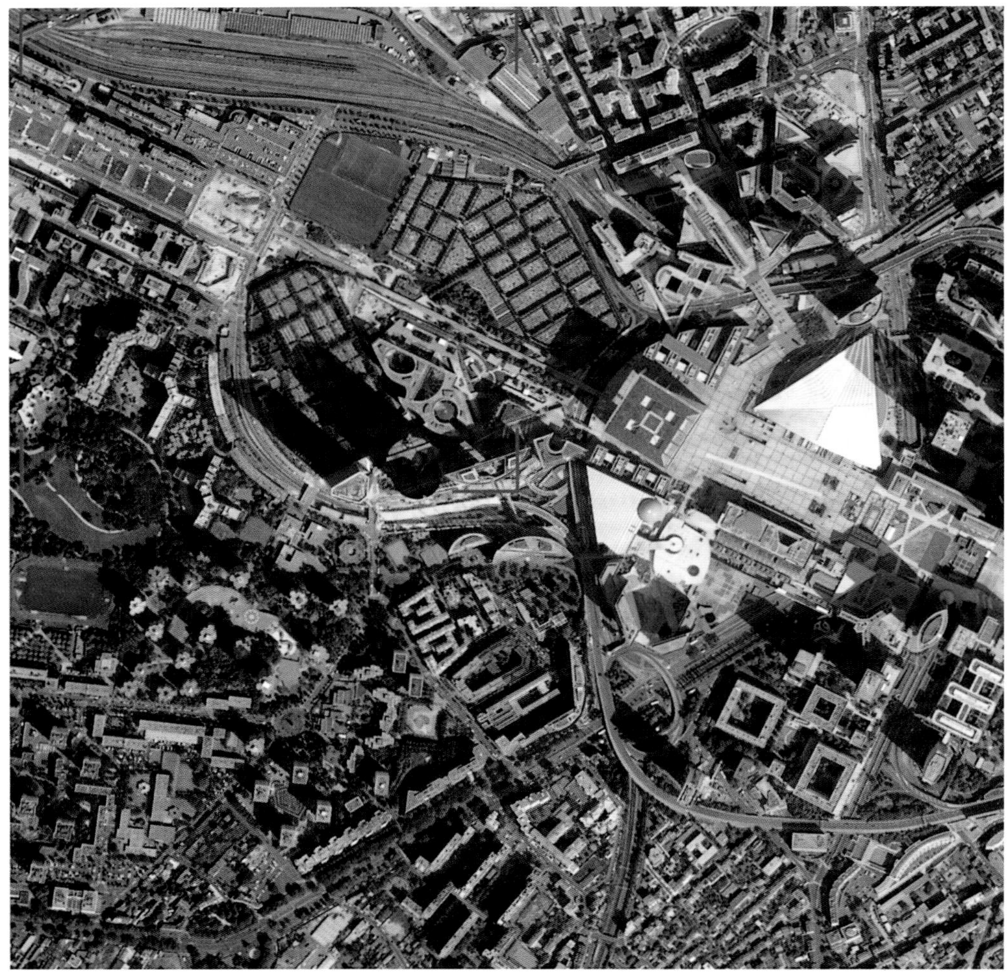
鸟瞰图1：10000

的比例高于相邻的东部地区。2002年TGT建筑设计事务所在巴黎办公大楼的开发竞标中获胜，并负责120公顷（297英亩）区域规划。此区域涵盖3.2千米（2英里）的中轴线，从大拱门延长到塞纳河。这个规划的核心和主体是特拉斯•德•南泰尔（Terrasses de Nanterre）地区，把中轴线稍稍进行了延伸，并在基础设施隧道的上面设计了20节斜坡状的台阶。因为不对称且拥有大量的公共空间并涉及公共活动，所以与皇家区域邻近，这些建筑更具时代感、更民主和休闲。在大拱门和塞纳河之间的45米（148英尺）斜坡，尽管位于隧道上面，但经过简单有效的处理得以利用，体现出城市化进程中要充分利用土地。

建筑类型

开发面积之大和开发时间跨度之长，很难让人认清建筑类型，这点是真实的,我们对高层建筑的分析有限。如果初期的高楼设计风格典雅朴素，例如图尔•诺贝尔大楼（现称为图尔RTE 奈克西帝；1966年，由让•德•梅利、雅克•德普斯和让•普鲁韦设计）和图尔 FIAT（现称为图尔•阿海珐；1974年，由罗杰• 索波特、弗朗索瓦•朱利安和SOM建筑设计事务所设计），其灵感明显来自密斯式建筑风格（Miesian），那么它为以后的设计者提供了更有意义、更

城市规划图1：5000

为风趣的选择方案。整体塔楼设计依然遵循国际化趋势，一整套高楼以及20世纪80年代和90年代初的中高层建筑，包括图尔Elf（现称为Tour Total Coupole；1985年，由WZMH建筑事务所的建筑师、罗杰•索波特和弗朗索瓦•朱利安设计），突出玻璃幕墙，并且人行道、建筑和天空浑然一体。在近年来的建筑中，认为2001年建造的图尔EDF大厦（贝聿铭建筑设计事务所和SAR建筑事务所设计）是新现代主义的一部杰出作品。

俯瞰皇家宫殿建筑风格以外的建筑，结合办公高楼一起看，很容易让人联想起勒•柯布西耶的巴黎市中心改造方案（1925年）和别墅公寓（1922年）。尽管它们的外形具有野兽派建筑风格，但环形规划和内部院落结构与拉•图雷特修道院（1960年）或艾哈迈达巴德博物馆更相似（1957年）。1964年总体规划中的15个巴黎皇家宫殿建筑风格建筑中，只有4个已建成，其中一个是由卡米洛特和费南利共同设计的洛林居住区（1969年）。公寓的起居室面向大楼外的绿地，与传统上巴黎人的公寓大楼空间观念和有代表性的房间相对成行排列的布局相矛盾。

小 结

自2009年以来，杜撒邦•雷勒克事

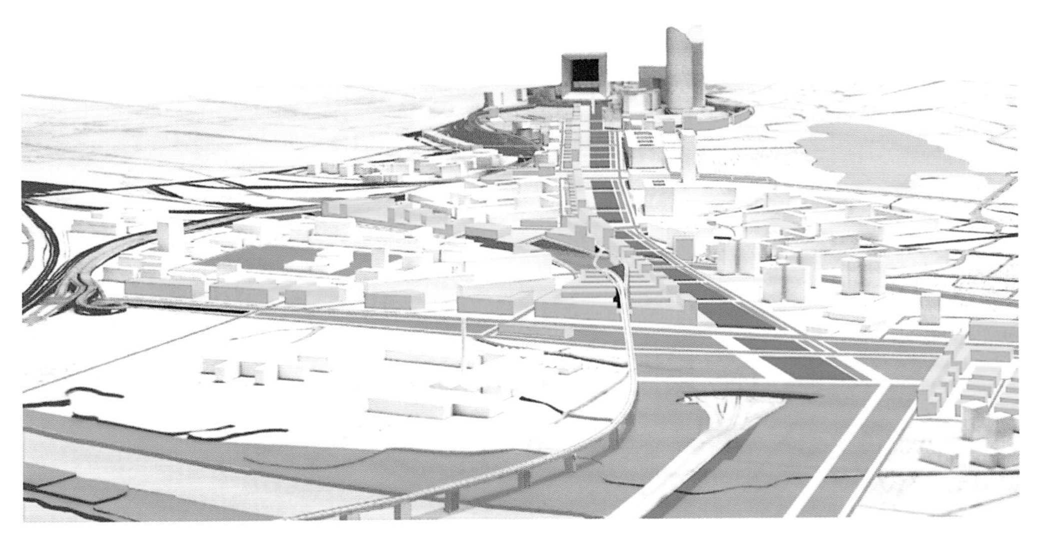

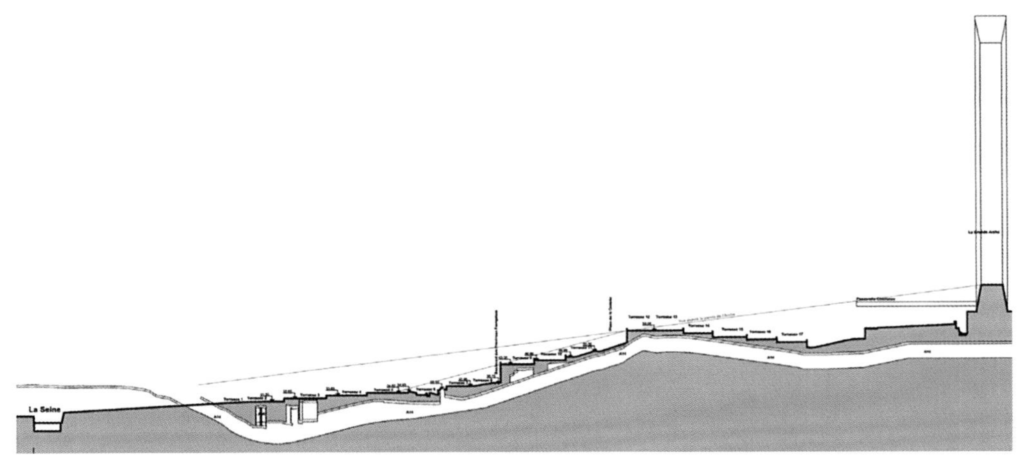

上图：TGT事务所设计的特拉斯•南泰尔总体规划立体图。

中图：特拉斯•南泰尔规划局部放大剖面图，大拱门在右侧。由于自然和基础设施的原因，尽管地面高度发生重大改变，但工程对西部的纪念性轴线进行了一定程度上的延伸。

下图：从特拉斯•南泰尔看到的风景，由TGT事务所规划设计，朝向拉德芳斯大拱门。

务设计所（Dusapin Leclercq）一直为EPADEDA开发公司做拉德芳斯地区20年的城市规划。考虑到当时存在的大量子项目和工地与周边社区的重要关系，本研究的范围完全与大巴黎区开放的规划联系起来。大巴黎规划对大巴黎区的未来提供综合开放的视野。因萨科齐总统同意大巴黎区的规划，2008年组织创意大赛，在整体上大巴黎区对法国社会产生了相当大的影响。大巴黎区解决了巴黎中心区和周边及郊区特殊的政治分离问题。经过三年研究之后，更加清晰地看到该地区成为重要的交通枢纽，与现存开发良好的交通枢纽相比，它更关注的是郊区与郊区之间的连接。长175千米（109英里）的大巴黎快线

网络是当前规划中最先进的，因此拉德芳斯和南泰尔的位置将会很关键。这些规划方案加上以前的规划使得RER的E线从圣拉扎尔站（Saint-Lazare）延长到了拉德芳斯，还在南泰尔大学和大拱门之间修建了新的高铁站。目前通过RER的A线（自1970年投入使用）与特快列车网络连接起来，通过1号线（1992年建成使用）、众多公交线路、电车和火车线路与过去的地铁网络相连，因此除老城区外，拉德芳斯地区将会成为最佳交通地区。

2006年公布这些令人振奋的前景规划，不仅对塞纳拱门地区的大量工程给予了支持，而且对高层建筑地区的最新重建计划提供了很多帮助。尽管全球金融危机刚刚结束10年，但该规划计划改造和建设45万平方米（480万平方英尺）办公大楼和10万平方米（110万平方英尺）居住空间。许多新建工程在现有开发面积的基础上进行扩建，在必要情况下拆除利用率低的老旧楼。在这些规划中凸显民用住宅，看起来更加人性化。拉德芳斯塞纳河大拱门地区综合配套使用渐渐成熟，这样降低了老城区开发压力，使规划在很大程度与周边地区很好地连接起来。

20世纪60年代末，法国学生举行大规模的抗议活动，拉德芳斯虽有巨大的裙房，却没有几座完工的高楼，这表明战后城市化进程中工程技术和独裁统治的失败。那时的人们谁会想到现在的城市状况呢？

下图：从西部望向塞纳拱门和拉德芳斯的鸟瞰图。这两部分遵循大胆的不同的开发原则。

附　录

建设时间表

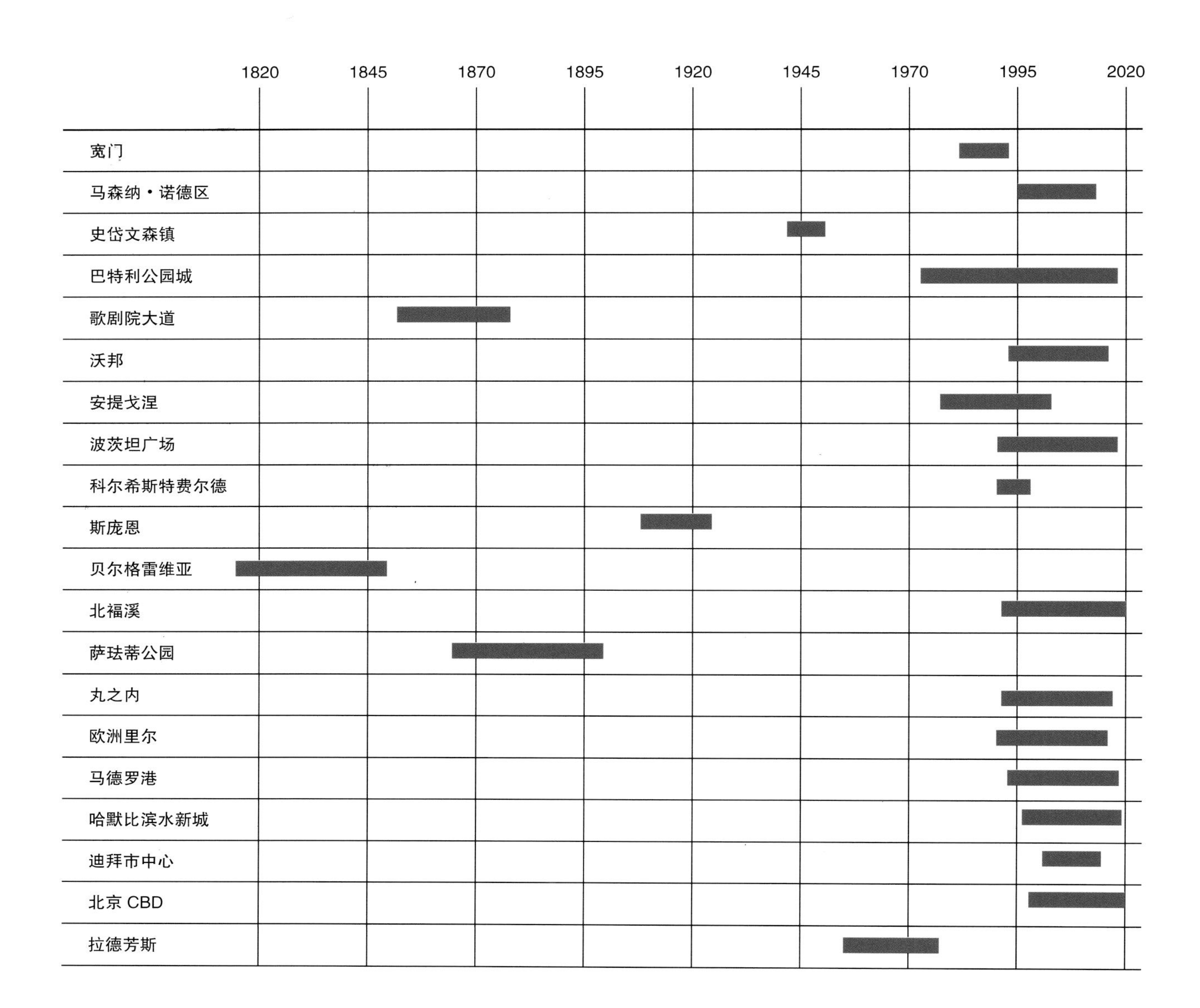

1820
1845
1870
1895
1920
1945
1970
1995
2020
宽门
马森纳・诺德区
史岱文森镇
巴特利公园城
歌剧院大道
沃邦
安提戈涅
波茨坦广场
科尔希斯特费尔德
斯庞恩
贝尔格雷维亚
北福溪
萨珐蒂公园
丸之内
欧洲里尔
马德罗港
哈默比滨水新城
迪拜市中心
北京 CBD
拉德芳斯

密度汇总表

工程名称 地点	工地面积			开发面积		容积率	人口	人口/公顷	主要土地用途		
	公顷	英亩	平方米	平方米	平方英尺				办公	居住	多用途
宽门区[1] 英国伦敦	11.7	29	117000	422900	4552500	3. 61	0		×		
马森纳·诺德区（巴黎左岸）[2] 法国巴黎	12.6	31	126000	339400	3653300	2. 69	2430	193			×
史岱文森镇 美国纽约市	24.7	61	247000	706100	7600000	2. 86	18000	729		×	
巴特利公园城 美国纽约市	37.6	93	376000	1945000	20936200	5. 17	13314	354			×
歌剧院大道[3] 法国巴黎	40	99	400000	1216000	13088900	3. 04	3480	87			×
沃邦[4] 德国弗莱堡	41	101	410000			1. 40	5300	129		×	
安提戈涅 法国蒙彼利埃	50	124	500000	520000	55972000	1. 04	8000	160		×	
波茨坦广场 德国柏林	51	126	510000	1100000	11840300	2. 16	4500	88			×
科尔希斯特费尔德[5] 德国波茨坦	58.7	145	587000	430350	4632200	0. 73	5000	85		×	
斯庞恩 荷兰鹿特丹）	64	158	640000	550000	5920200	0. 86	9800	153		×	
贝尔格雷维亚[6] 英国伦敦	80.9	200	809000	1068400	11500000	1. 32	6300	78			×
福溪北岸[7] 加拿大温哥华	83	204	830000	1370000	14746600	1. 65	20000	241		×	
萨珐蒂公园 荷兰阿姆斯特丹	101.5	251	1015000	1863450	20058000	1. 84	23850	235		×	
丸之内 日本东京	120	297	1200000	6758000	72742500	5. 63	0		×		
欧洲里尔 法国里尔	126	311	1260000	1029400	11080400	0. 82	8000	63			×
马德罗港 阿根廷布宜诺斯艾利斯	131	324	1310000	2615800	28156200	2. 00	21800	166			×
哈默比海滨新城[8] 瑞典斯德哥尔摩	160	395	1600000			1.43	24000	150		×	
迪拜市中心 阿拉伯联合酋长国迪拜	200	494	2000000				30000	150			×
北京 CBD[9] 中国北京	399	986	3990000	10000000	107639100	2.51	62500	157			×
拉德芳斯塞纳拱门[10] 法国大巴黎区	564	1394	5640000	4700000	50590400	0.83	25000	44			×

本书这里提供的数字是大概的并且不包括停车场。

1 密度数据包括建设工地北部边缘最近的高层开发（宽门大厦和201主教门）。

2 130公顷的巴黎左岸总体容积率是1：86。

3 人口和开发面积的数字是建立在小区人口普查的基础上按比例计算的结果。

4 平均1：4的容积率只是与划分有居住用途的开发地块有关（不含公共空间）。

5 整个开发面积的数字涵盖没有开发的商业园区。

6 人口数字来自2001年的人口普查信息。

7 由于缺乏足够的信息，开发数字建立在北福溪区用户数据报协议（UDP）上。

8 容积率1：43只是与中央居住区的93公顷有关，整体密度是低的。

9 估算的人口数字基于25%的开发总面积，这部分土地预留作为住宅使用。

10 整体开发面积的数字不包括几个现有的用途。

图形背景图

巴黎歌剧院大街

伦敦贝尔格雷维亚

阿姆斯特丹萨珐蒂公园

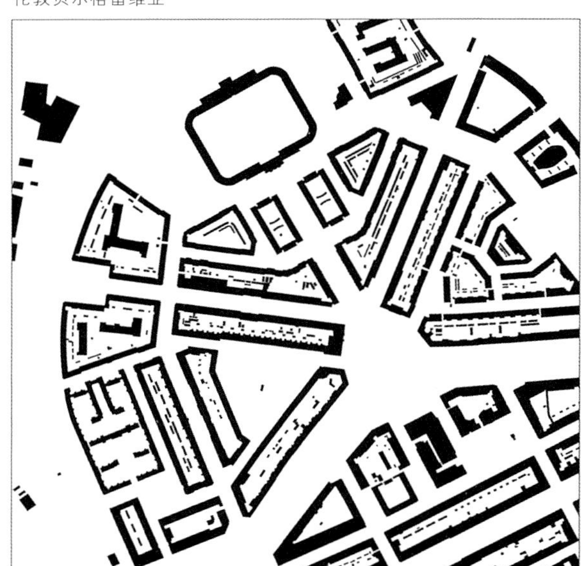

鹿特丹斯庞恩

纽约史岱文森镇

大巴黎区拉德芳斯塞纳拱门

纽约巴特利公园城

蒙彼利埃安提戈涅

伦敦宽门

里尔欧洲里尔

柏林波茨坦广场

波茨坦科尔希斯特费尔德

斯德哥尔摩哈默比滨水新城

弗莱堡沃邦

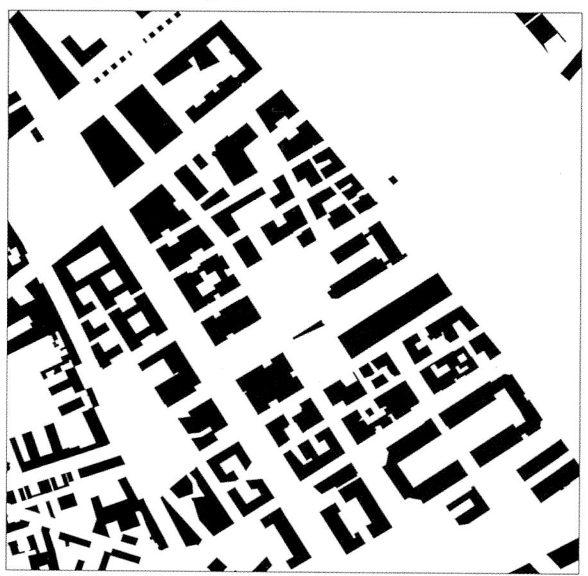

巴黎马森纳·诺德

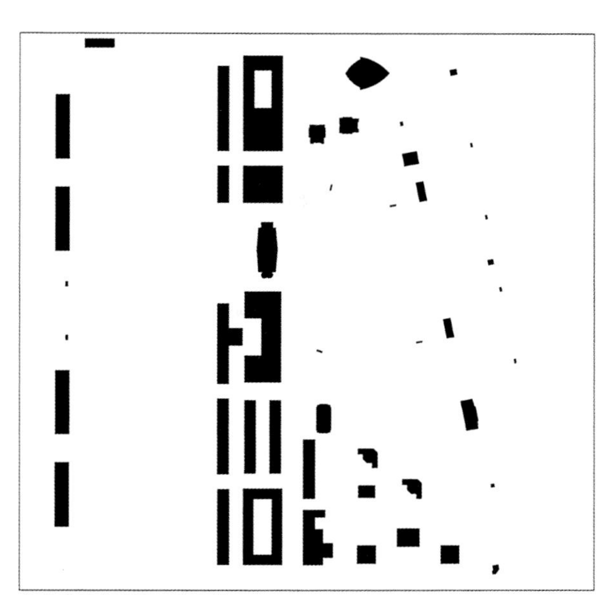
布宜诺斯艾利斯马德罗港

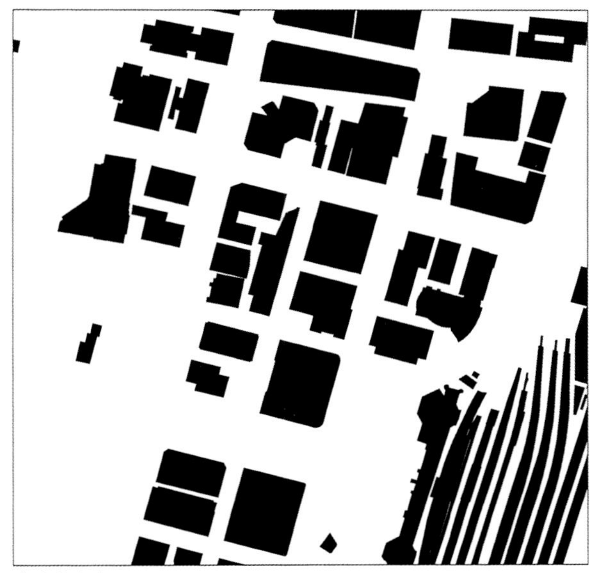
东京丸之内

北京CBD

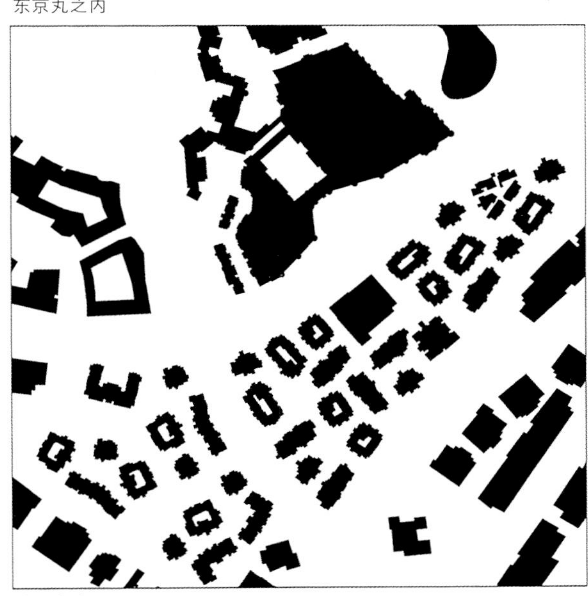
迪拜市中心

温哥华北福溪区

所有项目面积比较图

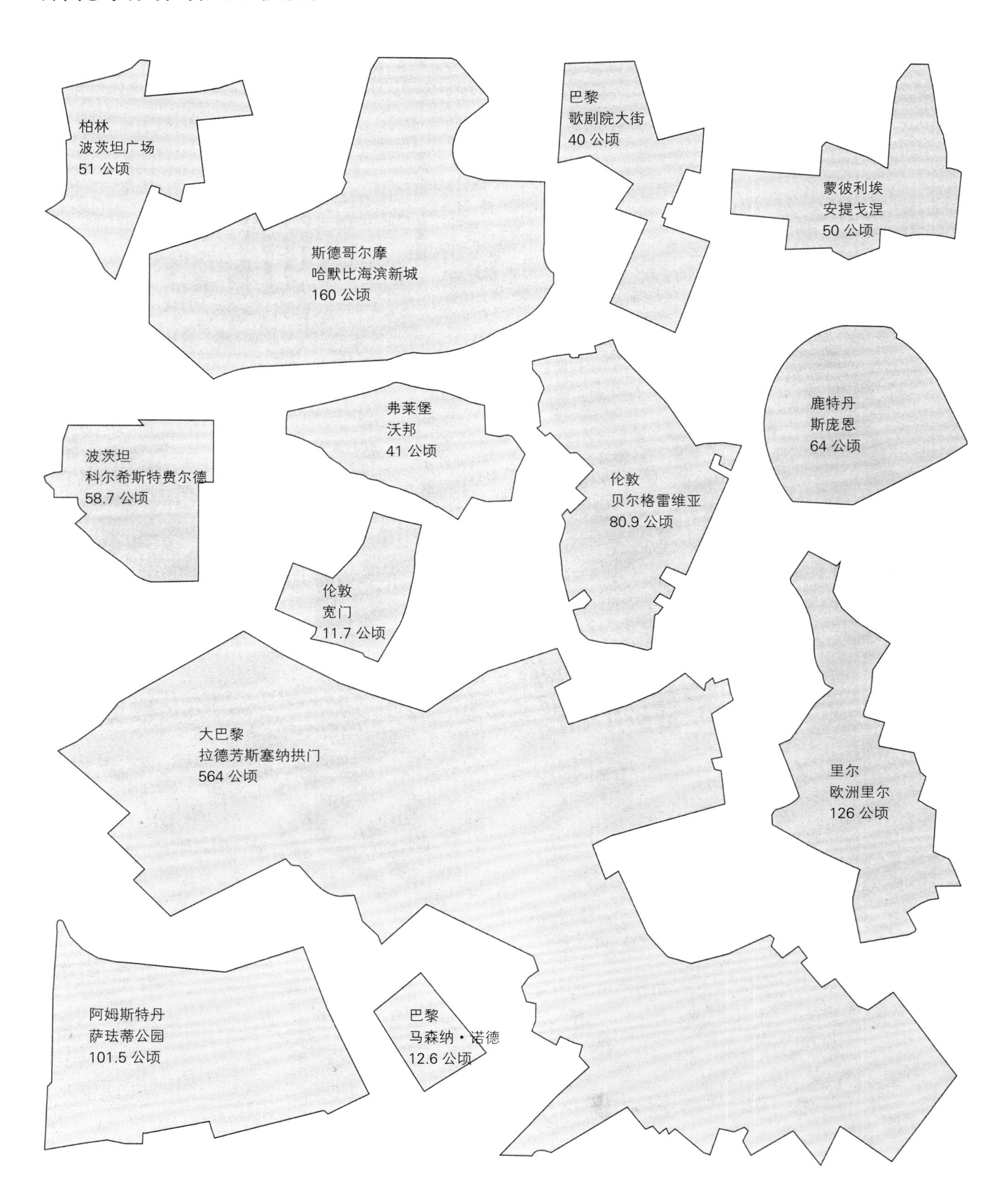

柏林
波茨坦广场
51 公顷
斯德哥尔摩
哈默比海滨新城
160 公顷
巴黎
歌剧院大街
40 公顷
蒙彼利埃
安提戈涅
50 公顷
弗莱堡
沃邦
41 公顷
伦敦
贝尔格雷维亚
80.9 公顷
鹿特丹
斯庞恩
64 公顷
波茨坦
科尔希斯特费尔德
58.7 公顷
伦敦
宽门
11.7 公顷
大巴黎
拉德芳斯塞纳拱门
564 公顷
里尔
欧洲里尔
126 公顷
阿姆斯特丹
萨珐蒂公园
101.5 公顷
巴黎
马森纳・诺德
12.6 公顷

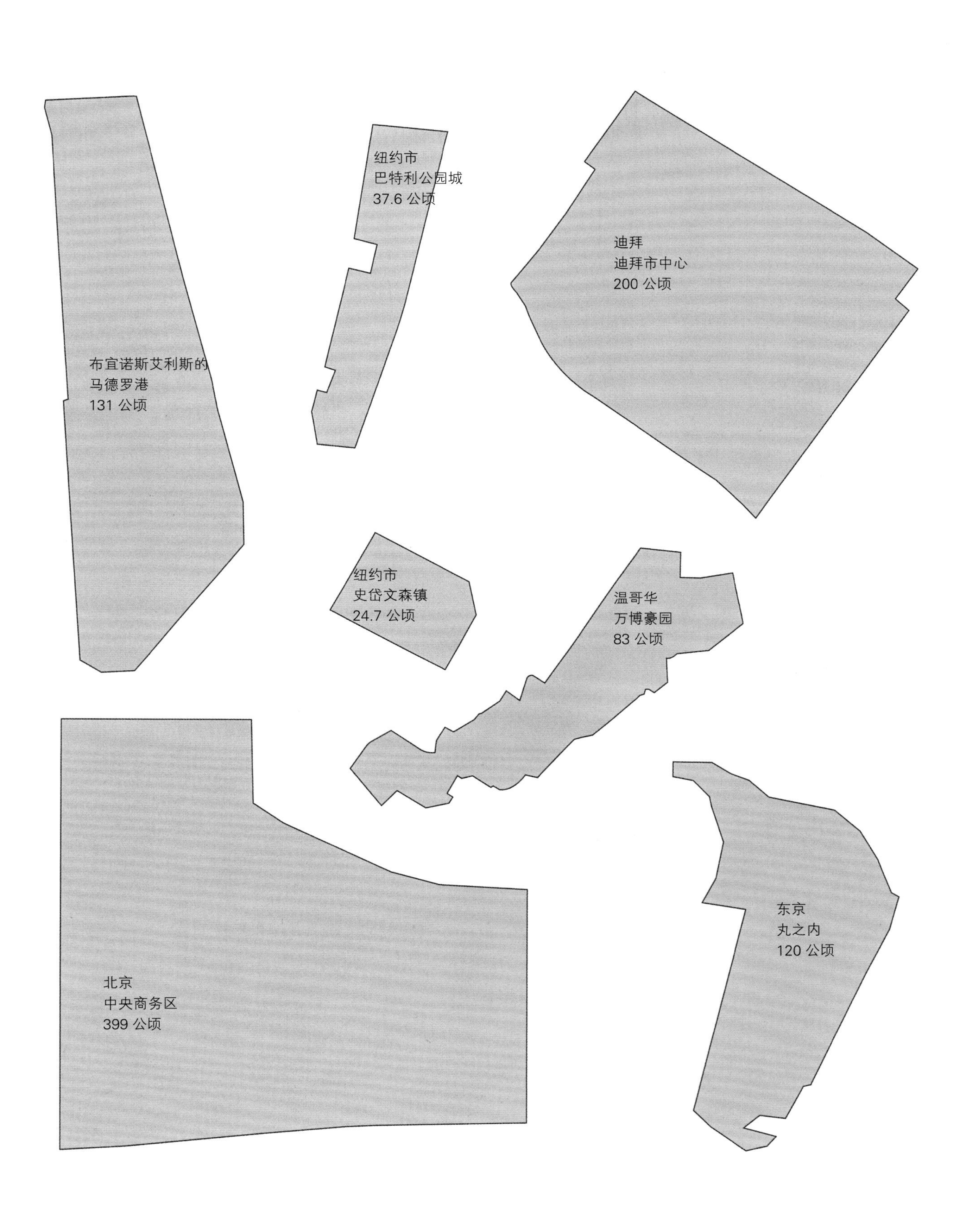

纽约市
巴特利公园城
37.6 公顷
迪拜
迪拜市中心
200 公顷
布宜诺斯艾利斯的
马德罗港
131 公顷
纽约市
史岱文森镇
24.7 公顷
温哥华
万博豪园
83 公顷
北京
中央商务区
399 公顷
东京
丸之内
120 公顷

参考文献

一般参考书

在我们准备研究和撰写本书引言的时候，我们参考了下述著作。

Bassett, Edward M, *The Master Plan*, Russell Sage Foundation (New York), 1938

Benevolo, Leonardo, *The European City*, Blackwell (Oxford), 1993

Benevolo, Leonardo, *The Origins of Modern Town Planning*, MIT Press (Cambridge, MA), 1971

Billings, Keith H, *Master Planning for Architecture*, Van Nostrand Reinhold (New York), 1993

Branch, Melville Campbell, *Urban Planning Theory*, Dowden Hutchinson & Ross (Stroudsburg, PA), 1975

Bressi, Todd, *The Seaside Debates*, Rizzoli (New York), 2002

Campbell, Scott and Fainstein, Susan S, *Readings in Planning Theory*, Blackwell (Oxford), 2003

Catanese, Anthony J and Snyder, James C, *Urban Planning*, McGraw-Hill (New York), 1988

Cowan, Robert, *The Dictionary of Urbanism*, Streetwise Press (Tisbury), 2005

Cuthbert, Alexander R, *The Form of Cities*, Blackwell (Oxford), 2006

Erber, Ernest, *Urban Planning in Transition*, Grossman Publishers (New York), 1970

Firley, Eric and Stahl, Caroline, *The Urban Housing Handbook*, John Wiley & Sons (Chichester), 2009

Firley, Eric and Gimbal, Julie, *The Urban Towers Handbook*, John Wiley & Sons (Chichester), 2011

Hall, Peter Geoffrey, *Cities of Tomorrow*, Blackwell (Oxford), 1996

Hall, Peter Geoffrey, *Urban & Regional Planning*, Routledge (London), 1992

Hall, Thomas, *Planning Europe's Capital Cities*, Routledge (New York), 2010

Holland, Laurence B, *Who Designs America?*, Anchor Books (New York), 1966

Howard, Ebenezer, *Garden Cities of To-Morrow*, Faber & Faber (London), 1965

Jacobs, Jane, *The Death and Life of Great American Cities*, Vintage Books (New York), 1961

Krieger, Alex and Saunders, William S, *Urban Design*, University of Minnesota Press (Minneapolis), 2009

Krier, Leon, *The Architecture of Community*, Island Press (Washington, DC), 2009

Larice, Michael and Macdonald, Elizabeth, *The Urban Design Reader*, Routledge (New York), 2007

LeGates, Richard T and Stout, Frederic, *The City Reader*, Routledge (London), 1996

Levy, John M, *Contemporary Urban Planning*, Prentice-Hall (Englewood Cliffs, NJ), 1988

Lewis, Harold MacLean, *Planning the Modern City*, John Wiley & Sons (New York), 1949

Lim, CJ and Liu, Ed, *Smart Cities and Eco-Warriors*, Routledge (London), 2010

Lodge, Rupert C, *Plato's Theory of Art*, Routledge & Kegan Paul (London), 1953

Master Plan Delhi 2021, Rupa & Co (New Delhi), 2007

McConnell, Shean, *Theories for Planning*, Heinemann (London), 1981

Miles, Malcolm, *Urban Utopias*, Routledge (New York), 2008

Mumford, Eric, *Defining Urban Design – CIAM Architects and the Formation of a Discipline, 1937–69*, Yale University Press (New Haven, CT), 2009

Mumford, Lewis, *The City in History*, Harcourt Brace & World (New York), 1961

Panerai, Philippe, Castex, Jean and Depaule, Jean-Charles, *Urban Forms: Death and Life of the Urban Block*, Architectural Press (Oxford), 2004

Platt, Kalvin, *Master-Planned Communities*, Urban Land Institute (Washington, DC), 2011

Reps, John W, *The Making of Urban America*, Princeton University Press (Princeton, NJ), 1965

Roche, R Samuel and Lasher, Aric, *Plans of Chicago*, Architects Research Foundation (Chicago), 2010

Rowe, Colin and Koetter, Fred, *Collage City*, MIT Press (Cambridge, MA), 1984

Scott, Mel, *American City Planning Since 1890*, University of California Press (Berkeley, CA), 1969

Sutcliffe, Anthony, *The Rise of Modern Urban Planning 1800–1914*, Mansell (London), 1980

Vernez Moudon, Anne, *Master-Planned Communities*, University of Washington (Washington, DC), 1990

案例研究

我们的20个案例研究的信息是基于我们对相关城市代表以及开发商、建筑师、城市设计师和建筑使用者的访谈。一些规划文件是他们直接提供给我们的，而另一些是通过互联网搜索的。我们的研究还参考了相关杂志、学术期刊和下述著作。

Broadgate, London

Davies, John, *Broadgate*, Davenport (London), 1991

Duffy, Francis, *The Changing Workplace*, Phaidon (London), 1992

Fainstein, Susan, *The City Builders*, Blackwell (Cambridge), 1994

Hunting, Penelope, *Broadgate and Liverpool Street Station*, Rosehaugh Stanhope Developments (London), 1991

Powell, Kenneth, *London*, Academy Editions (London), 1993

Masséna Nord, Paris

Accorsi, Florence, *The Open Block by Christian de Portzamparc*, Archives d'Architecture Moderne (AAM) (Paris), 2010

Firley, Eric and Gimbal, Julie, *The Urban Towers Handbook*, John Wiley & Sons (Chichester), 2011

Ministère de l'Équipement, *Projets Urbains en France – French Urban Strategies*, Le Moniteur (Paris), 2002

Werquin, Ann-Caroll and Pélissier, Alain, *La Consultation Masséna*, Éditions d'Art Albert Skira (Geneva), 1997

Stuyvesant Town, New York

Heilberg, Frieda N, *A Study of the Rehousing Needs of Tenants who will be Displaced by the Stuyvesant Town Project in New York City*, Master's thesis, New York School of Social Work, 1944

Simon, Arthur, *Stuyvesant Town, USA*, New York University Press (New York), 1970

Zipp, Samuel, *Manhattan Projects*, Oxford University Press (New York), 2010

Battery Park City, New York

Fainstein, Susan, *The City Builders*, Blackwell (Cambridge), 1994

Gordon, David LA, *Battery Park City*, Routledge (New York), 1997

Krieger, Alex and Saunders, William S, *Urban Design*, University of Minnesota Press (Minneapolis), 2009

Stern, Robert AM, *New York 1960*, Monacelli Press (New York), 1995

Urstadt, Charles J with Brown, Gene, *Battery Park City: The Early Years*, Xlibris (New York), 2005

Willis, Carol, *The Lower Manhattan Plan*, Princeton Architectural Press (New York), 2002

Avenue de l'Opéra, Paris

Autour de l'Opéra, Délégation à l'Action Artistique de la Ville de Paris (Paris), 1995

Hénard, Eugène, *Études sur les transformations de Paris*, Éditions l'Équerre (Paris), 1982

Pinon, Pierre, *Atlas du Paris haussmannien*, Parigramme (Paris), 2002

Saalman, Howard, *Haussmann: Paris Transformed*, George Braziller (New York), 1971

Vauban, Freiburg

Lütke Daldrup, Engelbert and Zlonicky, Peter, *Large Scale Projects in German Cities*, Jovis Verlag (Berlin), 2010

Antigone, Montpellier

Cruells, Bartomeu, *Ricardo Bofill*, Editorial Gustavo Gili (Barcelona), 1992

Volle, Jean-Paul, Viala, Laurent, Négrier, Laurent and Bernié-Boissard, Catherine, *Montpellier – la ville inventée*, Éditions Parenthèses (Marseilles), 2010

Potsdamer Platz, Berlin

Nishen, Dirk, *Projekt Potsdamer Platz, 1989 bis 2000*, IPA Verlag (Berlin), 2002

von Rauch, Yamin and Visscher, Jochen, *Der Potsdamer Platz: urbane Architektur für das Neue Berlin*, Jovis (Berlin), 2002

Stimmann, Hans, *Von der Architektur zur Stadtdebatte – die Diskussion um das Planwerk Innenstadt*, Verlagshaus Braun (Berlin), 2001

Kirchsteigfeld, Potsdam

Basten, Ludger, *Postmoderner Urbanismus: Gestaltung in der städtischen Peripherie*, LIT Verlag (Berlin), 2005

Krier, Rob and Kohl, Christoph, *Potsdam Kirchsteigfeld*, awf Verlag (Bensheim), 1997

Spangen, Rotterdam

Grinberg, Donald I, *Housing in the Netherlands 1900–1940*, Delft University Press (Rotterdam), 1977

Peterek, Michael, *Wohnung, Siedlung, Stadt*, Gebrüder Mann Verlag (Berlin), 2000

Sherwood, Roger, *Modern Housing Prototypes*, Harvard University Press (Cambridge, MA), 1978

Steenhuis, Marinke, *Stedenbouw in het landschap – Pieter Verhagen (1882–1950)*, NAi Uitgevers (Rotterdam), 2007

Belgravia, London

Gatty, Charles T, *Mary Davies and the Manor of Ebury*, Cassell & Company (London), 1921

Hazelton-Swales, Michael John, *Urban Aristocrats: The Grosvenors and the Development of Belgravia and Pimlico in the Nineteenth Century*, PhD thesis, University of London, 1981

Hobhouse, Hermione, *Thomas Cubitt – Master Builder*, MacMillan (London), 1971

Olsen, Donald J, *Town Planning in London*, Yale University Press (London), 1964

Summerson, John, *Georgian London*, Yale University Press (New Haven, CT), 2003

False Creek North, Vancouver

Hutton, Thomas A, *The Transformation of Canada's Pacific Metropolis: A Study of Vancouver*, McGill-Queens University Press (Montreal), *c* 1998

Punter, John, *The Vancouver Achievement*, UBC Press (Vancouver), 2003

Sarphatipark, Amsterdam

Van Haaren, Marloes, *Atlas van de 19de eeuwse ring Amsterdam*, de Balie (Amsterdam), 2004

Komossa, Susanne, *Atlas of the Dutch Urban Block*, THOTH Publishers (Bussum), 2005

Prak, Niels L, *Het Nederlandse woonhuis van 1800 tot 1940*, Delftse Universitaire Pers (Delft), 1991

Marunouchi, Toyko

The Marunouchi Book, Shinkenchiku-Sha (Tokyo), 2008

Euralille, Lille

Carré, Dominique, *Euralille – Chroniques d'une métropole en mutation*, Dominique Carré éditeur (Paris), 2009

Espace Croisé, *Euralille – The Making of a New City Center*, Birkhäuser (Basel), 1996

Hayer, Dominique, *Fabriquer la ville autrement*, Le Moniteur (Paris), 2005

Simon, Michel, *Un jour – un train*, La Voix du Nord (Lille), 1993

Koolhaas, Rem and Mau, Bruce, *S,M,L,XL*, Monacelli Press (New York), 1995

Puerto Madero, Buenos Aires

Corporación Antiguo Puerto Madero SA, *Costanera Sur*, Ediciones Larivière (Buenos Aires), 1999

Corporación Antiguo Puerto Madero SA, *Puerto Madero – A Model of Urban Management*, Kollor Press (Buenos Aires), 2006

Liernur, Jorge F and Zalduendo, Ines, *Case: Puerto Madero Waterfront*, Prestel Verlag (Munich), 2007

Hammarby Sjöstad, Stockholm

The information for this case study was entirely from non-book sources.

Downtown Dubai

Al Manakh 2: Export Gulf, Stichting Archis (Amsterdam), 2010

Davidson, Christopher M, *The Vulnerability of Success*, Columbia University Press (New York), 2008

Elsheshtawy, Yasser, *Dubai: Behind an Urban Spectacle*, Routledge (New York), 2010

Kanna, Ahmed, *Dubai: The City as Corporation*, University of Minnesota Press (Minneapolis), 2011

Krane, Jim, *Dubai: The Story of the World's Fastest City*, Atlantic Books (London), 2009

Ramos, Stephen J, *Dubai Amplified*, Ashgate (Farnham), 2010

Beijing Central Business District

Campanella, Thomas J, *The Concrete Dragon*, Princeton Architectural Press (New York), 2008

Logan, John, *The New Chinese City: Globalization and Market Reform*, Wiley-Blackwell (Oxford), 2001

Wu, Fulong, *China's Emerging Cities: The Making of New Urbanism*, Routledge (London), 2008

La Défense Seine Arche

EPAD, *Tête Défense – Concours International d'Architecture 1983*, Electa Moniteur (Paris), 1984

EPAD, *La Défense*, le cherche midi (Paris), 2009

Lefebvre, Virginie, *Paris – Ville Moderne*, Éditions Norma (Paris), 2003

索　引

图片版权

作者和出版社非常感谢授权本书使用相关资料的人们。虽然我们已尽力联系版权持有者以获得资料使用权，但出版社非常乐于收到未联系到的版权持有者的来信，并在今后的版本中加以更正遗漏或谬误。

Front cover photos © Eric Firley
Background cover line drawing © 2013 Katharina Grön and Eric Firley
Four back cover inset images © 2013 Katharina Grön and Eric Firley

t – top, b – bottom, l – left, r – right, c- centre

pp 2, 6, 8, 9 (t), 10 (b), 11, 24 (b), 27 (t & b), 31 (b), 32 (photos), 33-5, 36 (b), 38, 41-2, 43 (b), 46, 48-9, 50 (b), 52-3, 56, 60-1, 62 (b), 65, 67-9, 72, 74-5, 76 (b), 80-1, 86-7, 88 (b), 91, 93, 96 (t), 97, 99 (b), 100 (b), 104-5, 106 (l), 110-13, 114 (b), 118 (b), 119, 122 (t), 123-25, 126 (b), 129, 130 (t), 132 (t), 133, 136-7, 138 (b), 141-2, 146-7, 149, 150 (b), 153, 156-8, 159 (section and photos), 162-3, 164 (b), 166 (b), 168-9, 171, 173, 176-7, 178 (b), 181, 184, 188-9, 190 (b), 193, 195, 198, 199 (b), 200 (b), 202 (c & b), 204-5, 207, 210 (t), 211, 212 (b), 214, 217 (t), 220, 222-3, 224 (b), 229-31, 234, 236 (b), 237, 239, 241-3, 246-7, 248 (b), 252-3, 254 (b), 255, 258-9, 260 (b), 262, 264-5, 267, 270 (b), 274-5 © Eric Firley; pp 12 (r), 13 (t & c) Courtesy Eric Firley; pp 9 (br & bl), 10 (tl & tr), 24 (t), 26, 29, 30, 36 (t), 39, 40, 45, 50 (t), 54-5, 59, 62 (t), 64, 66, 71, 76 (t), 79, 82, 85, 88 (t), 90, 92, 95, 100 (t), 102-3, 109, 114 (t), 116-17, 121, 126 (t), 128, 131, 135, 138 (t), 140, 143, 145, 150 (t), 154-5, 161, 164 (t), 170, 172, 175, 178 (t), 182-3, 187, 190 (t), 192, 194, 197, 200 (t), 203, 206, 209, 212 (t), 215-16, 219, 224 (t), 227-8, 233, 236 (t), 238, 240, 245, 248 (t), 250-1, 257, 260 (t), 263, 266, 269, 276-81 © 2013 Katharina Grön and Eric Firley; p 12 (l) Courtesy New York Public Library, Miriam and Ira D Wallach Division of Art, Prints and Photographs; p 13 (b) © The Art Institute of Chicago; pp 16 (t), 127 (t) © Bavaria Luftbild Verlags GmbH (Archive Krier Kohl); pp 130 (b), 132 (b) © Archive Krier Kohl; p 16 (b) © Stockholm City planning Administration; pp 17 (t), 201 (t & b), 202 (t), 210 (b) © SPL Euralille; p 18 (t) Krier Kohl Architekten; pp 18 (b), 261 (b) © EPADESA, p 25 (t & b) © Courtesy Sir Stuart Lipton; pp 28, 160 © Bluesky-world.com; p 31 (t) © Skidmore Owings Merrill LLP 2011; p 32 (plan) © Arup Associates; p 37 (t) © SEMAPA; pp 37 (b), 271 Courtesy Air Images; p 43 (t) © Frédéric Borel; pp 44, 84, 108, 208, 268 Courtesy l'Institut national de l'information géographique et forestière (IGN), France; p 47 © Foster + Partners; p 51 © Bettmann/Corbis; p 57 © Courtesy Metropolitan Life Insurance Company; pp 58, 70 Courtesy USDA-FSA-APFO Aerial Photography Field Office/Public Domain; pp 63 (l), 73 (t & b) © Courtesy of Pelli Clarke Pelli Architects. All rights reserved; p 63 (r) © Cooper, Robertson & Partners; pp 77 (t & b), 83 Courtesy BNF; p 78 (t) © Ecole Nationale des Ponts et Chaussees, (b) © BHVP / Roger-Viollet; pp 89 (l), 94 © Stadt Freiburg im Breisgau; p 89 (r) © Kohlhoff & Kohlhoff Architekten; p 96 (b) © Hansen-Architekten; pp 98, 99 (t) © Architecten Böwer, Eith, Murken; p 101 Courtesy Ville de Montpellier; pp 106 (r), 107 (t & b)© Ricardo Bofill - Taller de Arquitectura; pp 115 (l), 120 Courtesy Senatsverwaltung fuer Stadtentwickung – Luftbildservice; p 115 (r) © Hilmer & Sattler und Albrecht; p 118 (t & c) © Renzo Piano Building Workshop; p 122 (c & b) © HGHI Leipziger Platz GmbH; p 127 (t) © Bavaria Luftbild Verlags GmbH (Archive Krier Kohl), (b) © Archive Krier Kohl; p 134 © GeoBasis DE/LGB (2011); p 139 (t) Courtesy Grote Historische Atlas Zuid-Holland, 2005 Uitgeverij Nieuwland, (c & b) © Municipal Archive Rotterdam; p 144 The aerial photograph was provided by the Public Works Department of the City of Rotterdam, the Netherlands; p 148 © Netherland Architecture Institute (NAI) Rotterdam; p 151 (l) Map designed by Sheila Waters; pp 151 (r), 152 © By kind permission of Grosvenor; pp 165, 174 © City of Vancouver; pp 166 (t), 167 © James KM Cheng Architects Inc; pp 179, 180, 185 © Amsterdam City Archives; p 186 © 2008 City of Amsterdam DPG, © Aerodata Int. Surveys, flight date March 23, 2008; p 191 © Mitsubishi Estate Co.Ltd; pp 196, 218, 244, 256 Courtesy Terraserver; p 199 (l) © Chiba Manabu Architects, (r) © Mitsubishi Jisho Sekkei Inc; p 213 © Corporacion Antiguo Puerto Madero SA (CAPMSA); p 217 (b) © Estudio Arq. Mario Roberto Alvarez y Asoc.; p 221 (t & b) © Faena Group; p 225 (t) "Ice Skating at Hammarby Lake" (Issågning på Hammarby sjö) by Ehrenfried Wahlqvist 1864. Oil on canvas. Stockholm City Museum; pp 225 (b), 226, 232 © Stockholm City Planning Administration; p 235 plans © Mats Egelius, White Arkitekter, photo © White Arkitekter, Photo Åke E:son Lindman; p 249 (t) © Johnson Fain (b) © Pei Cobb Freed & Partners; p 254 (t) © Riken Yamamoto and Field Shop; p 261 (t) © Defacto; p 270 (t & c) © TGTFP